应用型人才培养“十二五”规划教材

戴晓燕　主编　　刘四平　黄启真　副主编

装饰装修工程计量与计价

第二版

ZHUANGSHI ZHUANGXIU GONGCHENG JILIANG YU JIJIA

化学工业出版社
·北京·

本书根据工程造价管理岗位能力的要求，以现行的建设工程文件为依据，结合编者在实际工作和教学实践中的体会与经验编写而成，具有很强的针对性和实践性。“装饰装修工程计量与计价”是一门实践性很强的课程，为此本书在编制过程中坚持理论与实际结合、注重实际操作的原则。在阐述基本概念和基本原理时，以应用为重点，深入浅出，结合插图，联系实例，内容通俗易懂。

本书可作为应用型本科院校和高职高专工程管理、工程造价、建筑装饰工程技术、环境艺术设计等专业的教学用书，也可作为工程造价管理人员、企业管理人员业务学习的参考书。

图书在版编目（CIP）数据

装饰装修工程计量与计价/戴晓燕主编．—2版．—北京：化学工业出版社，2014.12（2017.2重印）

应用型人才培养“十二五”规划教材

ISBN 978-7-122-22512-2

Ⅰ.①装…　Ⅱ.①戴…　Ⅲ.①建筑装饰-工程装修-工程造价-教材　Ⅳ.①TU723.3

中国版本图书馆CIP数据核字（2014）第289460号

责任编辑：李仙华　王文峡　　装帧设计：张　辉

责任校对：徐贞珍

出版发行：化学工业出版社（北京市东城区青年湖南街13号　邮政编码100011）

印　　刷：北京永鑫印刷有限责任公司

装　　订：三河市宇新装订厂

787mm×1092mm　1/16　印张16　字数414千字　2017年2月北京第2版第2次印刷

购书咨询：010-64518888（传真：010-64519686）　售后服务：010-64518899

网　　址：http://www.cip.com.cn

凡购买本书，如有缺损质量问题，本社销售中心负责调换。

定　　价：32.00元

前言

为了进一步适应建设市场的发展，自2013年7月以来，一些新的规范、标准、法规及其他计价依据相继实施，为了能与时俱进，反映工程计价领域最新动态，同时针对应用型人才培养的需求，本书在第一版的基础上进行了修订，更新了相关知识内容，实用性强。

本书以国家标准《建设工程工程量清单计价规范》(GB 50500—2013)、《房屋建筑与装饰工程工程量计算规范》(GB 50854—2013)、《建筑安装工程费用项目组成》建标［2013］44号文件为主要依据，结合新定额对第一版做了篇章结构的调整。考虑到相应计量与计价软件已经得到了普及，且软件操作实践性很强，故删除第一版中的第九章“建筑装饰工程造价管理软件”；同时将原版中第二章分为两个章节，分别为第二章“装饰装修工程预算定额”及第三章“工程量清单计价规范”；将第一版中第七章“建筑装饰工程结算与决算”调整为第九章“装饰装修工程结算”；新增了第八章“装饰装修工程合同价款调整”；将附录调整为《房屋建筑与装饰工程工程量计算规范》(GB 50854—2013)。全书修改和完善了案例和习题，以适应建设工程计价模式改革和发展的需要。

本书由戴晓燕主编，刘四平、黄启真副主编。编写分工如下：第一章由湖北第二师范学院谢莎莎编写，第二章～第四章由湖北第二师范学院戴晓燕编写，第五章、第六章由湖北城市建设职业技术学院叶晓容编写，第七章由武昌理工学院刘四平编写，第八章、第九章由湖北生态工程职业技术学院黄启真编写。本书由戴晓燕统稿。

本书在编写过程中，得到了院校领导、教师的支持与帮助，还得到了化学工业出版社的大力支持，在此一并表示衷心的感谢！

由于编写时间紧迫，编者水平有限，书中难免会存在不妥之处，恳请广大读者不吝指正，我们将不断改进。

本书提供有电子课件，可登录 www. cipedu. com. cn 免费获取。

编者

第一版前言

随着建筑装饰行业的迅速发展，市场计价行为与秩序的不断规范与完善，建筑装饰行业及企业对于概预算人员的要求也越来越高。同时，土建类专业人才培养必须深化改革，依托行业，按照行业的需求来确立人才培养目标，以培养实用为主、技能为本的应用型人才为出发点，以能力培养为主线，扩充实践教学的内容，同时也更加需求特色鲜明的专业教材。

本书有如下主要特色。

（1）实用性强　本着能力本位的思想，坚持专业知识"必需、够用"的原则，注重实践教学训练，有较强的针对性和可操作性，引入通俗易懂的案例教学，强化学生的装饰工程概预算的动手能力，培养学生的职业技能。

（2）适用性强　根据我国工程造价管理与国际惯例接轨的特点，在教学中引入国家标准《建设工程工程量清单计价规范》（GB 50500—2008），使学生在了解定额计价模式的基础上掌握清单计价模式。同时，重点介绍了建筑装饰领域的新材料、新工艺、新技术，从而使学生能轻松地实现学校学习与社会工作的衔接。

本书在介绍与建筑装饰概预算相关的工程造价管理软件的基础上，制作了配套的 PPT 电子教案，以提高在教学环节中的工作效率。可发邮件至 cipedu@163.com 免费获取。

本书由顾期斌为主编，戴晓燕、叶晓容为副主编。编写分工如下：第一章、第九章由湖北第二师范学院顾期斌编写，第二章、第三章由湖北第二师范学院戴晓燕编写，第四章由湖北城市建设职业技术学院叶晓容编写，第五章由湖北省建设工程造价管理总站李志欣编写，第六章武汉科技大学中南分校刘四平编写，第七章由湖北城市建设职业技术学院景巧玲编写，第八章由湖北城市建设职业技术学院顾娟编写，本书最终由顾期斌统稿。

在编写本书过程中，得到了院校领导、教师的支持与帮助，还得到了化学工业出版社的大力支持，在此一并表示衷心的感谢。

由于编写时间紧迫，编者水平有限，书中难免有不妥之处，恳请广大读者不吝指正。

编者

2010 年 7 月

目录

第一章

绪　论

【知识目标】

- 了解建筑装饰工程的分级与相应的标准
- 了解基本建设的组成及程序
- 掌握基本建设的划分及在各阶段中的经济文件

【能力目标】

- 能够对基本建设项目有一个系统的了解
- 能够知道学习本课程的正确方法

第一节　基本建设相关知识

装饰装修工程的计量与计价与结构、安装工程一样，都是一项较为复杂的工作。为了有序地对装饰产品进行计量与计价，必须从了解基本建设项目这个有机整体构成开始，将其科学地分解成若干个简单、易于计算的部分，然后根据国家或地区颁布的建筑装饰装修工程预算定额或其他相关计价文件来计算装饰装修工程造价。

一、基本建设项目概述

（一）基本建设概念

基本建设是社会经济各部门形成新的固定资产的经济活动。即指固定资产（生产性固定资产和非生产性固定资产）的新建、扩建、改建、恢复工程及与之有关的工作。

例如建设一个电厂即为基本建设，不仅包括厂房的建造，还包括各种机器设备的购置和安装，以及与此相关的土地征用、房屋拆迁、勘察设计、工程监理、招标投标、培训职工等工作。

为了便于管理和核算，凡列为固定资产的劳动资料，一般应同时具备以下两个条件：

① 使用期限在一年以上；

② 单位价值在规定的限额以上。

（二）基本建设的组成

基本建设包括建筑工程、安装工程、设备及工器具购置、其他建设工作。

（1）建筑工程　指一般土建工程、采暖通风工程、电气照明工程，设备基础、支柱、工作台、烟囱、水塔等工程，场地清理、平整和绿化工程等。

（2）安装工程　指生产、动力、起重、运输、医疗、实验、办公所需设备的装配工程和安装工程，以及附属于被安装设备的管线敷设、绝缘、防腐、保温等工程。

（3）设备、工器具的购置　指生产车间、医院、实验室等场所所需配备的各种设备、工器具、实验设备的购置。

（4）其他建设工作　主要是指与建筑工程、安装工程、设备及工器具购置等有联系的工作，如征地、拆迁、勘察设计、科学试验及生产职工培训等工作。

（三）基本建设项目划分

基本建设项目按照其包含范围的大小可划为建设项目、单项工程、单位（子单位）工程、分部（于分部）工程、分项工程五大部分。

（1）建设项目　也称投资项目，指按一个独立的总体设计任务书进行施工，经济上独立核算，行政上具有独立的组织形式和法人资格的建筑工程实体。

建设项目一般是由一个或几个单项工程构成，例如，建设一所学校、一所医院、一个工厂、一个住宅小区等。

（2）单项工程　是建设项目的组成部分。单项工程是指在一个建设项目中，具有独立的设计文件，建成后独立发挥生产能力或使用效益的项目。例如，一所学校中的教学楼、图书馆、食堂；一个工厂中的生产车间、办公楼、宿舍楼；医院中的门诊大楼、住院楼等。

（3）单位（子单位）工程　是指具备独立施工条件并能形成独立使用功能的工程。对于建筑规模较大的单位工程，可将其能形成独立使用功能的部分作为一个子单位工程。根据《建筑工程施工质量验收统一标准》(GB 50300—2013)，具有独立施工条件和能形成独立使用功能是单位工程划分的基本要求。在施工之前，应由建设单位、监理单位和施工单位商议确定。

单位工程是单项工程的组成部分，也可能是整个工程项目的组成部分。按照单项工程的构成，又可将其分解为建筑工程和设备安装工程。

例如：工业厂房工程中的土建工程、设备安装工程、工业管道工程等分别是单项工程中所包含的不同性质的单位工程。

（4）分部（子分部）工程　是单位工程的组成部分，指单位工程中，按照工程部位、结构形式、使用材料的不同而分类的工程。

根据《建筑工程施工质量验收统一标准》(GB 50300—2013)，建筑工程包括地基与基础、主体结构、装饰装修、屋面工程、给排水及采暖、电气、智能建筑、通风与空调、电梯等分部工程。

当分部工程较大或较复杂时，可按材料种类、施工特点、施工程序、专业系统及类别将其划分为若干子分项工程。

例如：装饰装修分部工程又可细分为地面、抹灰、门窗、吊顶、轻质隔墙、饰面板(砖)、幕墙、涂饰、裱糊与软包、细部等子分部工程。

（5）分项工程　是分部工程的组成部分，指在分项工程中，按照主要工种、材料、施工工艺、设备类别不同而进一步划分的工程。

例如：装饰装修工程中的楼地面工程可分为垫层、找平层、整体面层、块料面层、塑料面层、地毯、木地板等，其中整体面层分为水泥砂浆面层、水磨石面层等，块料面层分为大理石、花岗岩、陶瓷锦砖、陶瓷地砖、预制水磨石、水泥花砖、玻璃地砖等。

综上所述，建设项目划分可用图 1-1 表示。

二、基本建设程序

基本建设程序是指建设项目从最初筹划到投产交付使用的整体过程中所必须遵循的先后顺序。

（一）编制项目建议书

项目建议书（立项报告）是指投资人向国家和省、市、地区主管部门提出建设某一项目的建议性文件，它是投资人在投资决策前对拟建项目的轮廓设想。投资人需要经过调查分析，提出拟建项目的必要性，拟建规模和建设地点的初步设想，资金情况、建设条

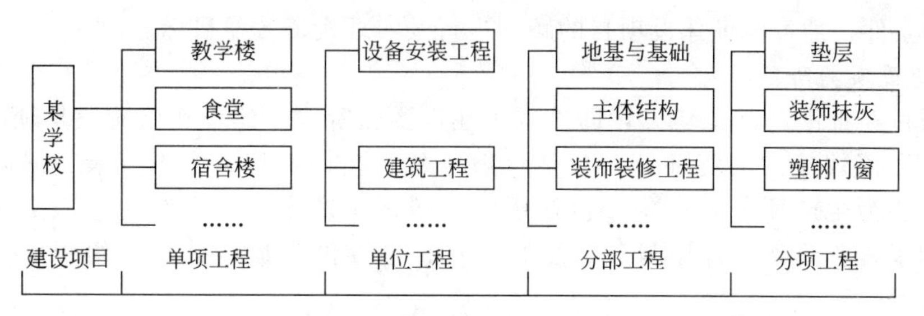

图 1-1　基本建设项目划分

件、协作关系，投资估算和资金筹措的设想，项目的进度安排，经济效果、社会效益的初步估计等。

（二）可行性研究

可行性研究是指在项目建议书的基础上，对拟建项目有关的社会、技术、经济等各方面进行深入细致的调查研究，对各种可能采用的技术方案和建设方案进行认真的技术经济分析和比较论证，并对项目建成后的经济效益进行科学的预测和评价。可行性研究经过批准之后，将由相关主管部门组织编制设计任务书。

一项好的可行性研究，应该向投资者推荐技术经济最好的方案，使投资者明确项目具有多大的财务获利能力，多大的投资风险，是否值得投资建设；可使国家主管部门能从国家角度看该项目是否值得支持与批准，使银行和其他资金提供者明确该项目能否按期或者提前偿还他们提供的资金。

（三）工程设计阶段

工程设计阶段是工程项目建设的重要环节，指在施工开始之前，根据已经编制好的设计任务书，从技术和经济上对拟建项目做出详细规划。按我国现行规定，一般建设项目按初步设计和施工图设计两阶段进行，称为“两阶段设计”，对于技术上复杂而又缺乏设计经验的项目，可增加技术设计阶段，称之为“三阶段”设计。

(1) 初步设计　是设计过程中一个关键性阶段，也是整个设计构思基本形成的阶段。经过批准的初步设计可为主要材料或设备的订货做准备工作，但不能作为施工的依据。

初步设计应编制设计概算。如果初步设计提出的总概算超过可行性研究报告总投资的10%以上或其他主要指标需要变更时，应说明原因和计算依据，并重新向原审批单位报批可行性研究报告。

(2) 技术设计　是初步设计的具体化，技术设计研究的问题应根据更详细的勘察资料和技术经济计算，对初步设计研究的问题加以补充修正。技术设计阶段应编制修正设计概算。

对于不太复杂的工程，技术设计阶段可以省略，将这个阶段的一部分工作纳入初步设计，另一部分归入施工图设计阶段进行。

(3) 施工图设计　是设计工作和施工工作的桥梁，该阶段将通过图纸，将设计者的意图表达出来，作为工人施工的依据。施工图设计的深度应能满足设备材料的选择与确定、施工图预算的编制、建设项目施工和安装等的要求。

（四）建设准备阶段

建设准备阶段的工作内容很多，包括组织筹建机构，征地、拆迁，地质勘察，主要材料、设备的订货，施工场地的“三通一平”，组织施工招标投标、办理施工许可手续等。

同时，应根据批准的建设项目的总概算和初步计划，编制基本建设年度计划。建设项目列入年度计划前必须实行“五定”，即定建设规模、定总投资、定建设工期、定投资效益、定外部协作条件，才可保证建设项目的顺利进行及实现投资效益目标。

（五）建设实施阶段

建设项目经批准新开工建设，即进入了建设实施阶段。建设实施阶段是项目决策实施并建成投产发挥效益的关键环节，包括一般土建、装饰工程、水电安装、采暖通风等工作。同时还要为生产环节做准备，包括招收和培训生产人员，组织生产人员参加设备安装、调试和工程验收，签订原材料、燃料、水、电等供应运输协议，组织工具、器具的制造或订货等。

（六）竣工验收阶段

当建设项目按照设计文件的内容完成全部施工并达到竣工标准要求之后，便应及时组织办理竣工验收。竣工验收是考核建设成果、检验设计和施工质量的关键环节，是投资成果转入生产或使用的标志。竣工验收合格后，建设项目才能交付使用。

三、基本建设经济文件

基本建设经济文件包括投资估算、设计概算、施工图预算、施工预算、工程结算、竣工决算等。

（一）投资估算

投资估算指在项目建议书和可行性研究阶段，建设项目研究主管部门或建设单位根据现有资料，对建设项目投资数额进行估计的经济文件。投资估算是从投资者的角度出发，反映项目全部费用的估算金额，一般较为粗略，是建设项目进行决策、筹集资金和合理控制造价的主要依据。

（二）设计概算

设计概算是在工程初步设计或扩大初步设计阶段，根据初步设计或扩大初步设计图纸、概算定额及相关取费标准而编制的概算造价经济文件。设计概算一般由设计单位编制。与投资估算相比，概算造价的准确性有所提高，但受估算造价的控制。

（三）施工图预算

施工图预算是指在施工图设计完成之后，由施工单位根据施工图纸、施工组织设计、预算定额和有关取费标准而编制的单项工程或单位工程全部建设费用的经济文件。预算造价比概算造价更为详尽和准确，但同样受前一阶段工程造价的控制。

施工图预算是控制造价及合理使用资金、确定招标控制价、拨付工程进度款及办理结算的依据，同时也是实行施工预算和施工图预算的“两算对比”的重要依据。

（四）施工预算

施工预算是在施工阶段，由施工单位根据施工图纸、企业定额、施工方案及相关施工文件编制的，用以体现施工中所需消耗的人工、材料及施工机械台班的数量及相应费用的文件。

施工预算是施工企业计划成本的依据，反映了完成建设项目所消耗的实物与金额数量标准，也是与施工图预算进行“两算对比”的基础资料。

工程造价管理中“两算对比”是指站在施工企业的角度，完成施工图预算与施工预算的对比。

目前有很多工程项目签订合同时，是按中标施工单位的施工图预算报价签订合同价的，而施工预算又是企业的施工成本预计发生额，所以从价格属性来看，施工图预算应是“收入”，施工预算应是“支出”。“两算对比”也就是收入与支出的比较。施工企业能通过“两算对比”，可以预先发现工程项目的“效益值”或“亏损值”，以便有针对性的采取相应措施以避免或减少亏损的出现，有利于企业生产管理及成本控制。

（五）工程结算

工程结算是指施工企业按照合同的规定，向建设单位申请支付已完工程款清算的一项工作。包括工程预付款、中间结算及竣工结算。

（1）工程预付款　是建设工程施工合同签订之后，发包人按照合同约定在正式开工之前预先支付给承包人的工程款。它是施工准备和所需主要材料、结构件等流动资金的主要来源，国内习惯上又称为预付备料款。工程预付款的支付，表明该工程已经实质性启动。

《建设工程价款结算暂行办法》对工程预付款作了具体的规定："包工包料工程的预付款按合同约定拨付，原则上预付款比例不低于合同金额的10%，不高于合同金额的30%，对重大工程项目，可按年度工程计划逐年预付。"

（2）中间结算　施工单位在工程实施过程中，根据实际已完工程数量计算工程价款，以便建设单位办理工程进度款的支付。中间结算分为按月结算、工程阶段结算两种方式。

（3）竣工结算　是施工单位完成合同规定的全部内容并经验收合格之后，根据合同、设计变更资料、现场签证、技术核定单、隐蔽工程记录、预算定额、材料价格及有关取费标准等竣工资料编制，经建设单位或受委托的监理单位确认，以此来确定工程造价的经济文件。竣工结算是工程结算中最终一次结算。

（六）竣工决算

竣工决算是指在建设项目竣工验收合格之后，由建设单位或受委托方编制的从项目筹建到竣工验收、交付使用全过程中实际支出费用的经济文件。

竣工决算书是以实物数量和货币指标为计量单位，综合反映了竣工项目从筹建开始到项目竣工交付使用为止的全部建设费用、建设成果和财务情况，是建设项目竣工验收报告的重要组成部分，也是考核分析投资效果的重要依据。

（七）基本建设各阶段经济文件比较（表1-1）

表1-1　基本建设各阶段经济文件比较

项　目	设计概算	施工图预算	施工预算	工程结算	工程决算
编制时间	设计阶段	施工图设计后	建设实施阶段	建设实施阶段	工程竣工阶段
编制单位	设计部门	施工企业、业主	施工企业	施工企业	业主
使用图纸及定额	概算定额（指标）及设计图纸	预算定额及施工图纸	企业定额及施工图纸	预算定额及施（竣）工图纸	预算定额及竣工图纸
编制目的	控制装饰装修工程总投资	工程造价（招标控制价、投标价）	进行两算对比，降低工程成本，提高经济效益等	申请支付进度款	计算装饰装修工程全部建设费用
编制对象范围	装饰装修工程	装饰装修单位工程	单位工程或分部（分项）工程	装饰装修分部（分项）工程或单位工程	装饰装修单位工程
编制深度	工程项目总投资概算	详细计算造价金额，比概算要精确些	准确计算工料机消耗	与建筑装饰装修实体相符的详细造价	与建筑装饰装修实体相符的详细造价

四、建设项目工程造价组成

建设项目的工程造价，指建设项目按规定的要求全部建成并验收合格交付使用所需的全部固定资产投资费用。由建筑安装工程费用、设备及工器具购置费、工程建设其他费用、预备费、建设期贷款利息组成，如图1-2所示。

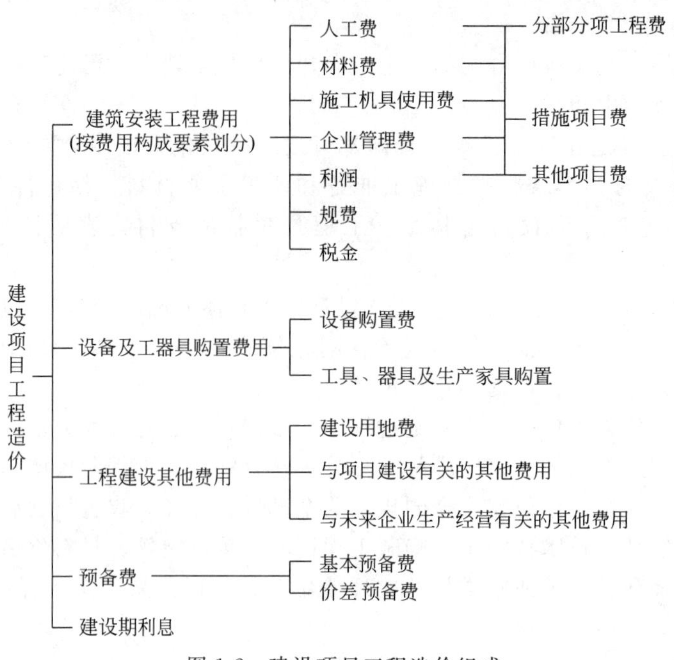

图 1-2　建设项目工程造价组成

第二节　建筑装饰装修工程等级及分类

一、建筑装饰装修工程的等级及装饰标准

建筑装饰装修工程是指在建筑主体结构工程完成之后，在建筑艺术与工程技术的结合下，采用装饰材料对建筑物的内外表面及空间进行的装潢和修饰。

（一）建筑装饰装修等级

建筑装饰装修等级的划分是按照建筑等级并结合我国国情，按不同类型的建筑物来确定的，一般来说，建筑物的等级越高，装饰装修标准也越高。建筑等级与建筑装饰装修等级如表 1-2、表 1-3 所示。

表 1-2　建筑等级

建筑等级	建筑物性质	耐久性
一级	有代表性、纪念性、历史性建筑物，如国家大会堂、博物馆、纪念馆建筑	100 年以上
二级	重要公共建筑物，如国宾馆、国际航空港、城市火车站、大型体育馆、大剧院、图书馆建筑	50 年以上
三级	较重要的公共建筑和高级住宅，如外交公寓、高级住宅、高级商业服务建筑、医疗建筑、高等院校建筑	40～50 年
四级	普通建筑物，如居住建筑，交通、文化建筑等	15～40 年

表 1-3　建筑装饰装修等级

建筑装饰装修等级	建筑物类型
高级装饰	大型博览建筑、大型剧院、纪念性建筑、大型邮电、交通建筑、大型贸易建筑、大型体育馆、高级宾馆、高级住宅
中级装饰	广播通信建筑、医疗建筑、商业建筑、普通博览建筑、邮电、交通、体育建筑、旅馆建筑、高教建筑、科研建筑
普通装饰	居住建筑、生活服务性建筑、普通行政办公楼、中、小学建筑

(二) 建筑装饰装修标准

根据不同建筑装饰装修等级的建筑物内、外装饰的材料与做法，区分高级装饰、中级装饰与普通装饰的装饰标准，如表 1-4～表 1-6 所示。

表 1-4　高级装饰建筑的内、外装饰标准

装饰部位	内装饰材料及做法	外装饰材料及做法
墙面	大理石、各种面砖、塑料墙纸、织物墙面、木墙裙、喷涂高级涂料	天然石材(花岗岩)、饰面砖、装饰混凝土、高级涂料、玻璃幕墙
楼地面	彩色水磨石、天然石料或人造石板(如大理石)、木地板、塑料地板、地毯	
顶棚	铝合金装饰板、塑料装饰板、装饰吸声板、塑料墙纸(布)、玻璃顶棚、喷涂高级涂料	外廊、雨篷底部、参照内装饰
门窗	铝合金门窗、一级木材门窗、高级五金配件、窗帘盒、窗台板、喷涂高级油漆	各种颜色玻璃铝合金门窗、钢窗、遮阳板、卷帘门窗、光电感应门
设施	各种花饰、灯具、空调、自动扶梯、高档卫生设备	

表 1-5　中级装饰建筑的内、外装饰标准

装饰部位		内装饰材料及做法	外装饰材料及做法
墙面		装饰抹灰、内墙涂料	各种面砖、外墙涂料、局部天然石材
楼地面		彩色水磨石、大理石、地毯、各种塑料地板	
顶棚		胶合板、钙塑板、吸声板、各种涂料	外廊、雨篷底部,参照内装饰
门窗		窗帘盒	普通钢、木门窗、主要入口铝合金门
卫生间	墙面	水泥砂浆、瓷砖内墙裙	
	地面	水磨石、马赛克	
	顶棚	混合砂浆、纸筋灰浆、涂料	
	门窗	普通钢、木门窗	

表 1-6　普通装饰建筑的内、外装饰标准

装饰部位	内装饰材料及做法	外装饰材料及做法
墙面	混合砂浆、纸筋灰、石灰浆、大白浆、内墙涂料、局部油漆墙裙	水刷石、干粘石、外墙涂料、局部面砖
楼地面	水泥砂浆、细石混凝土、局部水磨石	
顶棚	直接抹水泥砂浆、水泥石灰浆、纸筋石灰浆或喷浆	外廊、雨篷底部,参照内装饰
门窗	普通钢、木门窗、铁质五金配件	

二、建筑装饰装修工程分类

(一) 按装饰部位的不同

按装饰部位的不同，可分为室内装饰、室外装饰和环境装饰等。

(1) 室内装饰　是对建筑物室内所进行的建筑装饰，可以起到保护主体结构、改善室内使用条件、美化内部空间的作用，通常包括以下内容。

① 楼地面；

② 墙面；

③ 天棚；

④ 室内门窗（包括门窗套、贴脸、窗帘盒、窗帘及窗台等)；

⑤ 楼梯及栏杆（板)；

⑥ 室内装饰设施（包括给排水与卫生设备、电气与照明设备、暖通设备、用具、家具

及其他装饰装饰)。

(2) 室外装饰　是对建筑物室外部位所进行的装饰，可以保护建筑物，提高建筑物的耐久性，保温、隔热、隔声、防潮并且增加建筑物的美观、美化城市的作用，通常包括以下内容。

① 外墙面、柱面、外墙裙（勒脚）、腰线；

② 屋面、檐口、檐廊；

③ 阳台、雨篷、遮阳篷、遮阳板；

④ 外墙门窗、包括防盗门、防火门、外墙门窗套、花窗等；

⑤ 台阶、散水、落水管、花池（或花台）；

⑥ 其他室外装饰，如楼牌、招牌、装饰条、雕塑、霓虹灯、美术字等外露部分的装饰。

(3) 环境装饰　也称院落景观、绿化及配套工程，是现代建筑装饰的重要配套内容，包括院落大门、围墙、灯饰、假山、院内绿化、喷泉以及各种供人们休闲的凳椅、亭阁等装饰物。环境装饰与建筑物室、内外装饰有机融合，可为人们营造舒适、幽雅的生活与工作氛围。

（二）按装饰时间的先后

(1) 前期装饰　又称粗装饰，是指建筑主体工程施工完成后，按照建筑设计装饰施工图纸所进行的一般装饰。前装饰主要是对建筑主体基本作用功能的完善，如楼地面工程中的水泥砂浆整体面层，内墙面抹灰工程、外墙面水刷石工程、外墙面贴块料面层等。

(2) 后期装饰　又称精装饰、高级装饰，是指根据用户的使用要求，形成专业的装饰设计图纸对新建房屋进一步装饰或对旧建筑重新装饰。与前期装饰相比，后期装饰使用的材料各类更多、工艺要求更高，且通常只针对室内部分，如商业室内装饰及家庭装饰等。

第三节　学习装饰装修工程计量与计价方法

一、装饰装修工程计量与计价的作用

（一）确定投标报价及招标标底的依据

在装饰装修工程招投标过程中，装饰装修施工企业需要进行装饰装修工程计量与计价，确定施工图预算费用，结合本企业的投标策略，确定投标价格；同时，业主需要在装饰装修工程报价的基础上考虑工程其他因素（如特殊施工措施费、工程质量要求、目标工期等）设置标底，以作为评标的重要尺度。

（二）签订施工合同和进行工程结算的依据

凡是承发包工程，建设单位与施工单位都必须以经审查后的施工图预算为依据签订施工合同；在工程施工过程中，装饰装修施工企业也应以装饰装修工程施工图预算为主要依据向建设单位办理中间结算及竣工结算。

（三）企业编制施工计划和加强经济核算的依据

装饰装修施工单位在施工过程中的人、材、机的需求计划及施工进度计划也是以装饰装修工程施工图预算为依据，同时施工企业为了取得较好的经济效益，必须在预算价格范围内，采取相应措施，努力提高劳动生产率，降低人力、物力、财力的消耗，以实现降低工程成本的目标。

（四）建设银行办理工程贷（拨）款、结算和实行财政监督的依据

建设项目的各项工程用款，建设银行都是以经审查后的施工图预算为依据进行贷（拨）款、结（决）算的，并监督建设单位和施工单位按工程的施工进度合理地使用建设资金。

二、学习装饰装修工程计量与计价的方法

（一）夯实专业基础，打好基本功

无论是对于工程管理专业，装饰设计专业、工程造价专业，还是建筑工程技术专业，“装饰装修工程计量与计价”都是一门重要的专业课程，编制好施工图预算首先需要能看懂平面图、立面图、剖面图、大样图等装饰装修施工图纸，同时还应掌握装饰装修施工技术、装饰装修材料、装饰装修构造等相关专业基础知识，所以，只有在学好上述相关专业课程、夯实专业基础之后，才能更轻松地掌握本课程。

（二）理论联系实际，提高实践操作性

“装饰装修工程计量与计价”是一门实践要求很高的课程，在学习该课程之前，应安排实践环节，即深入施工现场，结合已学过的专业课程，在实践中了解不同的装饰装修施工工艺、装饰装修材料、施工组织及管理知识等，只有理论与实践相结合，才能有助于更好地编制装饰工程预算。

小　　结

基本建设是由建筑工程、安装工程、设备及工器具购置工程及其他建设工作组成。

基本建设项目按照其包含范围的大小可划为建设项目、单项工程、单位工程、分部工程、分项工程五大部分。

基本建设程序是指建设项目从最初筹划到投产交付使用的整体过程中所必须遵循的先后顺序。包括编制项目建议书阶段、可行性研究报告阶段、工程设计阶段、建设准备阶段、建设实施阶段、竣工验收阶段。

基本建设经济文件包括投资估算、设计概算、施工图预算、施工预算、工程结算、竣工决算等。

建设项目的工程造价，指建设项目按规定的要求全部建成并验收合格交付使用所需的全部固定资产投资费用。包括建筑安装工程费用、设备及工器具购置费用、工程建设其他费用、预备费、建设期利息。

建筑等级分为一级、二级、三级，建筑装饰装修等级分为高级装饰、中级装饰及普通装饰。

建筑装饰装修工程按装饰部位的不同，可分为室内装饰、室外装饰和环境装饰，按装饰时间的先后分为前期装饰和后期装饰。

装饰装修工程施工图预算是确定投标报价及招标控制价的依据，签订施工合同和进行工程结算的依据，企业编制施工计划和加强经济核算的依据，建设银行办理工程贷（拨）款，结算和实行财政监督的依据。

能力训练题

一、选择题

1. （2010年注册造价工程师考试真题）下列关于工程设计阶段划分的说法中，错误的是（　　）。

   A. 工业项目的两阶段设计是指初步设计、施工图设计

   B. 民用建筑工程一般可分为总平面设计、方案设计、施工图设计三个阶段

   C. 技术简单的小型工业项目，经项目相关管理部门同意后，可简化为一阶段设计

D. 大型联合企业的工程，还应经历总体规划设计或总体设计阶段

2. （2008年注册造价工程师考试真题）下列工程中，其工程费用列入建筑工程费用的是（　　）。

A. 设备基础工程

B. 供水、供暖、通风工程

C. 电缆导线敷设工程

D. 附属于被安装设备的管线敷设工程

E. 各种炉窑的砌筑工程

3. （2008年注册造价工程师考试真题）下列费用中，不属于工程造价构成的是（　　）。

A. 用于支付项目所需土地而发生的费用

B. 用于建设单位自身进行项目管理所支出的费用

C. 用于购买安装施工机械所支付的费用

D. 用于委托工程勘察设计所支付的费用

4. （2008年注册造价工程师考试真题）合理确定与控制工程造价的基础是项目决策的（　　）。

A. 深度　　B. 正确性　　C. 内容　　D. 建设规模

5. （2012年注册造价工程师考试真题）下列工程造价中，由承包单位编制、发包单位或其委托的工程造价咨询机构审查的是（　　）。

A. 工程概算价　　B. 工程预算价　　C. 工程结算价　　D. 工程决算

二、问答题

1. 什么是基本建设？基本建设包括哪些内容？
2. 基本建设项目是如何划分的？
3. 基本建设的程序包括哪些？在各阶段的经济文件是什么？
4. 建筑装饰工程如何分类？
5. 装饰工程预算的作用是什么？
6. 如何学好本课程？

第二章

装饰装修工程预算定额

【知识目标】

- 了解工程建设定额的概念及分类
- 掌握预算定额的概念、组成及作用

【能力目标】

- 能够解释定额基价中人工费、材料费、机械费的确定过程
- 能够熟练地进行预算定额的套用及换算

第一节　工程建设定额概述

定额即规定的额度，是人们在生产经营活动中，根据不同的需要规定的数量标准，反映了在一定的社会生产力水平下，生产成果和生产要素之间的数量关系。

定额是企业管理的一门分支科学，随着管理科学的产生而产生，承受着管理科学的发展而发展，是科学管理企业的基础和必要条件。

一、工程建设定额概念及分类

（一）工程建设定额概念

工程建设定额是指在正常的施工条件和合理劳动组织、合理使用材料及机械的条件下，完成单位合格产品所必须消耗资料的数量标准。

工程建设定额不仅反映了工程建设中投入与产出的关系，还规定了施工过程中具体的工作、质量标准和安全要求。

（二）工程建设定额分类

工程建设定额是一个大家族，是工程建设中多种定额的总称。针对一个特定的建设项目，当所处不同的建设阶段时，使用的定额也会不同。

按照不同的原则和方法，可以对工程建设定额进行如下分类。

1. 按照生产要素分类

生产要素包括劳动者、劳动手段和劳动对象三部分。劳动者是生产活动中各专业工种的工人，劳动手段是指劳动者使用的生产工具和机械设备，劳动对象是指原材料、半成品和构配件。与其对应的定额便是劳动消耗定额、机械台班消耗定额和材料消耗定额。

（1）劳动消耗定额　也称人工定额，是指在正常的施工技术和组织条件下，生产单位合格产品所需要的劳动消耗量标准。

劳动消耗定额是表示建筑工人劳动生产率的指标，反映建筑安装企业的社会平均先进水平。

劳动消耗定额根据其表现形式可分为时间定额和产量定额。

① 时间定额　是指在合理的劳动组织与合理使用材料的条件下，完成单位合格产品必

须消耗的工作时间。时间定额的单位是以完成单位产品的工日数表示，如工日/m^3、工日/m^2、工日/m、工日/t等，每一工日按8h计算。

② 产量定额　是指在合理的劳动组织与合理使用材料的条件下，规定某工种、某技术等级的工人在单位时间内所完成的合格产品的数量。产量定额的单位是以一个工日完成的合格产品的数量表示，如 m^3/工日、m^2/工日、m/工日、t/工日等。

从上可知，时间定额与产量定额在数值上互为倒数，即：

时间定额＝1/产量定额

产量定额＝1/时间定额

时间定额×产量定额＝1

(2) 材料消耗定额　建筑材料是建筑安装企业在生产过程中的劳动对象，在建筑装饰工程成本中，材料消耗占较大比例，因此，利用材料消耗定额，对材料消耗进行控制和监督，降低材料消耗，对于工程管理者而言，具有十分重要的意义。

材料消耗定额简称材料定额。它是指在合理使用和节约材料的条件下，生产质量合格的单位产品所需消耗的材料、半成品、构件、配件与燃料等数量标准。

(3) 机械台班消耗定额　是指某种机械在合理的劳动组织、合理的施工条件和合理使用机械的条件下，完成质量合格的单位产品所必须消耗的一定规格的施工机械的台班数量标准。反映了机械在单位时间内的生产率。

机械台班定额按表现形式分为时间定额和产量定额两种形式。

① 机械台班时间定额　是指在合理组织施工和合理使用机械的条件下，某种机械完成质量合格证的产品所必须消耗的工作时间。其计量单位以完成单位产品所需的台班数或工日数来表示，如台班（或工日）/m^3（或 m^2、m、t），每一台班指施工机械工作时间8h。

② 机械台班产量定额　是某种机械在合理的劳动组织、合理的施工组织和正常使用机械的条件下，某种机械在单位机械时间内完成质量合格的产品数量。计量单位为 m^3（或 m^2、m、t)/台班（或工日）。

从上可知，机械台班时间定额与机械台班产量定额在数值上互为倒数，即：

机械台班时间定额＝1/机械台班产量定额

机械台班产量定额＝1/机械台班时间定额

机械台班时间定额×机械台班产量定额＝1

2. 按照编制的程序和用途分类

(1) 施工定额　是指在合理的劳动组织与正常的施工条件下，完成单位合格产品所必须消耗的人工、材料和施工机械台班的数量标准。

施工定额属于企业定额性质，是施工企业组织生产和加强管理，在企业内部使用的一种定额。施工定额是以某一施工过程或基本工序为研究对象，表示生产产品数量与生产要素消耗综合关系编制的定额，由劳动定额、材料消耗定额和机械台班定额三个相对独立的部分组成。

(2) 预算定额　是指合理的施工条件下，为完成一定计量单位的合格建筑产品所必需的人工、材料和施工机械台班消耗的数量标准及其费用标准。预算定额不仅可以表现为计"量"的定额，还可以表现为计"价"的定额，即在包括人工、材料、机械台班消耗量的同时，还包括人工、材料和施工台班费用基价，即建筑工程直接工程费。

从编制程序上看，预算定额是以施工定额为基础综合扩大编制的，同时也是编制概算定额的基础。见表2-1。

表 2-1　预拌砂浆墙柱面一般抹灰（一）　　单位：$100m^2$

定额编号				G5-98
项目				干混砂浆
				墙面、墙裙
				20mm
				砖墙
基价				2720.13
其中	人工费/元			1198.76
	材料费/元			1500.36
	机械费/元			21.01
名称		单位	单价/元	数量
人工	普工	工日	60.00	4.37
	技工	工日	92.00	10.18
材料	干混抹灰砂浆 DP M20	t	415.00	0.957
	干混抹灰砂浆 DP M15	t	385.00	2.855
	水	m^3	3.15	1.28
机械	灰浆搅拌机 200L	台班	110.40	0.11

（3）概算定额　是指完成单位合格产品（扩大的工程结构构件或分部分项工程）所消耗的人工、材料和机械台班的数量标准及其费用标准，是在预算定额基础上，根据有代表性的工程通用图和标准图等资料进行综合扩大而成的一种计价性定额。表 2-2 为某省某年概算定额。

表 2-2　预拌砂浆墙柱面一般抹灰（二）　　单位：m^3

定额编号				2-183
项目				钢筋混凝土基础梁
				商品混凝土
基价				1041.80
其中	人工费/元			197.97
	材料费/元			820.52
	机械费/元			23.31
名称		单位	单价/元	数量
主要工程量	基础梁 C20 商品混凝土	$10m^3$	3157.49	0.10000
	现浇构件圆钢 ϕ6.5 以内	t	3538.87	0.01200
	现浇构件圆钢 ϕ8 以内	t	3245.54	0.0010
	现浇构件螺纹钢 ϕ16 以内	t	3222.14	0.01200
	现浇构件螺纹钢 ϕ20 以内	t	3171.66	0.10800
	基础梁模板	$100m^2$	2663.05	0.08330
	人工挖沟槽三类土 2m 以内	$100m^3$	1615.78	0.02642
	回填土夯填	$100m^3$	1053.97	0.021
	成型钢筋运输 人工装卸 10km 以内	10t	148.33	0.0133
	成型钢筋运输 人工装卸每增加 1km	10t	7.81	0.0665
	人工运土方运距 20m 以内	$100m^3$	612.00	0.00540
	人工运土方每增加 20m	$100m^3$	136.80	0.04878

续表

名称		单位	单价/元	消耗量
人工	综合工日	工日	30.00	6.5991
主要材料	C20 商品混凝土碎石 20mm	m^3	290.00	1.015
	1：2 水泥砂浆	m^3	229.82	0.001
	圆钢 ϕ6.5	t	2600.00	0.0122
	圆钢 ϕ8	t	2600.00	0.001
	螺纹钢 ϕ16	t	2700.00	0.0125
	螺纹钢 ϕ20	t	2700.00	0.1129
	模板板方材	m^3	1350.00	0.0374
	九夹板模板	m^2	36.70	1.8668

概算定额是扩大初步设计阶段编制概算、技术设计阶段修正概算的依据，概算定额是编制概算指标的依据，概算定额是进行设计方案进行技术经济比较和选择的依据，概算定额是编制主要材料需要量的计算基础。

(4) 概算指标　是以单位工程为对象，反映完成一个规定计量单位建筑产品的经济消耗指标。概算指标是概算定额的扩大与合并，以更为扩大的计量单位来编写的。包括人工、机械台班、材料定额三个基本部分，同时还列出了各结构分部的工程量及单位建筑工程的造价，是一种计价定额。

概算指标是编制项目投资估算的依据，建设单位编制固定资产投资计划及申请投资拨款和主要材料计划的依据，也是设计单位进行方案比较的依据。

表 2-3、表 2-4 为某省某年概算指标组成部分。

表 2-3　内浇外砌住宅结构特征

结构类型	层数	层高	檐高	建筑面积
内浇外砌	六层	2.8m	17.7m	4206m^2

表 2-4　内浇外砌住宅经济指标　　单位：元/100m^2

项目		合计	其中			
			直接费	间接费	利润	税金
单方造价		30422	21860	5576	1893	1093
其中	土建	26133	18778	4790	1626	939
	水暖	2565	1843	470	160	92
	电照	614	1239	316	107	62

(5) 投资估算指标　投资估算指标是以建设项目、单项工程、单位工程为对象，反映建设总投资及其各项费用构成的经济指标。它是在项目建设书、可行性研究和编制设计任务书阶段编制投资估算、计算投资需要量时使用的一种计价定额。

投资估算指标为完成项目建设的投资估算提供依据和手段，它在固定资产的形成过程中起着投资预测、投资控制、投资效益分析的作用，是合理确定项目投资的基础。

投资估算指标一般可分为建设项目综合指标、单项工程指标和单位工程指标三个层次。如表 2-5 所示为某住宅项目的投资估算指标示例。

表 2-5　某住宅项目的投资估算指标

一、工程概况

工程名称	住宅楼	工程概况		××市	建筑面积	$4549m^2$	
层数	七层	层高	3.00m	檐高	21.60m	结构类型	砖混
地耐力	130kPa	地震烈度		7度	地下水位	−0.6m、−0.83m	

土建部分	地基处理		
	基础		C10混凝土垫层，C20钢筋混凝土带形基础，砖基础
	墙体	外	一砖墙
		内	一砖、1/2砖墙
	柱		C20钢筋混凝土构造柱
	梁		C20钢筋混凝土单梁、圈梁、过梁
	板		C20钢筋混凝土平板、C30预应力钢筋混凝土
	地面	垫层	混凝土垫层
		面层	水泥砂浆面层
	楼面		水泥砂浆面层
	屋面		块体刚性屋面，沥青铺加气混凝土块保温层，防水砂浆面层
	门窗		木胶合板门(带纱)，塑钢窗
	装饰	天棚	混合砂浆、106涂料
		内粉	混合砂浆、水泥砂浆，106涂料
		外粉	水刷石
	水卫(消防)		给水镀锌钢管，排水塑料管，坐式大便器
	电气照明		照明配电箱，PVC塑料管暗敷，穿铜芯绝缘导线，避雷网敷设

二、每平方米综合造价指标　　单位：元/m^2

项目	综合指标	直接工程费				取费(综合费)
		合价	其中			
			人工费	材料费	机械费	三类工程
工程造价	530.39	407.99	74.69	308.13	25.17	122.40
土建	503.00	386.92	70.95	291.80	24.17	116.08
水卫(消防)	19.22	14.73	2.38	11.94	0.41	4.49
电气照明	8.67	6.35	1.36	4.39	0.60	2.32

三、土建工程各分部占直接工程费的比例及每平方米直接费

分部工程名称	占直接工程费/%	每平方米直接费/(元/m^2)	分部工程名称	占直接工程费/%	每平方米直接费/(元/m^2)
±0.00以下工程	13.01	50.40	楼地面工程	2.62	10.13
脚手架及垂直运输工程	4.02	15.56	屋面及防水工程	1.43	5.52
砌筑工程	16.90	65.37	防腐、保湿、隔热工程	0.65	2.52
混凝土及钢筋混凝土工程	31.78	122.95	装饰工程	9.56	36.98
构件运输及安装工程	1.91	7.40	金属结构制作工程		
门窗及木结构工程	18.12	70.09	零星项目		

四、人工、材料消耗指标

项目	单位	每100m^2消耗量	材料名称	单位	每100m^2消耗量
(一)定额用工	工日	382.06	(二)材料消耗(土建工程)		
土建工程	工日	363.83	钢材	t	2.11
			水泥	t	16.76
水卫(消防)	工日	11.60	木材	m^3	1.80
			标准砖	千块	21.82
电气照明	工日	6.63	中粗砂	m^3	34.39
			碎(砾)石	m^3	26.20

3. 按照专业分类

(1) 建筑工程定额　如图 2-1 所示。

(2) 安装工程定额　如图 2-2 所示。

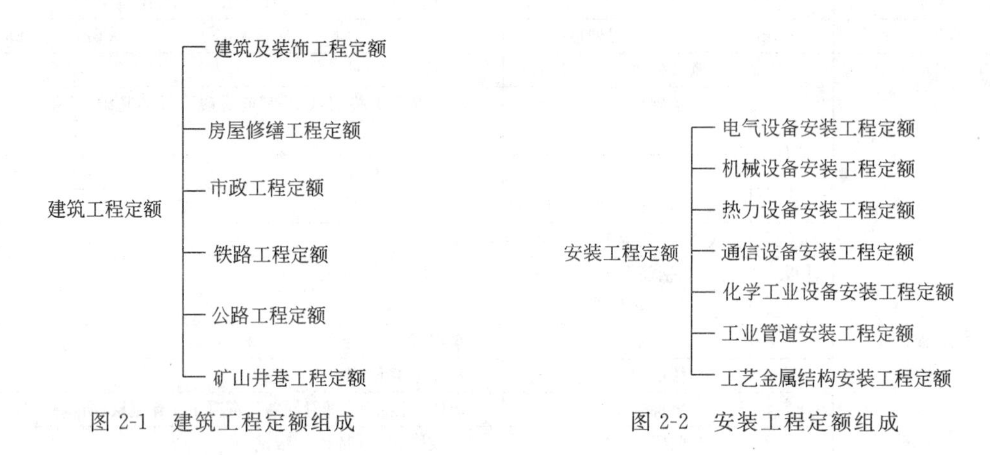

图 2-1　建筑工程定额组成　　图 2-2　安装工程定额组成

4. 按照主编单位和管理权限分类

(1) 全国统一定额　是由国家建设行政主管部门，综合全国工程建设中技术和施工组织管理的情况编制的，并在全国范围内执行的定额。

(2) 地区统一定额　包括省、自治区、直辖市等各级地方制定的定额。地区定额主要考虑到地区性特点和全国统一定额水平作适当调整的。地区定额仅在规定的地区范围内执行。

(3) 行业统一定额　是由各行业主管部门根据本行业生产技术特点，参照统一定额的水平编制的定额，通常仅在本行业内执行。如铁路行业工程定额、石油行业工程定额、电力行业工程定额、煤炭行业工程定额等。

(4) 企业定额　是施工企业根据本企业的施工技术和管理水平，参照国家、部门或地区定额的水平制定的企业内部使用的定额。企业定额水平一般应高于国家现行定额。

按企业定额计算得到的费用是企业进行生产活动所需的成本，因此，企业定额是施工企业进行成本管理、经济核算的基础，同时，企业定额也是企业进行投标报价和编制施工组织设计的主要依据。

(5) 补充定额　是指随着设计、施工技术的发展，现行定额不能满足需要的情况

下，为了补充缺陷所编制的定额。补充定额只能在指定的范围内使用，可以作为以后修订定额的基础。

(三) 各种定额间关系的比较

见表 2-6。

表 2-6　各种定额间关系比较

对比内容＼定额	施工定额	预算定额	概算定额	概算指标	投资估算指标
对象	施工过程或基本工序	分项工程和结构构件	扩大的分项工程或扩大的结构构件	单位工程	建设项目、单项工程、单位工程
用途	编制施工预算	编制施工图预算	编制初步设计概算	编制初步概算	编制投资估算
项目划分	最细	细	较粗	粗	很粗
定额水平	平均先进	平均	平均	平均	平均
定额性质	生产性定额	计价性定额			

二、工程建设定额的性质

(1) 科学性　工程定额是在适应当地的实际生产力发展水平情况下，通过大量测定、分析和研究相关资料数据，运用现代科学信息技术方法制定而成的。

(2) 法令性　工程定额是由国家主管部门或其授权机关组织编制的，在现阶段，各地区必须严格执行，只有这样，才能保证装饰工程费用的确定有一个统一的尺度。

(3) 稳定性和时效性　工程定额是一定时期社会生产水平的反映，因而在一段时间内表现出稳定的状态，一般在3～5年，随着生产力的发展和管理水平的提高，现有定额的内容便会滞后，需要重新编制或修订。

三、工程建设定额的编制原则

1. 水平合理原则

工程建设定额作为工程造价的重要依据，应该按照价格规律的客观要求，即按建设工程施工生产过程中所消耗的社会必要劳动时间来确定定额水平。工程建设定额的定额水平是在正常的施工条件下、合理的施工组织、平均劳动熟练程度和劳动强度下，完成单位工程所消耗的劳动时间。该定额水平是多数企业能够达到或超过，少数企业经过努力可以达到的。因此，工程建设定额体现的是合理的定额水平，有利于合理确定工程造成价，促进企业提高生产经营效益。

2. 简明适用原则

简明适用原则是定额结构合理、定额步距合理。所谓步距就是同类产品或同类工作过程相邻项目之间的水平间距。步距大小与定额的简明适用程度密切很大。步距过大，定额项目就会减少，但定额的精确度就会降低；步距过小，定额项目就会增多，定额的精确度就会增加。

同时，简明适用原则还强调定额项目要齐全，需要注意将新技术、新结构、新材料和新工艺等项目编入定额。如果项目缺项过多会因计价依据的不完善而引起造价管理工作的争执。

3. 专家编审原则

建设定额具有很强的政策性和专业性，因此，编制时应由专门的机构和专业人员负责组织、协调指挥、积累定额资料，同时，也应向具有丰富实践经验的群众及时了解定额在执行过程中的实施情况及存在的问题，以便及时将新技术、新材料和新工艺编入定额中，从而确保定额的质量。

第二节　装饰装修工程预算定额

一、装饰装修工程预算定额的概念及作用

1. 装饰装修工程预算定额的概念

装饰装修工程预算定额（以下简称预算定额）是在一定合理的施工技术条件和建筑艺术综合条件下，消耗在质量合格的装饰装修分项工程或结构构件上的人工、材料和施工机械的数量标准及相应的费用额度。

预算定额包括了劳动定额、材料消耗定额和机械台班定额三个基本部分，是一种计价性质的定额。

预算定额是工程建设中的一项重要的技术经济文件，它的各项指标反映了在完成规定计量单位符合设计标准和施工质量验收规范的分项工程消耗的劳动和物化劳动的限度，这种限度最终决定着单项工程和单位工程的成本和造价。

2. 装饰装修工程预算定额的作用

(1) 编制施工图预算、编制招标控制价、投标报价的依据　当施工图设计完成之后，需

要进行计算工程量并且套用预算定额的基价或参考预算定额中生产要素的消耗量进行编制施工图预算，从而为业主编制招标控制价或施工方进行投标报价提供依据。

(2) 编制装饰装修工程施工组织设计的依据　装饰装修施工企业在施工中需要编制施工组织设计，需要确定施工中所需人力、材料与施工机械的消耗量，目前，大多施工企业不具备体现自身管理水平的企业定额，因此，预算定额便是为施工企业做出最佳计划安排的主要计算依据。

(3) 工程结算的依据　工程结算是指施工企业按照合同的规定，向建设单位申请支付已完工程款清算的一项工作。单位工程验收后，应按竣工工程量、预算定额和施工合同规定进行结算，以保证建设单位建设资金的合理使用和施工单位的经济收入。

(4) 施工单位进行经济活动分析的依据　预算定额规定的物化劳动和劳动消耗指标，是施工单位在生产经营中允许消耗的最高标准。施工单位必须以预算定额作为评价企业工作的重要标准，作为努力实现的目标。

施工单位可根据预算定额对施工中的劳动、材料、机械的消耗情况进行具体分析，以便找出并克服低功效、高消耗的薄弱环节，以提高竞争能力。

(5) 编制建筑装饰装修工程概算定额的基础　概算定额是在预算定额的基础上，根据有代表性的工程通用图和标准图等，进行综合、扩大和合并而成的。利用预算定额作为编制概算定额的依据，不仅可以节约时间、人力、物力，还可以在定额的制定水平上保持一致。

二、装饰装修工程预算定额的内容

预算定额的具体表现形式是单位估价表，即包括定额人工、材料和施工机械台班消耗量，又综合了人工费、材料费、机械费和基价。

预算定额由建筑工程建筑面积计算规范、总说明、定额目录、分部分项工程说明及其相应的工程量计算规则、分项工程定额项目表、附录等组成，可以归纳为以下几项。

1. 文字说明

文字说明是由建筑面积计算规范、总说明、目录、分部分项说明及工程量计算规则所组成。

建筑面积计算规范是全国统一的建筑面积计算规则，阐述该规范适用的范围、相关术语及计算建筑面积的规定，是计算建设项目或单项工程建筑面积的主要依据。

总说明阐述装饰工程预算定额的用途、编制依据、适用范围、编制原则等内容。

分部分项说明阐述该分部工程内综合的内容、定额换算及增减系数的条件及定额应用时应注意的事项等。

分部分项工程量计算规则阐述了该分部工程计算工程量时所遵循的规则，是计算工程量时主要的参考依据。

2. 分项工程定额项目表

定额项目表是由分项定额所组成的，这是预算定额的核心内容，如表 2-7 所示。

表 2-7　墙、柱面工程定额项目表

工作内容：1. 清理修补基层表面、刷素水泥浆一遍。

2. 选料、抹结合层砂浆、贴陶瓷锦砖、擦缝、清洁表面。　　单位：$100m^2$

定额编号		A14-149	A14-150
项目		陶瓷锦砖(水泥砂浆粘贴)	
		墙面	方柱(梁)面
基价/元		6291.94	6774.84
其中	人工费/元	4857.12	5339.96
	材料费/元	1429.30	1429.36
	机械费/元	5.52	5.52

续表

名称		单位	单价/元	数量	
人工	普工	工日	60.00	19.68	21.64
	技工	工日	92.00	39.96	43.93
材料	陶瓷锦砖	m^2	11.35	101.500	101.500
	水泥砂浆 1∶1	m^3	431.84	0.31	0.31
	白水泥	kg	0.62	25.8	25.8
	水泥浆	m^3	692.87	0.10	0.10
	801 胶	kg	2.60	19.1	19.21
	水	m^3	3.15	0.78	0.71
	棉纱头	kg	6.00	1.00	1.00
机械	灰浆搅拌机 200L	台班	110.40	0.05	0.05

3. 附录

附录中包括艺术造型天棚断面示意图、货架柜类大样图、栏板栏杆扶手大样图等。

三、装饰装修预算定额的应用

1. 直接套用

在选择定额项目时，当装饰装修工程项目的设计要求、材料种类、工作内容与预算定额相应子目相一致时，可直接套用定额。

【例 2-1】 某工程大理石楼地面 600m^2，其构造为水泥浆一道，1∶4 水泥砂浆粘贴 500mm×500mm 的单色大理石板，灰浆搅拌机为施工企业自有。试计算该项工程人工费、材料费与机械费之和。

解 以湖北省预算定额为例，根据题中已知条件判断得知该工程内容与定额中编号为 A13-64 的工程内容一致，所以可以直接套用定额子目（见表 2-8）。

表 2-8 块料面层大理石（花岗岩）定额项目表 单位：100m^2

定额编号				A13-64
项目				大理石(花岗岩)楼地面 周长 3200mm 以内 单色
基价/元				13500.88
其中	人工费/元			2027.76
	材料费/元			11415.71
	机械费/元			57.41
名称		单位	单价/元	数量
人工	普工	工日	60.00	8.22
	技工	工日	92.00	16.68
材料	大理石板 500mm×500mm	m^2	103	102.00
	水泥砂浆 1∶4	m^3	250.13	3.03
	水泥浆	m^3	692.87	0.1
	白水泥	kg	0.62	10.3
	石料切割锯片	片	150	0.35
	水	m^3	3.15	2.6
	电	kW·h	0.97	7.31
	棉纱头	kg	6.00	1.00
	锯木屑	m^3	3.93	0.60
机械	灰浆搅拌机 200L	台班	110.40	0.52

从定额表中，可确定该项工程：

普通工消耗量＝8.22×600÷100＝49.32(工日)

技工消耗量＝16.68×600÷100＝100.08(工日)

500mm×500mm 大理石板消耗量＝102×600÷100＝612(m^2)

1∶4 水泥砂浆消耗量＝3.03×600÷100＝18.18(m^3)

水泥浆消耗量＝0.1×600÷100＝0.6(m^3)

灰浆搅拌机 200L 消耗量＝0.52×600÷100＝3.12(台班)

人工费＝2027.76×600÷100＝12166.56(元)

材料费＝11415.71×600÷100＝68494.26(元)

机械费＝57.41×600÷100＝344.46(元)

人工费＋材料费＋机械类＝81005.28(元)

2. 定额换算

当装饰装修工程项目的设计要求与预算定额项目的工程内容、材料规格、施工方法不同时，就不能直接套用预算定额，必须根据预算定额的相关文字说明换算后再进行套用。

(1) 抹灰砂浆的换算　当设计用抹灰砂浆与定额取定不同时，按定额规定进行换算，抹灰砂浆换算包括抹灰砂浆配合比换算与抹灰砂浆厚度换算。

① 抹灰砂浆配合比换算。预算定额中规定凡注明砂浆种类、配合比的，如与设计规定不同，可按设计规定调整，但人工、机械消耗量不变。

换算公式如下。

换入砂浆用量＝换出的定额砂浆用量

换入砂浆原材料用量＝换入砂浆配合比用量×换出的定额砂浆用量

换算后定额基价＝原定额基价＋定额砂浆用量×(换入砂浆基价－换出砂浆基价)

【例 2-2】 水泥砂浆 1∶3 铺楼梯大理石板，求水泥砂浆原材料用量。

解 以湖北省定额为例，从定额目录中查得水泥砂浆铺楼梯大理石板的定额子目为 A13-72 (表 2-9)，该定额项目采用 1∶4 水泥砂浆，需要进行换算 (表 2-10)，换算中人工、机械台班用量不变，1∶3 水泥砂浆消耗量仍为 $2.76m^3/100m^2$。

表 2-9　楼梯工程定额项目表　　单位：$100m^2$

定额编号				A13-72
项目				楼梯 大理石 水泥砂浆
基价/元				21272.71
其中	人工费/元			5252.72
	材料费/元			15967.00
	机械费/元			52.99
名称		单位	单价/元	数量
人工	普工	工日	60.00	21.29
	技工	工日	92.00	43.21
材料	大理石板	m^2	103.00	144.70
	水泥砂浆 1∶4	m^3	250.13	2.76
	水泥浆	m^3	692.87	0.14
	白水泥	kg	0.60	14.10
	石料切割锯片	片	150.00	1.43
	水	m^3	3.15	3.60
	电	kW·h	0.97	30.32
	棉纱头	kg	6.00	1.40
	锯木屑	m^3	3.93	0.80
机械	灰浆搅拌机 200L	台班	110.40	0.48

表 2-10　抹灰砂浆配合比表　　单位：m^3

定额编号				6-22	6-23
项目				水泥砂浆	
				1∶3	1∶4
基价/元				296.69	250.13
名称		单位	单价/元	数量	
材料	水泥 32.5	kg	0.46	404.000	303.000
	中(粗)砂	m^3	93.19	1.180	1.180
	水	m^3	3.15	0.280	0.250

1∶3 水泥砂浆用量＝$2.76m^3/100m^2$

1∶3 水泥砂浆原材料用量：

水泥 32.5：404×2.76＝1115.04（$kg/100m^2$）

中（粗）砂：1.18×2.76＝3.2568（$m^3/100m^2$）

水：0.28×2.76＝0.7728（$m^3/100m^2$）

【例 2-3】 例 2-2 中，求基价。

解 A13-72 基价为 212.73 元/m^2，查表 2-10 抹灰砂浆配合比表中 1∶3 水泥砂浆的基价为：296.69 元/m^2

换算后定额基价＝原定额基价＋定额砂浆用量×(换入砂浆基价－换出砂浆基价)

＝212.73 元/m^2＋0.0276m^3/m^2×(296.69 元/m^3－250.13 元/m^3)

＝214.02 元/m^2

② 抹灰砂浆厚度换算。预算定额中规定如设计与定额取定不同，除定额有注明厚度的项目可以换算外，其他一律不作调整。

当抹灰厚度发生变化且定额允许换算时，砂浆用量发生变化，因而人工、材料、机械台班用量均需调整。

k＝换入砂浆总厚度/定额砂浆总厚度

换算后人工消耗量＝k×原定额人工消耗量

换算后机械台班消耗量＝k×原定额机械消耗量

换算后砂浆用量＝(换入砂浆总厚度/定额砂浆总厚度)×原定额砂浆用量

换入砂浆原材料用量＝换入砂浆配合比用量×换算后砂浆用量

【例 2-4】 参考湖北省定额见表 2-11，斩假石砖墙面，水泥砂浆 1∶3 厚 15mm，水泥白石子浆 1∶1.5 厚 12mm，求换算后人工、机械、材料用量及换算后基价。

表 2-11　墙面工程定额项目表　　单位：$100m^2$

定额编号		A14-103
项目		砖、混凝土墙面斩假石 12＋10
基价/元		8506.28
其中	人工费/元	7146.28
	材料费/元	1310.32
	机械费/元	49.68

续表

名　称		单　位	单价/元	数　量
人工	普工	工日	60.00	28.96
	技工	工日	92.00	58.79
	水泥砂浆 1∶3	m^3	296.69	1.39
	水泥白石子浆 1∶1.5	m^3	716.53	1.16
	801 胶素水泥浆	m^3	614.00	0.10
	水	m^3	3.15	0.84
机械	灰浆搅拌机 200L	台班	110.40	0.45

解　k＝换入砂浆总厚度/定额砂浆总厚度＝(15＋12)/(12＋10)＝1.227

换算后人工普工消耗量＝1.227×28.96 工日/100m^2＝35.53 工日/100m^2

换算后人工技工消耗量＝1.227×58.79 工日/100m^2＝72.14 工日/100m^2

换算后机械台班消耗量＝1.227×0.45 台班/100m^2＝0.55 台班/100m^2

换算后水泥砂浆 1∶3 消耗量＝(15/12)×1.39m^3/100m^2＝1.738m^3/100m^2

换算后水泥白石子浆 1∶1.5 消耗量＝(12/10)×1.16m^3/100m^2＝1.392m^3/100m^2

换算后 801 胶素水泥浆消耗量＝1.227×0.1m^3/100m^2＝0.1227m^3/100m^2

换算后水消耗量＝1.227×0.84m^3/100m^2＝1.03m^3/100m^2

查表 2-10、表 2-12 抹灰砂浆配合比表得知换算后原材料用量：

表 2-12　抹灰砂浆配合比表　　单位：m^3

定　额　编　号				6-35
项　目				水泥白石子浆
				1∶1.5
基价/元				716.53
名　称		单位	单价/元	数　量
材料	水泥 32.5	kg	0.46	1001.000
	白石子	kg	0.20	1272.000
	水	m^3	3.15	0.53

水泥 32.5 ＝ 1.738m^3/100m^2 × 404kg/m^3 ＋ 1.392m^3/100m^2 × 1001kg/m^3 ＝ 2095.54kg/100m^2

中粗砂＝1.738m^3/100m^2×1.18m^3/m^3＝2.05m^3/100m^2

白石子＝1.392m^3/100m^2×1272kg/m^3＝1770.62kg/100m^2

换算后人工费＝60 元/工日×35.53 工日/100m^2＋92 元/工日×72.14 工日/100m^2＝8768.68 元/100m^2

换算后材料费＝296.69 元/m^3×1.738m^3/100m^2＋716.53 元/m^3×1.392m^3/100m^2＋641.00 元/m^3×0.1227m^3/100m^2＋3.15 元/m^3×1.03m^3/100m^2＝1594.95 元/100m^2

换算后机械费＝110.40 元/台班×0.55 台班/100m^2＝60.72 元/100m^2

换算后基价＝人工费＋材料费＋机械费＝8768.68 元/100m^2＋1594.95 元/100m^2＋60.72 元/100m^2＝10424.35 元/100m^2

（2）材料规格的换算　当装饰设计图纸规定的材料规格与预算定额的材料规格品种不同时，需要进行材料用量的换算。

以块料换算为例，装饰面块料消耗量(块/100m^2)＝100×(1＋损耗率)/[(块料长＋灰缝)×

(块料宽＋灰缝)]

【例 2-5】 某装饰内墙面水泥砂浆粘贴 200mm×300mm 全瓷墙面砖，灰缝 5mm，面砖损耗率为 1.5%，试计算每 $100m^2$ 面砖消耗量。

解 查定额可选取 A14-171，实际所需与原定额中墙面砖的规格是 300mm×300mm 不一致，所以需要换算。

面砖消耗量＝100×(1＋损耗率)/[(块料长＋灰缝)×(块料宽＋灰缝)]

＝100×(1＋1.5%)/[(0.2＋0.005)×(0.3＋0.005)]

＝1623.35(块/$100m^2$)

折合面积＝1623.35×0.2×0.3＝97.4(m^2/$100m^2$)

(3) 系数的换算 系数的换算是指当施工图设计的工作内容与定额规定的相应内容不一致时，需要将定额的一部分或全部乘以规定系数。

如湖北省预算定额规定如下。

① 楼梯踢脚线按相应楼地面部分踢脚线乘以 1.15 系数；

② 两面或三面凸出墙面的柱、圆弧形、锯齿形墙面抹灰、镶贴块料按相应人工乘以系数 1.15，材料乘以系数 1.05 计算等；

③ 天棚面层不在同一标高即为跌级天棚，其面层人工乘以系数 1.1；

④ 单层钢门窗和其他金属面，如需涂刷第二遍防锈漆时，应按相应刷第一遍定额套用，人工乘以系数 0.74，材料、机械不变等。

换算后的基价＝换算前基价±换算部分费用×相应调整系数

【例 2-6】 某圆弧形砖墙面水泥砂浆粘贴大理石 $120m^2$，试计算其人工费、材料费及机械费之和。

解

表 2-13 镶贴块料面层 单位：$100m^2$

定额编号		A14-130
项目		粘贴大理石
		水泥砂浆
		砖墙面
基价/元		16041.40
其中	人工费/元	4129.04
	材料费/元	11898.01
	机械费/元	14.35

根据计算规则可知，由于该墙面为圆弧形，所以需要对人工费、材料费进行调整。

查表 2-13 可知，原定额基价为 16041.40 元/$100m^2$，其中人工费为 4129.04 元/$100m^2$，材料费为 11898.01 元/$100m^2$，机械费为 14.35 元/$100m^2$。

换算后的基价＝换算前基价±换算部分费用×相应调整系数＝16041.40 元/$100m^2$＋4129.04 元/$100m^2$×0.15＋11898.01 元/$100m^2$×0.05＝17255.66 元/$100m^2$

人工费＋材料费＋机械费＝172.56 元/m^2×$120m^2$＝20707.2 元

第三节 定额基价中人工费、材料费及机械台班费的确定

预算定额包括了在合格的施工条件下，完成一定计量单位的质量合格的分部分项工程所

需人工、材料和机械台班消耗量及相应的货币表现形式，即人工费、材料费和机械费。三者之和为定额基价。计算公式如下。

$$定额基价=人工费+材料费+机械费$$

一、定额基价中人工费的确定

$$人工费=\sum(工日消耗量\times日工资单价)或$$
$$人工费=\sum(工程工日消耗量\times日工资单价)$$

1. 日工资单价

公式（一）： $$人工费=\sum(工日消耗量\times日工资单价)$$

$$日工资单价=\frac{生产工人平均月工资(计时、计件)+平均月(奖金+津贴+特殊情况下支付的工资)}{年平均每月法定工作日}$$

注：公式（一）主要适用于施工企业投标报价时自主确定人工费，也是工程造价管理机构编制计价定额确定定额人工单价或发布人工成本信息的参考依据。

公式（二）： $$人工费=\sum(工程工日消耗量\times日工资单价)$$

日工资单价是指施工企业平均技术熟练程度的生产工人在每工作日（国家法定工作时间内）按照规定从事施工作业应得的日工资总额。

工程造价管理机构确定日工资单价应通过市场调查、根据工程项目的技术要求，参考实物工程量人工单价综合分析确定，最低日工资单价不得低于工程所在地人力资源和社会保障部门所发布的最低工资标准：普工 1.3 倍、一般技术 2 倍、高级技工 3 倍。

工程计价定额不可只列一个综合工日单价，应根据工程项目技术要求和工种差别适当划分多种日人工单价，确保各分部工程人工费的合理构成。

注：公式（二）适用于工程造价管理机构编制计价定额时确定定额人工费，是施工企业投标报价的参考依据。

2. 工日消耗量指标的确定

预算定额工日消耗量指标，是指完成一定计量单位的装饰产品所必需的各种用工的总和，包括基本用工量和其他用工量。

基本用工量是指完成一个定额单位的装饰产品所必需的主要用工量，如地面铺陶瓷锦砖时铺砖、调制砂浆以及运输陶瓷锦砖、砂浆的用工量。计算公式如下。

$$基本用工量=\sum(工序工程量\times对应的时间定额)$$

其他用工量是指辅助基本用工所消耗的工日，其内容包括辅助用工、超运距用工和人工幅度差用工。

（1）辅助用工　是指预算定额中基本用工以外的材料加工等所用的工时，如抹灰工程中淋石灰用工和制作抹灰用的分隔条用工。

$$辅助用工量=\sum(加工材料数量\times时间定额)$$

（2）超运距用工　是指超过劳动定额中已包括的材料、半成品场内水平搬运距离与预算定额所考虑的现场材料、半成品堆放地点到操作地点的水平运输距离之差，计算公式如下。

$$超运距用工量=\sum(超运距材料数量\times时间定额)$$

其中超运距=预算定额取定距－劳动定额已包括的运距。需要指出的是当实际工程现场运距超过预算定额取定的运距时，应计算现场二次搬运费。

（3）人工幅度差用工　即预算定额与劳动定额的差距，是指劳动定额中未包括的，而在一般正常施工情况下又不可避免的一些零星用工，其内容包括如下。

① 各工种间的工序搭接及交叉作业互相配合中不可避免所引起的停工；

② 施工机械在单位工程之间转移及临时水电线路移动所引起的停工；

③ 质量检查和隐蔽工程验收工作的影响；
④ 班组操作地点转移用工；
⑤ 工序交接时对前一工序不可避免的修整用工；
⑥ 施工过程中不可避免的其他零星用工。

人工幅度差用工=(基本用工+超运距用工+辅助用工)×人工幅度差系数

人工幅度差系数一般取值为10%～15%。

综上所述，装饰装修工程预算定额中的人工消耗指标，可按如下公式计算。

定额人工消耗量=(基本用工+超运距用工+辅助用工)×(1+人工幅度差系数)

二、定额基价中材料费的确定

材料费=∑(材料消耗量×相应的材料单价)

1. 材料单价

材料单价，是指建筑装饰材料由其来源地运到工地仓库（施工现场）后的出库价格，材料从采购、运输到保管全过程所发生的费用，构成了材料单价。

材料单价是由材料原价、运杂费、运输损耗费、采购保管费等组成，计算公式如下。

材料单价=(材料原价+材料运杂费+运输损耗费)×(1+采购保管费率)

（1）材料原价　即材料出厂价、进口材料的抵岸价或销售部门的批发价。当同一种材料因材料来源地、供应渠道不同而有几种原价时，应根据不同来源地的供应数量及不同的单价计算出加权平均原价。

$$加权平均原价=K_1C_1+K_2C_2+\cdots+K_nC_n$$

式中，$K_1,K_2,\cdots,K_n$ 为不同地点的供应量占所有供应量的比例；$C_1,C_2,\cdots,C_n$ 为不同地点的供应价。

【例 2-7】 某建筑工地需要某种材料共计300t，选择甲、乙、丙三个供货地点，甲地出厂价为390元/t，可供货40%；乙地出厂价为430元/t，可供货25%；丙地出厂价为400元/t，可供货35%。计算该种材料的原价。

解　材料原价=390×40%+430×25%+400×35%=403.5（元/t）

（2）材料运杂费　是指材料由来源地运至工地仓库或施工现场堆放地点全部过程中所支付的一切费用，包括运输费、装卸费、调车或驳船费。

若同一品种的材料有若干个来源地，材料运杂费应根据运输里程、运输方式、运输条件供应量的比例加权平均的方法。

（3）运输损耗费　是指材料在装卸、运输过程中发生的不可避免的合理损耗。该费用可以计入材料运输费，也可以单独计算。

运输损耗费=(材料原价+材料运杂费)×运输损耗率

（4）采购保管费　是指材料部门在组织订货、采购、供应和保管材料过程中所发生的各种费用。包括采购费、工地管理费、仓储费、仓储损耗等。

由于建筑装饰材料的各类、规格繁多，采购保管费不可能按每种材料在采购过程中所发生的实际费用计取，只能规定几种费率。目前，由国家统一规定的综合采购保管费率为2.5%（其中采购费率为1%，保管费率为1.5%）。由建设单位供应材料到现场仓库的，施工企业只收保管费。

采购保管费=(材料原价+材料运杂费+运输损耗费)×采购保管费率

或　采购保管费=[(材料原价+运杂费)×(1+运输损耗率)]×采购保管率

【例 2-8】 同例 2-7，又已知运杂费为 52 元/t，运输损耗费率为 1%，采购保管费率为 2.5%。计算该种材料的材料预算价格。

解 材料预算价格=(材料原价+材料运杂费+运输损耗费)×(1+采购保管费率)

=[(材料原价+材料运杂费)×(1+运输损耗费率)]×(1+采购保管费率)

=[(403.5+52)×(1+1%)]×(1+2.5%)

=471.56(元/t)

2. 材料消耗指标的确定

(1) 预算定额消耗材料的分类　工程中所消耗的材料，根据施工生产消耗工艺要求，可分为非周转性材料和周转性材料。

非周转性材料即实体性材料，是在施工中一次性消耗并直接构成工程实体的材料，如水泥、砂、地面砖等。

周转性材料是指在施工中可多次周转使用并不构成工程实体的材料，如脚手架、各种模板等。

(2) 预算定额材料消耗量的组成及计算公式　预算定额中的材料消耗量是指合理和节约使用材料的条件下，完成一定计量单位的合格产品所必须消耗的各种材料数量。如在装饰预算定额中规定水泥砂浆铺 $100m^2$ 楼梯花岗岩，需要消耗花岗岩 $144.7m^2$，1∶3 水泥砂浆 $2.76m^3$，素水泥浆 $0.14m^3$，白水泥 14.1kg。

材料消耗量是由材料净用量和材料损耗量组成，计算公式如下。

材料消耗量=材料净用量+材料损耗量=材料净用量×(1+材料损耗率)

材料净用量是指在合理用料的条件下，直接用于建筑和安装工程的材料。

材料损耗量是指在正常条件下，不可避免的施工废料和施工损耗，如施工现场内材料运输损耗及施工操作过程中的损耗。材料损耗率见表 2-14。

表 2-14　材料成品、半成品损耗率参考表

材料名称	工程项目	损耗率/%	材料名称	工程项目	损耗率/%
标准砖	基础	0.4	石灰砂浆	抹墙及墙裙	1
标准砖	实砖墙	1	水泥砂浆	抹天棚	2.5
标准砖	方砖柱	3	水泥砂浆	抹墙及墙裙	2
白瓷砖	墙面	1.5	水泥砂浆	地面、屋面	1
陶瓷锦砖(马赛克)	地面	1	混凝土(现制)	地面	1
铺地砖(缸砖)	混凝土工程	0.8	混凝土(现制)	其余部分	1
砂	砖砌体	1.5	混凝土(预制)	桩基础、梁、柱	1
砾石	抹墙及墙裙	2	混凝土(预制)	其余部分	1.5
生石灰	抹天棚	1	钢筋	现制、预制混凝土	2
水泥	抹天棚	1	铁件	土	1
砌筑砂浆		1	钢材	成品	6
混合砂浆		2	木材	门窗	6
混合砂浆		3	玻璃	安装	3
石灰砂浆		1.5	沥青	操作	1

【例 2-9】 假设砂浆损耗率为 1%，计算 $1m^3$ 标准砖-砖外墙砌体砖数和砂浆的净用量。

解 根据以下公式计算砌体砖数和砂浆的总损耗量。

用砖数：

$$A=\frac{1}{\text{墙厚}\times(\text{砖长}+\text{灰缝})\times(\text{砖厚}+\text{灰缝})}\times k$$

式中　k——墙厚的砖数×2。

砂浆用量：

$$B=1-\text{砖数}\times\text{砖块体积}$$

$$1\text{m}^3\text{标准砖-砖外墙砌体砖用量}=\frac{1}{0.24\times(0.24+0.01)\times(0.053+0.01)}\times1\times2=529(\text{块})$$

1m^3 标准砖-砖外墙砌体砂浆的净用量$=1-529\times(0.24\times0.115\times0.053)=0.226(\text{m}^3)$

1m^3 标准砖-砖外墙砌体砂浆的总损耗量$=0.226\times(1+1\%)=0.228(\text{m}^3)$

3. 工程设备费

工程设备是指构成或计划构成永久工程一部分的机电设备、金属结构设备、仪器装置及其他类似的设备和装置。

工程设备费＝∑(工程设备量×工程设备单价)

工程设备单价＝(设备原价＋运杂费)×[1＋采购保管费率(%)]

三、定额基价中机械费的确定

机械费是指施工作业所发生的施工机械的使用费或其租赁费。

施工机械使用费＝∑(施工机械台班消耗量×机械台班单价)

1. 机械台班单价

机械台班单价是指一台施工机械在一个台班内所需分摊和开支的全部费用之和。

按费用性质的不同，可以分为两大类。

(1) 第一类费用　属于不变费用，即不管机械运转情况如何，不管施工地点和条件，都需要支出的比较固定的经常性费用。主要包括：折旧费、大修理费、经常修理费、安拆费及场外运输费。

(2) 第二类费用　属于可变费用，即只有机械运转工作时才发生的费用，且不同地区、不同季节、不同环境下的费用标准也不同。主要包括：台班燃料动力费、台班人工费、台班税费。

2. 机械台班消耗指标的确定

机械台班消耗量是指在正常施工条件下，完成一定计量单位的合格产品所必需消耗的各种机械用量。按现行规定，是以台班为单位计算的，每台施工机械工作 8 小时为一个台班。

预算定额机械台班消耗量＝施工定额机械耗用台班＋机械幅度差数量

＝施工定额机械耗用台班 (1＋机械幅度差系数)

施工机械耗用台班是统一劳动定额中各种机械施工项目所规定的台班产量，即完成一定计量单位的建筑安装产品所需的台班数量。

机械幅度差是指劳动定额中没有包括，而在实际施工中又不可避免发生的影响机械或使机械停歇的时间，具体如下。

① 施工机械转移工作面及配套机械相互影响损失的时间；

② 检查工程质量影响机械操作的时间；

③ 临时停水、停电所发生的运转中断时间；

④ 开工或结尾时，因工作量不饱满损失的时间；

⑤ 在正常的施工情况下，机械施工中不可避免的工序间歇。

⑥ 机械维修引起的停歇时间。

大型机械幅度差系数为：土方机械 25%，打桩机械 33%，吊装机械 30%。砂浆、混凝土搅拌机由于按小组配用，以小组产量计算机械台班产量，不另增加机械幅度差，其他分部工程如钢筋加工、木材、水磨石等各项专用机械的幅度差为 10%。

【例 2-10】 已知某挖土机挖土，一次正常循环工作时间是 40s，每次循环平均挖土量为 $0.3m^3$，机械正常利用系数为 0.8，机械幅度差为 25%，求该机械挖土方 $1000m^3$ 的预算定额机械耗用台班量。

解 机械纯工作 1h 循环次数＝3600/40＝90（次/台时）

机械纯工作 1h 正常生产率＝90×0.3＝27（m^3/台时）

施工机械台班产量定额＝27×8×0.8＝172.8（m^3/台班）

施工机械台班时间定额＝1/172.8＝0.00579（台班/m^3）

预算定额机械耗用台班＝0.00579×(1＋25%)＝0.00723（台班/m^3）

挖土方 $1000m^3$ 预算定额机械耗用台班＝1000×0.00723＝7.23（台班/m^3）

【例 2-11】 湖北省塑钢门窗安装定额子目如表 2-15 所示，求其定额基价的计算过程。

表 2-15 塑钢门窗安装定额子目 单位：$100m^2$

定 额 编 号				A17-58
项 目				塑钢门窗安装
				平开门
基价/元				36983.61
其中	人工费/元			4866.08
	材料费/元			31307.88
	机械费/元			809.65
名 称		单位	单价/元	数 量
人工	普工	工日	60.00	13.880
	技工	工日	92.00	37.180
	高级技工	工日	138.00	4.440
材料	塑钢平开门	m^2	275.00	95.29
	地脚	个	1.95	701.59
	密封胶条	m	7.14	316.08
	密封油膏	kg	3.74	48.03
	软填料	kg	8.08	34.26
	膨胀螺栓	套	0.47	1403.18
	橡胶条	m	0.84	390.32
	其他材料费	%	—	0.11
机械	安装综合机械费	台班	381.91	2.12

解 定额人工费＝60×13.88＋92×37.18＋138×4.44＝4866.08(元)

定额材料费＝(275×95.29＋1.95×701.59＋7.14×316.08＋3.74×48.03＋8.08×34.26＋0.47×1403.18＋0.84×390.32)×(1＋0.11%)＝31307.88(元)

定额机械台班费＝381.91×2.12＝809.65(元)

定额基价＝4866.08＋31307.88＋809.65＝36983.61(元)

小 结

工程建设定额是指在正常的施工条件和合理劳动组织、合理使用材料及机械的条件下，完成单位合格产品所必须消耗资料的数量标准。

工程建设定额是一个大家族，是工程建设中多种定额的总称。可以按生产要素、编制的程序和用途、投资费用的性质、主编单位和管理权限进行分类。

装饰装修工程预算定额（以下简称预算定额）是在一定合理的施工技术条件和建筑艺术综合条件下，消耗在质量合格的装饰分项工程或结构构件上的人工、材料和施工机械台班消耗的数量标准及其费用标准。

预算定额包括了劳动定额、材料消耗定额和机械台班定额三个基本部分，是一种计价性质的定额。

预算定额包括了在合格的施工条件下，完成一定计量单位的质量合格的分部分项工程所需人工、材料和机械台班消耗量及相应的货币表现形式，即人工费、材料费和机械费。三者之和为定额基价。计算公式如下。

定额基价 = 人工费 + 材料费 + 机械费

式中，人工费 = $\sum$(工日消耗量 × 日工资单价) 或人工费 = $\sum$(工程工日消耗量 × 日工资单价)

材料费 = $\sum$(材料消耗量 × 材料单价)；

机械费 = $\sum$(施工机械台班消耗量 × 机械台班单价)

能力训练题

一、单选题

1. (2012年注册造价工程师考试真题) 某预算定额项目的基本用工为2.8工日，辅助用工为0.7工日，超运距用工为0.2工日，人工幅度差系数为10%。该定额的人工工日消耗为(　　)工日。

A. 3.98　　B. 4.00　　C. 4.05　　D. 4.07

2. (2009年注册造价工程师考试真题) 某工程水泥从两个地方供货，甲地供货200t，原价为240元/t；乙地供货300t，原价为250元/t。甲、乙运杂费分别为20元/t，25元/t，运输损耗率均为2%。采购及保管费率均为3%，则该工程水泥的材料基价为(　　)。

A. 281.04　　B. 282.45　　C. 282.61　　D. 287.89

3. (2007年注册造价工程师考试真题) 某土方施工机械一次循环的正常时间为2.2min，每循环工作一次挖土0.5m^3，工作班的延续时间为8h，机械正常利用系数为0.85，则该土方施工机械的产量定额为(　　)m^3/台班。

A. 7.01　　B. 7.48　　C. 92.73　　D. 448.80

4. (2009年注册造价工程师考试真题) 一砖厚砖墙中，若材料为标准砖(240mm×115mm×53mm)，灰缝厚度为10mm，砖损耗率为2%，砂浆损耗率为1%，则砂浆消耗量为(　　)m^3。

A. 0.062　　B. 0.081　　C. 0.205　　D. 0.228

5. (2008年注册造价工程师考试真题) 某施工机械耐用总台班为800台班，大修周期数为4，每次大修理费用为1200元，则该机械的台班大修理费为(　　)元。

A. 7.5　　B. 6.0　　C. 4.5　　D. 3.0

二、问答题

1. 什么是工程建设定额？它是如何分类的？
2. 什么是装饰工程预算定额？它有什么作用？
3. 什么是人工(工日)单价？如何确定人工消耗量指标？

4. 什么是材料单价？如何确定材料消耗量指标？

5. 什么是机械台班单价？如何确定机械台班消耗量指标？

三、计算题

（2010 年注册造价工程师考试真题）某工程需用的 32.5 级水泥从两个地方采购。根据表 2-16 中数据，计算某工程 32.5 级水泥的基价。

表 2-16

货源地	数量 /t	原价 /(元/t)	运杂费 /(元/t)	运输损耗率 /%	采购及保管费率 /%
甲地	600	290	25	2.0	3.0
乙地	400	300	20	2.0	3.0

第三章

工程量清单计价规范

【知识目标】

- 了解《建设工程工程量清单计价规范》(GB 50500—2013) 的内容
- 掌握《房屋建筑与装饰工程工程量计算规范》(GB 50854—2013) 的内容

【能力目标】

- 能够熟练地解释《建设工程工程量清单计价规范》(GB 50500—2013) 所体现的工程价款全过程管理理念
- 能够熟练地结合工程实例编制装饰装修工程工程量清单

第一节 建设工程工程量清单计价规范

随着我国改革开放的进一步深化以及我国加入世界贸易组织（WTO）后建筑市场的进一步对外开放，我国建筑市场得到了快速发展。逐步推行招标投标制、合同制，在国外的企业以及投资的项目越来越多地进入国内市场的同时，我国建筑企业也逐渐走出国门闯入国际市场，而国际与国内在工程招投标报价的计价方式上是不一致的，前者通常采用工程量清单计价，而我国现行的招投标报价方式是定额计价。

为了与国际惯例接轨，经原建设部批准，先后于 2003 年 7 月 1 日起实行国家标准《建设工程工程量清单计价规范》(GB 50500—2003)，2008 年 12 月 1 日起实施《建设工程工程量清单计价规范》(GB 50500—2008)。经过十年的实施，通过总结经验，针对执行中存在的问题，对原规范进行了修编，于 2013 年实施《建设工程工程量清单计价规范》(GB 50500—2013)(后面简称“计价规范”) 以及《房屋建筑与装饰工程工程量计算规范》(GB 50584—2013)。

“13 规范”是以《建设工程工程量清单计价规范》(GB 50500—2013) 为母规范，各专业工程工程量计算规范与其配套使用的工程计价、计量标准体系。该标准体系将为深入推行工程量清单计价，建立市场形成工程造价机制奠定坚实基础，并对维护市场秩序，规范建设工程发承包双方的计价行为，促进建设市场健康发展发挥重要作用。

一、计价规范编制原则

(1) 政府宏观调控、企业自主报价、市场竞争形成价格　按照政府宏观调控、企业自主报价、市场竞争形成价格的指导思想，“计价规范”为规范发包方与承包方计价行为、确定工程量清单计价提供了依据。“计价规范”本着工程计量规则标准化、工程计价规范化、工程造价形成市场化的原则，规定了招标人在编制工程量清单时必须做到四统一，即统一项目编码，统一项目名称，统一计量单位，统一工程量计算规则。同时，“计价规范”为企业自主报价、参与市场竞争提供了空间。即“计价规范”中人工、材料和机械没有具体的消耗量，投标企业可根据企业定额和市场价格信息，也可参照当地建设行政主管部门发布的社会平均消耗量定额进行报价。

（2）清单计价与现行定额既有机结合又有所区别　现行定额是我国经过几十年长期实践总结出来的，具有一定的科学性和实用性，是广大从事工程造价管理工作的人员的好帮手，所以，“计价规范”在编制过程中，以现行的“全国统一建筑工程基础定额”为基础，在项目划分、计量单位、工程量计算规则等方面，尽可能与定额衔接。

但预算定额是按照计划经济的要求制定并执行的，其中有许多不适应“计价规范”编制指导思想的内容，主要表现在：

① 定额项目按国家规定是以工序划分项目。

② 施工工艺、施工方法是根据大多数企业的施工方法综合取定的。

③ 人工、材料、机械消耗量根据“社会平均水平”综合取定的。

④ 取费标准是根据不同地区平均测算的。

因此，企业报价时只能表现平均主义，不能结合项目具体情况、自身管理水平自主报价，从而在一定程度上影响企业加强管理积极性的发挥。

（3）既考虑我国工程造价管理的现状，又尽可与国际惯例接轨　由于我国当前工程建设市场形势与国外存在着一些差异，所以“计价规范”在结合我国现阶段具体情况的同时，也借鉴了一些国家与地区的做法，逐步解决定额计价中与当前工程建设市场不相适应的因素，适应我国市场经济发展的需要，适应与国际接轨的需要，积极稳妥地推行工程量清单计价。

二、一般规定

1. 计价方式

《建设工程工程量清单计价规范》(GB 50500—2013）规定了工程建设项目发承包所应采取的计价方式。

① 使用国有资金投资的建设工程发承包，必须采用工程量清单计价。根据《工程建设项目招标范围和规模标准规定》（国家计委第3号令）的规定，国有资金投资的工程建设项目包括使用国有资金投资和国家融资投资的工程建设项目。

国有资金（含国家融资资金）为主的工程建设项目是指国有资金占投资总额的50%以上，或虽不足50%但国有投资者实质上拥有控股权的工程建设项目。

② 非国有资金投资的建设工程，宜采用工程量清单计价，即是否采用工程量清单方式计价由项目业主自主确定。

③ 工程量清单应用综合单价计价。

工程量清单不论分部分项工程项目，还是措施项目，不论是单价项目，还是总价项目，均应采用综合单价法计价，即包括除规费和税金以外的全部费用。

④ 措施项目中的安全文明施工费必须按国家或省级、行业建设主管部门的规定计算，不得作为竞争性费用。

2005年6月7日，建设部办公厅印发了《关于印发＜建筑工程安全防护、文明施工措施费及使用管理规定＞的通知》(建办［2005］89号)，将安全文明施工费纳入国家强制性标准管理范围，规定：“投标方安全防护、文明施工措施的报价，不得低于依据工程所在地工程造价管理机构测定费率计算所需费用总额的90%”。2012年2月14日，财政部、国家安全生产监督管理总局印发《企业安全生产费用提取和使用管理办法》（财企［2012］16号）第七条规定：“建设工程施工企业提取的安全费用列入工程造价，在竞标时，不得删减，列入标外管理”。

根据以上规定，考虑到安全生产、文明施工的管理与要求越来越高，按照财政部、国家安监总局的规定，安全费用标准不予竞争。因此，招标人不得要求投标人对该项费用进行优惠，投标人也不得将该项费用参与竞争。

⑤ 规费和税金必须按国家或省级、行业建设主管部门的规定计算，不得作为竞争性费用。

规费是政府和有关权力部门根据国家法律、法规规定施工企业必须缴纳的费用。税金是国家按照税法预先规定的标准，强制地、无偿地要求纳税人缴纳的费用。二者都是工程造价的组成部分，但是其费用内容和计取标准都不是发承包人能自主确定的，更不是由市场竞争决定的。

2. 发包人提供材料和工程设备

对建设工程施工合同而言，由承包人供应材料是最常态的承包方式，但是发包人从保证工程质量和降低工程造价等角度出发，有时，会提出由自己供应一部分材料。因此，当材料供应给承包人时，其实质是承包人与发包人之间就供应的材料成立了保管合同关系，双方应约定发包人应承担的保管费用，这也是总承包服务费中的内容之一。

① 承包人投标时，甲供材料单价应计入相应项目的综合单价中，签约后，发包人应按合同约定扣除甲供材料款，不予支付。

② 若发包人要求承包人采购已在招标文件中确定为甲供材料的，材料价格应由发承包双方根据市场调查确定，并应另行签订补充协议。

3. 承包人提供材料和工程设备

除合同约定的发包人提供的甲供材料外，合同工程所需的材料和工程设备应由承包人提供，承包人提供的材料和工程设备均应由承包人负责采购、运输和保管。

对承包人提供的材料和工程设备经检测不符合合同约定的质量标准，发包人应立即要求承包人更换，由此增加的费用和（或）工期延误应由承包人承担。对发包人要求检测承包人已具有合格证明的材料、工程设备，但经检测证明该项材料、工程设备符合合同约定的质量标准，发包人应承担由此增加的费用和（或）工期延误，并向承包人支付合理利润。

4. 计价风险

① 建设工程发承包，必须在招标文件、合同中明确计价中的风险内容及其范围，不得采用无限风险、所有风险或类似语句规定计价中的风险内容及范围。

工程施工招标发包是工程建设交易方式之一，一个成熟的建设市场应是一个体现交易公平性的市场。在工程建设施工发承包中实行风险共担和合理分摊原则是实现建设市场交易公平性的具体体现，是维护建设市场正常秩序的措施之一。

根据我国工程建设特点，投标人应完全承担的风险是技术风险和管理风险，如管理费和利润；应有限度承担的是市场风险，如材料价格、施工机械使用费；应完全不承担的是法律、法规、规章和政策变化的风险。

② 由于市场物价波动影响合同价款的，应由发承包双方合理分摊，发承包双方应在合同中约定市场物价波动的调整，材料价格的风险宜控制在5%以内，施工机械使用费风险可控制在10%以内，超过者予以调整。

③ 由于承包人使用机械设备、施工技术以及组织管理水平等自身原因造成施工费用增加或利润减少的风险，应由承包人全部承担。

三、招标控制价

1. 一般规定

为了有利于客观、合理地评审投标报价和避免哄抬标价，造成国有资产流失，国有资金投资的建设工程招标，招标人必须编制招标控制价。招标控制价应由具有编制能力的招标人或受其委托具有相应资质的工程造价咨询人编制和复核。

招标人应在发布招标文件时公布招标控制价，同时，应将招标控制价及有关资料报送工程所在地或有该工程管辖权的行业管理部门工程造价管理机构备案。

当招标控制价超过批准的概算时，招标人应将其报原概算审批部门审核。

2. 招标控制价编制依据

① 现行国家标准《建设工程工程量清单计价规范》(GB 50500—2013) 与专业工程计量规范；

② 国家或省级、行业建设主管部门颁发的计价定额和计价办法；

③ 建设工程设计文件及相关资料；

④ 拟定的招标文件及招标工程量清单；

⑤ 与建设项目相关的标准、规范、技术资料；

⑥ 施工现场情况、工程特点及常规施工方案；

⑦ 工程造价管理机构发布的工程造价信息；当工程造价信息没有发布时，参照市场价；

⑧ 其他的相关资料。

四、投标报价

1. 一般规定

投标人必须按招标工程量清单填报表格，项目编码、项目名称、项目特征、计量单位、工程量必须与招标工程量清单一致，且投标报价不得低于工程成本。因国有资金投资的工程，其招标控制价相当于政府采购中的采购预算，且其定义就是最高投标限价，因此，若投标人的投标报价高于招标控制价的应予废标。

2. 投标报价的确定

实行工程量清单计价，投标总价应当与分部分项工程费、措施项目费、其他项目费和规费、税金的合计金额一致，即投标人在进行工程量清单招标的投标报价时，不能进行投标总价优惠（或降价、让利），投标人对投标报价的任何优惠（或降价、让利）均应反映在相应清单项目的综合单价中。

(1) 综合单价中应包括招标文件中划分的应由投标人承担的风险范围及其费用，招标文件中没明确的，应提请招标人明确。

(2) 分部分项工程和措施项目中的单价项目，应根据招标文件和招标工程量清单项目中的特征确定综合单价计算。

(3) 措施项目中的总价项目金额应根据招标文件及投标时拟定的施工组织设计或施工方案，根据相关计价标准自主确定。但其中的安全文明施工费必须按照国家或省级、行业建设主管部门的规定计价，不得作为竞争性费用。

(4) 其他项目应按下列规定报价：

① 暂列金额应按招标工程量清单中列出的金额填写；

② 材料、工程设备暂估价应按招标工程量清单中列出的单价计入综合单价；

③ 专业工程暂估价应按招标工程量清单中列出的金额填写；

④ 计日工应按招标人在其他项目清单中列出的项目和数量，自主确定综合单价并计算计日工费用；

⑤ 总承包服务费应根据工程量清单中列出的内容和提出的要求自主确定。

五、工程计量

1. 一般规定

① 工程量必须按照相关工程现行国家计量规范规定的工程量计算规则计算。

② 工程量的正确计算是合同价款支付的前提和依据，而选择恰当的计量方式对于正确计量也十分必要。由于工程建设具有投资大、周期长等特点，因此，工程计量以及价款支付是能通过“阶段小结，最终结清”来体现的，即可选择按月或工程形象进度分段计量，具体计量周期应在合同中约定。

2. 单价合同

① 发承包双方对合同工程进行工程结算的工程量应按照经发承包双方认可的实际完成工程量确定，而非招标工程量清单所列的工程量。

② 施工中进行工程计量，当发现招标工程量清单中出现缺项、工程量计算偏差，以及工程变更引起工程量的增减，应按承包人在履行合同义务过程中完成的工程量计算。

3. 总价合同

① 采用工程量清单方式招标形成的总价合同，其工程量应按规范中单价合同的计量规定计算。

② 由于承包人自行对施工图纸进行计量，因此，除按照工程变更规定的工程量增减外，总价合同各项目的工程量是承包人用于结算的最终工程量，这是与单价合同的最本质区分。

第二节　房屋建筑与装饰工程工程量计算规范

为规范房屋建筑与装饰工程造价计量行为，统一房屋建筑与装饰工程工程量计算规则、工程量清单的编制方法，制定《房屋建筑与装饰工程工程量计算规范》(GB 50854—2013)，该规范适用范围是工业与民用的房屋建筑与装饰、装修工程施工发承包计价活动中的“工程量清单编制和工程计量”，即房屋建筑与装饰工程计价，必须按《房屋建筑与装饰工程工程量计算规范》(GB 50854—2013) 规定的工程量计算规则进行工程计量。

一、工程计量

1. 工程量计算依据

① 经审定通过的施工设计图纸及其说明；

② 经审定通过的施工组织设计或施工方案；

③ 经审定通过的其他有关技术经济文件。

2. 工程量计量单位的确定

在《房屋建筑与装饰工程工程量计算规范》(GB 50854—2013) 附录中有两个或两个以上计量单位的，应结合拟建工程项目的实际情况，确定其中一个为计量单位。在同一个建设项目（或标段、合同段）中，有多个单位工程的相同项目计量单位必须保持一致。

3. 汇总工程量的有效位数的确定

每一项目汇总工程量的有效位数应遵守下列规定，体现统一性。

① 以“t”为单位，应保留三位小数，第四位小数四舍五入；

② 以“m^3”、“m^2”、“m”、“kg”为单位，应保留两位小数，第三位小数四舍五入；

③ 以“个”、“项”等为单位，应取整数。

二、工程量清单编制

1. 一般规定

(1) 编制工程量清单依据。

①《房屋建筑与装饰工程工程量计算规范》(GB 50854—2013) 和现行国家标准《建设工程工程量清单计价规范》(GB 50500—2013)；

② 国家或省级、行业建设主管部门颁发的计价依据和办法；

③ 建设工程设计文件；

④ 与建设工程项目有关的标准、规范、技术资料；

⑤ 拟定的招标文件；

⑥ 施工现场情况、工程特点及常规施工方案；

⑦ 其他相关资料。

(2) 其他项目、规费和税金项目清单应按照现行国家标准《建设工程工程量清单计价规范》(GB 50500—2013) 的相关规定编制。

(3) 工程建设中新材料、新技术、新工艺不断涌现，《房屋建筑与装饰工程工程量计算规范》(GB 50854—2013) 附录所列的工程量清单项目不可能包含所有项目。在编制工程量清单时，当出现附录未包括的项目，编制人应做补充。在编制补充项目时应注意以下三个方面。

① 补充项目的编码由《房屋建筑与装饰工程工程量计算规范》(GB 50854—2013) 的代码 01 与 B 和三位阿拉伯数字组成，并应从 01B001 起顺序编制，同一招标工程的项目不得重码。

② 补充的工程量清单需附有补充项目的名称、项目特征、计量单位、工程量计算规则、工作内容。不能计量的措施项目，需附有补充项目的名称、工作内容及包含范围。

③ 将编制的补充项目报省级或行业工程造价管理机构备案。

补充项目举例见表 3-1。

表 3-1　M.11 隔墙（编码：011211）

项目编码	项目名称	项目特征	计量单位	工程量计算规则	工作内容
01B001	成品 GRC 隔墙	1. 隔墙材料品种、规格 2. 隔墙厚度 3. 嵌缝、塞口材料品种	m^2	按设计图示尺寸以面积计算，扣除门窗洞口及单个≥0.3m^2的孔洞所占面积	1. 骨架及边框安装 2. 隔板安装 3. 嵌缝、塞口

2. 分部分项工程量清单

分部分项工程量清单应根据附录规定的项目编码、项目名称、项目特征、计量单位和工程量计算规则进行编制，这五个要点在分部分项工程量清单的组成中缺一不可。

(1) 工程量清单的项目编码，应采用十二位阿拉伯数字表示，一至九应按附录的规定设置，十至十二位应根据拟建工程的工程量清单项目名称和项目特征设置，同一招标工程的项目编码不得有重码，如图 3-1 所示。

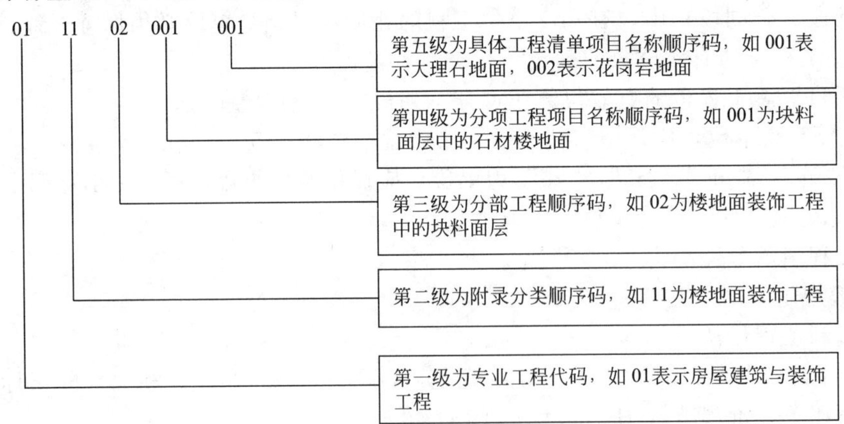

图 3-1　项目编码组成

当同一标段（或合同段）的一份工程量清单中含有多个单位工程且工程量清单是以单位工程为编制对象时，在编制工程量清单时应特别注意项目编码第五级十至十二位的设置不得有重码的规定。

例如一个标段（或合同段）的一份工程量清单中含有三个单位工程，每一单位工程中都有项目特征相同的块料踢脚线，在工程量清单中又需反映三个不同单位工程的实心砖墙砌体工程量时，则第一个单位工程的块料踢脚线为011105003001，第二个单位工程的块料踢脚线为011105003002，第三个单位工程的块料踢脚线为011105003003，并分别列出各单位工程块料踢脚线的工程量。

(2) 项目名称。

装饰装修工程分部分项工程量清单的项目名称应按附录的项目名称结合拟建工程的实际确定。

装饰工程清单项目的设置和划分原则上以形成工程实体为原则。所谓实体是指形成生产或工艺作用的主要实体部分，对附属或次要部分均不设置项目。项目必须包括完成或形成实体部分的全部内容。清单分项名称常以其中的主要实体子项命名。例如清单项目“块料楼地面”，该分项中包含了“找平层”、“面层”两个单一的子项。

对于归并或综合较大的项目应区分项目名称，分别编码列项，如010804007为门窗工程中的特种门，应区分冷藏门、冷冻间门、保温门、变电室门、隔音门、防射线门、人防门、金库门等。

(3) 项目特征。

项目特征是用来表述项目名称的，它明显（直接）影响实体自身价值（或价格），如材质、规格等。同时，项目特征是区分清单项目的依据，是确定综合单价的前提，是履行合同义务的基础。由此可见，在编制的工程量清单中必须对其项目性进行准确和全面的描述。

在描述工程量清单项目特征时应按以下原则进行。

① 项目特征描述的内容应按附录中的规定，结合拟建工程的实际，能满足确定综合单价的需要。

② 若采用标准图集或施工图纸能够全部或部分满足项目特征的要求，项目特征可直接采用详见××图集或者××图号的方式。对不能满足项目特征描述要求的部分，仍应用文字描述。

(4) 计量单位。

分部分项目工程量清单的计量单位应按附录中规定的计量单位确定。当计量单位有两个或两个以上时，应根据所编工程量清单项目的特征要求，选择最适宜表现该项目特征并方便计量的单位。

例如《房屋建筑与装饰工程工程量计算规范》(GB 50854—2013) 中门窗工程的计量单位为“樘/m^2”两个计量单位，实际工作中，就应选择最适宜、最方便计量的单位来表示。

(5) 工程量计算规则。

分部分项工程量清单的工程数量应按附录中规定的工程量计算规则计算。

按照目前市场门窗均以工厂化成品生产的情况，“13规范”中新增条款：门窗（橱窗除外）按成品编制项目，门窗成品价（成品原价、运杂费等）应计入综合单价中。若采用现场制作，包括制作的所有费用，即制作的所有费用应计入综合单价，不得再单列门窗制作的清单项目，如表3-2所示。

表 3-2 木门（编码：010801）

项目编码	项目名称	项目特征	计量单位	工程量计算规则	工程内容
010801001	木质门	1. 门代号及洞口尺寸 2. 镶嵌玻璃品种、厚度	1. 樘 2. m^2	1. 樘计量，按设计图示数量计算 2. 以 m^2 计算，按设计图示洞口尺寸以面积计算	1. 门安装 2. 玻璃安装 3. 五金安装
010801002	木质门带套				
010801003	木质门连窗				
010801004	木质防火门				

3. 措施项目清单

（1）措施项目中能计量的且以清单形式列出的项目（即单价措施项目），应同分部分项工程一样，编制工程量清单时，必须列出项目编码、项目名称、项目特征、计量单位。同时明确了措施项目的项目编码、项目名称、项目特征、计量单位、工程量计算规则，按分部分项工程的有关规定执行。

例如：某工程综合脚手架（见表 3-3）。

表 3-3 某工程综合脚手架

项目编码	项目名称	项目特征描述	计量单位	工程量	金额/元	
					综合单价	合价
011701001001	综合脚手架	1. 建筑结构形式：框剪 2. 檐口高度：60m	m^2	18000		

（2）对措施项目不能计量的仅列出项目编码、项目名称，对于未列出项目特征、计量单位和工程量计算规则的措施项目（即总价措施项目），在编制工程量清单时，必须按《房屋建筑与装饰工程工程量计算规范》(GB 50854—2013）附录 S 措施项目规定的项目编码、项目名称确定清单项目，不必描述项目特征和确定计量单位。

例如：某工程安全文明施工、夜间施工（见表 3-4）。

表 3-4 某工程安全文明施工、夜间施工

序号	项目编码	项目名称	计算基础	费率/%	金额/元	调整费率/%	调整后金额/元	备注
1	011707001001	安全文明施工	定额基价					
2	011707002001	夜间施工	定额人工费					

4. 其他项目清单

工程建设标准的高低、工程的复杂程度、工程的工期长短、工程的组成内容、发包人对工程管理要求等都直接影响其他项目清单的具体内容。其他项目清单包括下列内容。

（1）暂列金额　是招标人在工程量清单中暂定并包括在合同价款中的一笔款项，用于合同签订时尚未确定或者不可预见的所需材料、设备、服务的采购，施工中可能发生的工程变更、合同约定调整因素出现时的工程价款调整以及发生的索赔、现场签证确认等的费用。

暂列金额列入合同价格并不一定属于承包人（中标人）所有。事实上，即使是总价包干合同，也不是列入合同价格的任何金额都属于中标人的，是否属于中标人应得金额应取决于具体的合同约定，暂列金额的定义是非常明确的，只有按照合同约定程序实际发生后，才能成为中标人的应得金额，纳入合同结算价款中。扣除实际发生金额后的暂列金额余额仍属于招标人所有。见表 3-5。

表 3-5 某工程暂列金额明细表

序号	项目名称	计量单位	暂定金额/元	备注
1	自行车棚工程	项	50000	正在设计图纸
2	工程量偏差和设计变更	项	30000	
3	政策性调整和材料价格波动	项	20000	
4	其他	项	20000	
合　计			120000	—

注：此表由招标人填写，如不能详列，也可只列暂定金额总额，投标人应将上述暂列金额计入投标总价中。

（2）暂估价　暂估价是指招标阶段直至签订合同协议时，招标人在招标文件中提供的用于支付必然要发生但暂时不能确定价格的材料以及需另行发包的专业工程金额。包括材料暂估单价、工程设备暂估单价、专业工程暂估价。

一般而言，为方便合同管理和计价，需要纳入分部分项工程量清单项目综合单价中的暂估价最好只是材料费，以方便投标人组价。以“项”为计量单位给出的专业工程暂估价一般应是综合暂估价，应当包括除规费、税金以外的管理费、利润等。

暂估价中的材料、工程设备暂估单价应根据工程造价信息或参照市场价格估算，列出明细表；专业工程暂估价应分不同专业，按有关计价规定估算，列出明细表。见表 3-6。

表 3-6 某工程材料（工程设备）暂估单价及调整表

序号	材料(工程设备)名称、规格、型号	计量单位	数量		单价/元		合价/元		差额±/元		备注
			暂估	确认	暂估	确认	暂估	确认	单价	合价	
1	大理石板 500mm×500mm	m^2	200		130		26000				用于楼地面工程项目
2	塑钢平开门	m^2	60		280		16800				用于门窗工程项目
合　计							42800				

注：此表由招标人填写“暂估单价”，并在备注栏说明暂估价的材料、工程设备拟用在哪些清单项目上，投标人应将上述材料、工程设备暂估单价计入工程量清单综合单价报价中。

（3）计日工　是为了解决现场发生的零星工作的计价而设立的。是在施工过程中，完成发包人提出的施工图纸以外的零星项目或工作，按合同中约定的综合单价计价。

计日工适用的所谓零星工作一般是指合同约定之外的或者因变更而产生的、工程量清单中没有相应项目的额外工作，尤其是那些时间不允许事先商定价格的额外工作。计日工为额外工作和变更的计价提供了一个方便快捷的途径。

计日工应列出项目名称、计量单位和暂估数量。见表 3-7。

表 3-7 某工程计日工表

编号	项目名称	单位	暂定数量	实际数量	综合单价/元	合价/元	
						暂定	实际
一、	人工						
1	普工	工日	100				
2	技工	工日	60				
人工小计							

续表

编号	项目名称	单位	暂定数量	实际数量	综合单价/元	合价/元	
						暂定	实际
二、	材料						
1	水泥	t	3				
2	中粗砂	m^3	6				
材料小计							
三、	机械						
1	灰浆搅拌机	台班	2				
施工机械小计							
四、企业管理费和利润							
总计							

注：此表项目名称、暂定数量由招标人填写，编制招标控制价时，单价由招标人按有关计价规定确定；投标时，单价由投标人自主报价，按暂定数量计算合价计入投标总价中。结算时，按发承包双方确认的实际数量计算合价。

（4）总承包服务费　是为了解决招标人在法律、法规允许的条件下进行专业工程发包以及自行采购供应材料、设备时，要求总承包人对发包的专业工程提供协调和配合服务（如分包人使用总包人的脚手架等）；对供应的材料、设备提供收、发和保管服务以及对施工现场进行统一管理；对竣工资料进行统一汇总整理等发生并向总承包人支付的费用。招标人应当预计该项费用并按投标人的投标报价向投标人支付该项费用。

总承包服务费应列出服务项目及其内容等。如表 3-8 所示。

表 3-8　某工程总承包服务费计价表

序号	项目名称	项目价值/元	服务内容	计算基础	费率/%	金额/元
1	发包人发包专业工程	180000	1. 按专业工程承包人的要求提供施工工作面并对施工现场进行统一管理，对竣工资料进行统一整理汇总 2. 为专业工程承包人提供垂直运输机械和焊接电源接入点，并承担垂直运输费和电费			
2	发包人供应材料	800000	对发包人供应的材料进行验收及保管和使用发放			
	合计	—	—		—	

注：此表项目名称、服务内容由招标人填写，编制招标控制价时，费率及金额由招标人按有关计价规定确定；投标时，费率及金额由投标人自主报价，计入投标总价中。

5. 规费和税金项目清单

（1）规费项目清单　应包括下列内容。

① 社会保险费：包括养老保险费、失业保险费、医疗保险费、工伤保险费、生育保险费；

② 住房公积金；

③ 工程排污费。

规费作为政府和有关权力部门规定必须缴纳的费用，政府和有关权力部门可根据形势发展的需要，对规费项目进行调整。因此，对《建设工程工程量清单计价规范》(GB 50500—2013) 未包括的规费项目，在计算规费时应根据省级政府和省级有关权力部门的规定进行补充。

（2）税金项目清单　应包括下列内容。

① 营业税；

② 城市维护建设税；

③ 教育费附加；

④ 地方教育附加。

如国家税法发生变化或地方政府及税务部门依据职权对税种进行了调整时，应对税金项目清单进行相应的调整。

表 3-9 为某工程规费、税金项目计价表。

表 3-9　某工程规费、税金项目计价表

序号	项目名称	计算基础	计算费率/%	金额/元
1	规费	人工费＋施工机具使用费		
1.1	社会保险费	人工费＋施工机具使用费		
(1)	养老保险费	人工费＋施工机具使用费		
(2)	失业保险费	人工费＋施工机具使用费		
(3)	医疗保险费	人工费＋施工机具使用费		
(4)	工伤保险费	人工费＋施工机具使用费		
(5)	生育保险费	人工费＋施工机具使用费		
1.2	住房公积金	人工费＋施工机具使用费		
1.3	工程排污费	人工费＋施工机具使用费		
2	税金	分部分项工程费＋措施项目费＋其他项目费＋规费—按规定不计税的工程设备金额		
合　计				

编制人（造价人员）：　　　　　　　　复核人（造价工程师）：

三、装饰装修工程工程量清单实例

××公司职工餐厅装饰工程工程量清单实例见表 3-10～表 3-19。

表 3-10　封面

××公司职工餐厅装饰　　　　工程

工程量清单

招标人：××公司
（单位盖章）

工程造价
咨询人：
（单位资质专用章）

法定代表人　××公司
或其授权人：法定代表人
（签字或盖章）

法定代表人
或其授权人：
（签字或盖章）

×××签字
盖造价工程师
编制人：或造价员专用章
（造价人员签字盖专用章）

×××签字
复核人：盖造价工程师专用章
（造价工程师签字盖专用章）

编制时间：×年×月×日

复核时间：×年×月×日

表 3-11　总说明

工程名称：××公司职工餐厅装饰工程

1. 工程概况：××公司办公楼为框架结构六层，六楼职工餐厅装饰工程的一部分，建筑层高 4.00m，土建与安装工程已结束。详细情况见设计说明。

2. 工程招标范围：该餐厅的装饰工程。

3. 清单编制依据：《建设工程工程量清单计价规范》(GB 50500—2013)、《房屋建筑与装饰工程工程量计算规范》(GB 50854—2013)、施工设计文件、施工组织设计等。

4. 工程质量标准：合格。

5. 投标人在投标时应按《建设工程工程量清单计价规范》(GB 50500—2013)规定的统一格式填写。

表 3-12 分部分项工程和单价措施项目清单与计价表

工程名称：××公司职工餐厅装饰工程

序号	项目编码	项目名称	项目特征描述	计量单位	工程量	金额/元		
						综合单价	合价	其中：暂估价
		0108 门窗工程						
1	010801001001	塑钢窗	80 系列 LC0915 塑钢平开窗带纱 5mm 白玻	m^2	900			
2	010810002001	窗帘盒	木工板基层，黑胡桃饰面刷清水漆两遍	m	20			
		（其他略）						
		分部小计						
		0111 楼地面装饰工程						
3	011102001001	石材楼地面	浅红色花岗岩地面，拼花，600mm×600mm×20mm	m^2	500			
4	011105002001	石材踢脚线	浅红色花岗岩踢脚线，150mm 高	m	300			
		（其他略）						
		分部小计						
		0112 墙、柱面装饰与隔断、幕墙工程						
5	011204003001	块料墙面	200mm×300mm 面砖，水泥砂浆粘贴，灰缝 10mm	m^2	220			
6	011208001001	柱面装饰	银灰色铝塑板柱面：木龙骨基层钉在木砖上、刷防火漆两遍，银灰色铝塑板贴面	m^2	35			
		（其他略）						
		分部小计						
		0113 天棚工程						
7	011301001001	天棚抹灰	天棚抹混合砂浆	m^2	300			
8	011302001001	吊顶天棚	T 形铝合金龙骨，面层为胶合板（水曲柳）吊顶高 150mm，刷底油，刮一遍腻子，调合漆两遍	m^2	80			
		（其他略）						
		分部小计						
		0114 油漆、涂料、裱糊工程						
9	011406001001	内墙乳胶漆	刮腻子两遍，刷立邦内墙漆三遍	m^2	320			
		（其他略）						
		分部小计						
		0115 其他装饰工程						
10	011503001001	金属扶手栏杆	铝合金栏标杆，全玻 10mm 厚有机玻璃	m	25			
本页小计								
合计								

表 3-13　总价措施项目清单与计价表

工程名称：××公司职工餐厅装饰工程

序号	项目名称	计算基础	费率/%	金额/元	调整费率/%	调整后金额/元	备注
1	安全文明施工费						
2	夜间施工费						
3	二次搬运费						
4	冬雨季施工						
5	已完工程及设备保护						
合　计							

编制人（造价人员）：　　　　　　　　　　复核人（造价工程师）：

表 3-14　其他项目清单与计价汇总表

工程名称：××公司职工餐厅装饰工程

序号	项目名称	金额/元	结算金额/元	备　注
1	暂列金额	10000		明细详见表 3-15
2	暂估价	1600		
2.1	材料暂估价	—		
2.2	专业工程暂估价	1600		明细详见表 3-16
3	计日工			明细详见表 3-17
4	总承包服务费			明细详见表 3-18

注：材料（工程）暂估单价进入清单项目综合单价，此处不汇总。

表 3-15　暂列金额明细表

工程名称：××公司职工餐厅装饰工程

序号	项目名称	计量单位	暂定金额/元	备注
1	工程量清单中工程量偏差和设计变更	项	10000	
2				
合　计			10000	—

注：此表由招标人填写，如不能详列，也可只列暂定金额总额，投标人应将上述暂列金额计入投标总价中。

表 3-16　专业工程暂估价表

工程名称：××公司职工餐厅装饰工程

序号	工程名称	工程内容	暂估金额/元	结算金额/元	差额±/元	备注
1	防盗门	安装	1600			
合　计			1600			

注：此处“暂估金额”由招标人填写，投标人应将“暂估金额”计入投标总价中。结算时按合同约定结算金额填写。

表 3-17 计日工表

工程名称：××公司职工餐厅装饰工程

编号	项目名称	单位	暂定数量	综合单价	合价
一	人　工				
1	普工	工日	20		
2	技工	工日	10		
二	材　料				
1	水泥 42.5	t	2		
2	中砂	m^3	3		
材料小计					
三	施工机械				
1	灰浆搅拌机(400L)	台班	2		
施工机械小计					
四、企业管理费和利润					
总　计					

注：此表项目名称、数量由招标人填写，编制招标控制价时，单价由招标人按有关计价规定确定；投标时，单价由投标人自主报价，按暂定数量计算计入投标总价中。结算时，按发承包双方确认的实际数量计算合价。

表 3-18 总承包服务费计价表

工程名称：××公司职工餐厅装饰工程

序号	项目名称	项目价值/元	服务内容	计算基础	费率/%	金额/元
1	发包人发包专业工程	5000	为防盗门安装后进行补缝和找平并承担相应费用			
合　计						

注：此表项目名称、服务内容由招标人填写，编制招标控制价时，费率及金额由招标人按有关计价规定确定；投标时，费率及金额由投标人自主报价，计入投标总价中。

表 3-19 规费、税金项目计价表

工程名称：××公司职工餐厅装饰工程

序号	项目名称	计算基础	计算基数	计算费率/%	金额/元
1	规费	人工费＋施工机具使用费			
1.1	社会保险费	人工费＋施工机具使用费			
(1)	养老保险费	人工费＋施工机具使用费			
(2)	失业保险费	人工费＋施工机具使用费			
(3)	医疗保险费	人工费＋施工机具使用费			
(4)	工伤保险费	人工费＋施工机具使用费			
(5)	生育保险费	人工费＋施工机具使用费			
1.2	住房公积金	人工费＋施工机具使用费			
1.3	工程排污费	按工程所在地环境保护部门收取标准，按实计入			
2	税金	分部分项工程费＋措施项目费＋其他项目费＋规费－按规定不计税的工程设备金额			
合　计					

编制人（造价人员）：　　　　复核人（造价工程师）：

小　　结

《建设工程工程量清单计价规范》(GB 50500—2013) 以及《房屋建筑与装饰工程工程量计算规范》(GB 50584—2013)，是从 2013 年 7 月 1 日起实施的，是我国建筑市场中建设工程工程量清单计价的主要依据，均由正文和附录两部分组成。

招标人应在发布招标文件时公布招标控制价，同时，应将招标控制价及有关资料报送工程所在地或有该工程管辖权的行业管理部门工程造价管理机构备案。

投标人必须按招标工程量清单填报表格，项目编码、项目名称、项目特征、计量单位、工程量必须与招标工程量清单一致，且投标报价不得低于工程成本。因国有资金投资的工程，其招标控制价相当于政府采购中的采购预算，且其定义就是最高投标限价，因此，若投标人的投标报价高于招标控制价的应予废标。

工程量清单由分部分项工程量清单、措施项目清单、其他项目清单、规费和税金清单组成。

编制工程量清单依据：①《房屋建筑与装饰工程工程量计算规范》(GB 50584—2013) 和现行国家标准《建设工程工程量清单计价规范》(GB 50500—2013)；②国家或省级、行业建设主管部门颁发的计价依据和办法；③建设工程设计文件；④与建设工程项目有关的标准、规范、技术资料；⑤拟定的招标文件；⑥施工现场情况、工程特点及常规施工方案；⑦其他相关资料。

能力训练题

一、选择题

1. (2010 年注册造价工程师考试真题) 采用工程量清单计价方式招标时，对工程量清单的完整性和准确性负责的是（　　）。

   A. 编制招标文件的招标代理人　　B. 编制清单的工程造价咨询人

   C. 发布招标文件的招标人　　D. 确定中标的投标人

2. (2008 年注册造价工程师考试真题) 下列措施项目中，应参阅施工技术方案进行列项的是（　　）。

   A. 施工排水降水　　B. 文明安全施工

   C. 材料二次搬运　　D. 环境保护

3. (2007 年注册造价工程师考试真题) 其他项目清单中的材料购置费，在投标时（　　）。

   A. 计入投标人的报价，但不视为投标人所有

   B. 计入投标人的报价，应视为投标人所有

   C. 不计入投标人的报价，但应视为投标人所有

   D. 不计入投标人的报价，也不应视为投标人所有

4. 实行工程量清单计价的工程应采用的合同形式是（　　）。

   A. 单价合同　　B. 总价合同

   C. 成本加酬金合同　　D. 均可

5. 招标控制价中暂列金额的大小一般可以按照分部分项工程费用的百分比参考值是（　　）。

A. 5%～10%　　B. 5%～15%

C. 10%～15%　　D. 15%～20%

二、问答题

1. 什么是装饰装修工程工程量清单？它包括哪些内容？
2. 装饰装修工程工程量清单的编制依据包括哪些？
3. 措施项目清单包括哪些内容？
4. 其他项目清单包括哪些内容？
5. 规费和税金清单包括哪些内容？

第四章

装饰装修工程计价

【知识目标】

- 掌握建筑安装工程费用项目组成
- 掌握《2013 建筑安装工程费用定额》的使用方法

【能力目标】

- 能够熟练地解释装饰装修工程费用的内容
- 能够熟练地运用定额及清单规范对装饰装修工程进行两种模式下的计价

装饰装修工程计价是指按照规定的程序、方法和依据，对装饰装修工程造价及其构成内容进行估计或确定的行为。目前，我国装饰装修工程计价模式主要分为以下两种：一种是传统的“定额计价模式”，一种是我国工程造价管理改革之后实行的“工程量清单计价模式”。为了适应深化工程计价改革的需要及便于各地区、各部门贯彻实施，住建部和财政部颁发了《建筑安装工程费用项目组成》（建标［2013］44 号），该文件便是装饰装修工程计价的依据之一。

第一节　装饰装修工程费用项目组成

一、按费用构成要素划分

装饰装修工程费用按照费用构成要素划分：由人工费、材料（包含工程设备）费、施工机具使用费、企业管理费、利润、规费和税金组成。其中人工费、材料费、施工机具使用费、企业管理费和利润包含在分部分项工程费、措施项目费、其他项目费中，如图 4-1 所示。

（1）人工费　是指按工资总额构成规定，支付给从事建筑安装工程施工的生产工人和附属生产单位工人的各项费用。内容包括以下几点。

① 计时工资或计件工资：是指按计时工资标准和工作时间或对已做工作按计件单价支付给个人的劳动报酬。

② 奖金：是指对超额劳动和增收节支支付给个人的劳动报酬。如节约奖、劳动竞赛奖等。

③ 津贴补贴：是指为了补偿职工特殊或额外的劳动消耗和因其他特殊原因支付给个人的津贴，以及为了保证职工工资水平不受物价影响支付给个人的物价补贴。如流动施工津贴、特殊地区施工津贴、高温（寒）作业临时津贴、高空津贴等。

④ 加班加点工资：是指按规定支付的在法定节假日工作的加班工资和在法定日工作时间外延时工作的加点工资。

⑤ 特殊情况下支付的工资：是指根据国家法律、法规和政策规定，因病、工伤、产假计划生育假、事假、探亲假、定期休假、停工学习、执行国家或社会义务等原因按计时工资

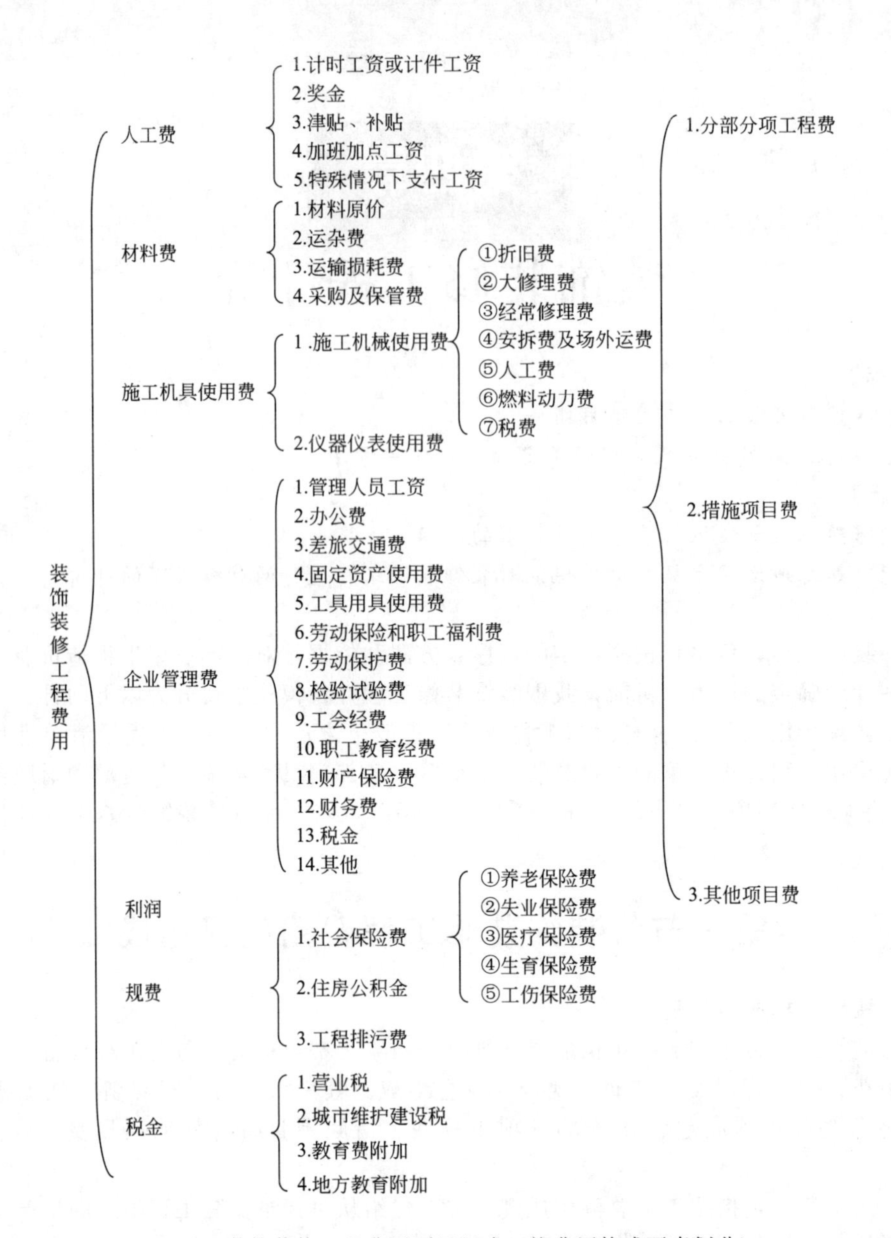

图 4-1　装饰装修工程费用项目组成（按费用构成要素划分）

标准或计时工资标准的一定比例支付的工资。

（2）材料费　是指施工过程中耗费的原材料、辅助材料、构配件、零件、半成品或成品、工程设备费用。内容包括以下几点。

① 材料原价：是指材料、工程设备的出厂价格或商家供应价格。

② 运杂费：是指材料、工程设备自来源地运至工地仓库或指定堆放地点所发生的各项费用。

③ 运输损耗费：是指材料在运输装卸过程中不可避免的损耗。

④ 采购及保管费：是指为组织采购、供应和保管材料、工程设备的过程中所需要的各项费用。包括采购费、仓储费、工地保管费、仓储损耗。

工程设备是指构成或计划构成永久工程一部分的机电设备、金属结构设备、仪器装饰及其他的设备和装置。

$$工程设备费=\sum(工程设备量\times工程设备单价)$$

$$工程设备单价=(设备原价+运杂费)\times[1+采购保管费率(\%)]$$

(3) 施工机具使用费　是指施工作业所发生的施工机械、仪器仪表使用费或其租赁费。

1) 施工机械使用费　以施工机械台班耗用量乘以台班单价表示，施工机械台班单价应由下列七项费用组成。

① 折旧费：指施工机械在规定的使用年限内，陆续收回其原值及购置资金的时间价值。

② 大修理费：指施工机械按规定的大修理间隔台班进行必要的大修理，以恢复其正常功能所需的费用。

③ 经常修理费：指施工机械除大修理以外的各级保养和临时故障排除所需的费用。包括为保障机械正常运转所需替换设备与随机配备工具附具的摊销和维护费用，机械运转中日常保养所需润滑与擦拭的材料费用及机械停滞期间的维护和保养费用等。

④ 安拆费及场外运费：安拆费指施工机械（大型机械除外）在现场进行安装与拆卸所需的人工、材料、机械和试运转费用以及机械辅助设施的折旧、搭设、拆除等费用；场外运费指施工机械整体或分自停放地点运至施工现场或由一施工地点运至另一施工地点的运输、装卸、辅助材料及架线等费用。工地间移动较为频繁的小型机械及部分机械的安拆费及场外运费，已包含在机械台班单价中。

大型机械安拆费及场外运费按本省的相关定额规定计取。

⑤ 人工费：指机上司机（司炉）和其他操作人员的人工费。

⑥ 燃料动力费：指施工机械在运转作业中所消耗的各种燃料及水、电等费用。

⑦ 税费：指施工机械按照国家和有关部门的规定应缴纳的车船使用税、保险费及年检费等。

2) 仪器仪表使用费　是指工程施工所需使用的仪器仪表的摊销及维修费用。

$$仪器仪表使用费=工程使用的仪器仪表摊销费+维修费$$

(4) 企业管理费　是指建筑安装企业组织施工生产和经营管理所需的费用。内容包括以下几点。

① 管理人员工资：是指按规定支付给管理人员的计时工资、奖金、津贴补贴、加班加点工资及特殊情况下支付的工资等。

② 办公费：是指企业管理办公用的文具、纸张、印刷、邮电、书报、办公软件、现场监控、会议、水电、烧水和集体取暖降温（包括现场临时宿舍取暖降温）等费用。

③ 差旅交通费：是指职工因公出差、调动工作的差旅费、住勤补助费，市内交通费和误餐补助费，职工探亲路费，劳动力招募费，职工退休、退职一次性路费，工伤人员就医路费，工地转移费以及管理部门使用的交通工具的油料、燃料等费用。

④ 固定资产使用费：是指管理和试验部门及附属生产单位使用的属于固定资产的房屋、设备、仪器等的折旧、大修、维修或租赁费。

⑤ 工具用具使用费：是指企业施工生产和管理使用的不属于固定资产的工具、器具、家具、交通工具和检验、试验、测绘、消防用具等的购置、维修和摊销费。

⑥ 劳动保险和职工福利费：是指由企业支付的职工退职金、按规定支付给离休干部的经费，集体福利费、夏季防暑降温费、冬季取暖补贴、上下班交通补贴等。

⑦ 劳动保护费：是企业按规定发放的劳动保护用品的支出。如工作服、手套、防暑降

温饮料以及在有碍身体健康的环境中施工的保健费用等。

⑧ 检验试验费：是指施工企业按照有关标准规定，对建筑以及材料、构件和建筑安装物进行一般鉴定、检查所发生的费用，包括自设试验室进行试验所耗用的材料等费用。不包括新结构、新材料的试验费，对构件做破坏性试验及其他特殊要求检验试验的费用和建设单位委托检测机构进行检测的费用，对此类检测发生的费用，由建设单位在工程建设其他费用中列支。但对施工企业提供的具有合格证的材料进行检测不合格的，该检测费用由施工企业支付。

⑨ 工会经费：是指企业按《中华人民共和国工会法》规定的全部职工工资总额比例计提的工会经费。

⑩ 职工教育经费：是指按照职工工资总额的规定比例计提，企业为职工进行专业技术和职业技能培训，专业技术人员继续教育、职工职业技能鉴定、职业资格认定以及根据需要对职工进行各类文化教育所发生的费用。

⑪ 财产保险费：是指施工管理用财产、车辆等的保险费用。

⑫ 财务费：是指企业为施工生产筹集资金或提供预付款担保、履约担保、职工工资支付担保等所发生的各种费用。

⑬ 税金：是指企业按规定缴纳的房产税、车船使用税、土地使用税、印花税等。

⑭ 其他：包括技术转让费、技术开发费、投标费、业务招待费、绿化费、广告费、公证费、法律顾问费、审计费、咨询费、保险费等。

(5) 利润　是指施工企业完成所承包工程获得的盈利。

(6) 规费　是指按国家法律、法规规定，由省级政府和省级有关权力部门规定必须缴纳或计取的费用。包括以下几点。

1) 社会保险费

① 养老保险费：是指企业按规定标准为职工缴纳的基本养老保险费。

② 失业保险费：是指企业按照国家规定标准为职工缴纳的失业保险费。

③ 医疗保险费：是指企业按照规定标准为职工缴纳的基本医疗保险费。

④ 生育保险费：是指企业按照规定标准为职工缴纳的生育保险费。

⑤ 工伤保险费：是指企业按照规定标准为职工缴纳的工伤保险费。

2) 住房公积金　是指企业按规定标准为职工缴纳的住房公积金。

3) 工程排污费　是指按规定缴纳的施工现场工程排污费。

其他应列而未列入的规费，按实际发生计取。

(7) 税金　是指国家税法规定的应计入建筑安装工程造价内的营业税、城市维护建设税、教育费附加及地方教育附加。

若实行营业税改增值税时，按纳税地点调整的税率另行计算。

二、按工程造价形成划分

装饰装修工程费用按照工程造价形成划分：由分部分项工程费、措施项目费、其他项目费、规费、税金组成，分部分项工程费、措施项目费、其他项目费包含人工费、材料费、施工机具使用费、企业管理费和利润，如图 4-2 所示。

(1) 分部分项工程费　是指各专业工程的分部分项工程应予列支的各项费用。

$$分部分项工程费=\sum(分部分项工程量\times相应分部分项综合单价)$$

① 专业工程：是指按现行国家计量规范划分的房屋建筑与装饰工程、仿古建筑工程、通用安装工程、市政工程、园林绿化工程、矿山工程、构筑物工程、城市轨道交通工程、爆破工程等各类工程。

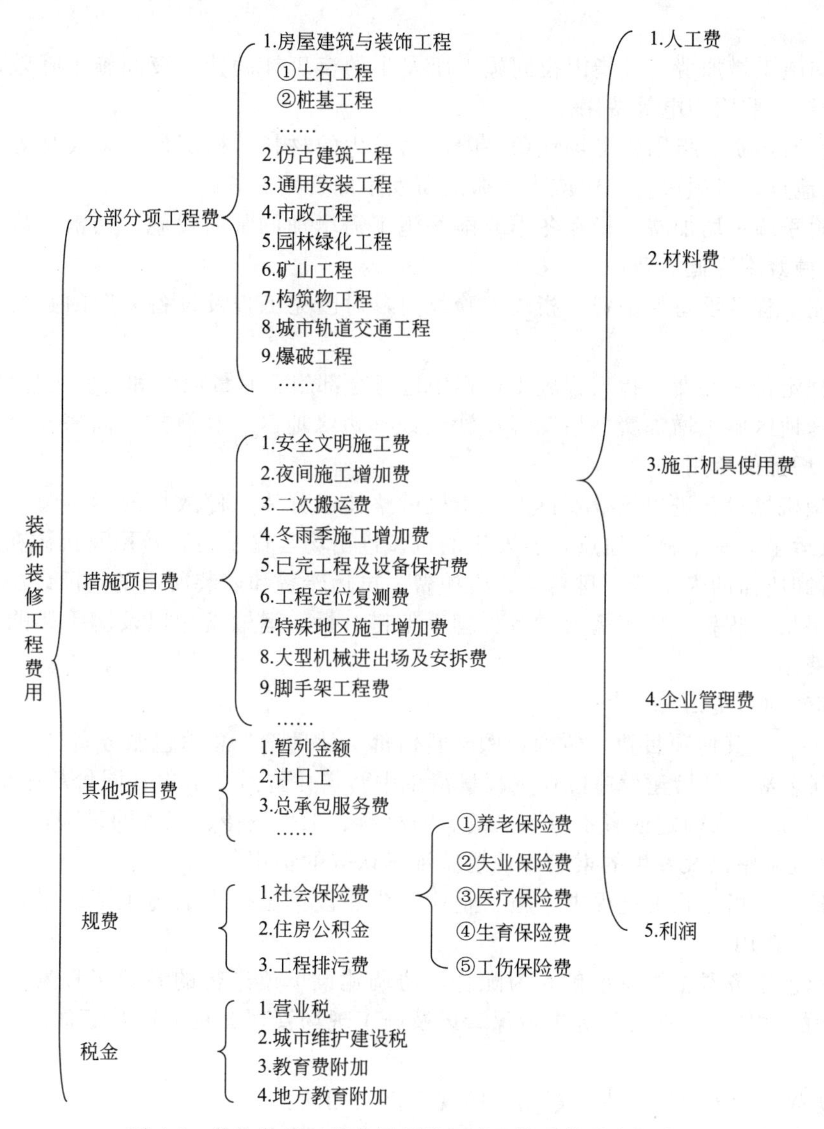

图 4-2　装饰装修工程费用项目组成（按造价形成划分）

② 分部分项工程：指按现行国家计量规范对各专业划分的项目。如房屋建筑与装饰工程的土石方工程、地基处理与桩基工程、砌筑工程、钢筋及钢筋混凝土工程等。

（2）措施项目费　指为完成建设工程施工，发生于该工程施工前和施工过程中的技术、生活、安全、环境保护等方面的费用。

$$措施项目费=\sum(各措施项目费)$$

措施项目费内容包括以下几点。

1）安全文明施工费

① 环境保护费：指施工现场为达到环保部门要求所需要的各项费用。

② 文明施工费：指施工现场文明施工所需要的各项费用。

③ 安全施工费：指施工现场安全施工所需要的各项费用。

④ 临时设施费：指施工企业为进行建设工程施工所必须搭设的生活和生产用的临时建筑物、构筑物和其他临时设施费用。包括临时设施的搭设、维修、拆除、清理费或摊销

费等。

2）夜间施工增加费　是指因夜间施工所发生的夜班补助费、夜间施工降效、夜间施工照明设备摊销及照明用电等费用。

3）二次搬运费　指因施工场地条件限制而发生的材料、构配件、半成品等一次运输不能达到堆放地点，必须进行二次或多次搬运所发生的费用。

4）冬雨季施工增加费　指在冬季或雨季施工需增加的临时设施、防滑、排除雨雪，人工及施工机械效率降低等费用。

5）已完工程及设备保护费　指竣工验收前，对已完工程及设备采取的必要保护措施所发生的费用。

6）工程定位复测费　指工程施工过程中进行全部施工测量放线和复测工作的费用。

7）特殊地区施工增加费　指工程在沙漠或其边缘地区、高海拔、高寒、原始森林等特殊地区施工增加的费用。

8）大型机械设备进出场及安拆费　指机械整体或分体自停放场地运至施工现场或由一个施工地点运至另一个施工地点，所发生的机械进出场运输及转移费用及机械在施工现场进行安装、拆卸所需的人工费、材料费、机械费、试运转费和安装所需的辅助设施的费用。

9）脚手架工程费　施工需要的各种脚手架搭、拆、运输费用以及脚手架购置费的摊销（或租赁）费用。

（3）其他项目费

其他项目费＝暂列金额＋暂估价＋计日工＋总承包服务费

① 暂列金额：是指建设单位在工程量清单中暂定并包括在工程合同价款中的一笔款项。用于合同签订时尚未确定或者不可预见的所需材料、工程设备、服务的采购，施工中可能发生的工程价款调整以及发生的索赔、现场签证确认等的费用。

② 计日工：指在施工过程中，施工企业完成建设单位提出的施工图纸以外的零星项目或工作所需的费用。

③ 总承包服务费：指总承包人为配合、协调建设单位进行的专业工程发包，对建设单位自行采购的材料、工程设备等进行保管以及施工现场管理、竣工资料汇总整理等服务所需的费用。

（4）规费　与按费用构成要素划分的规费定义相同。

（5）税金　与按费用构成要素划分的税金定义相同。

装饰装修工程报价＝分部分项工程费＋措施项目费＋其他项目费＋规费＋税金

第二节　建筑安装工程费用定额

目前，我国各省、市、自治区工程造价管理部门会结合本地区实际情况编制本地区的《建筑安装工程费用定额》，为计取装饰装修工程价格提供计价依据，各省市在装饰装修工程计价费率标准各有差异，但费用项目组成在本质上是相同的。

下面将根据《湖北省建筑安装工程费用定额（2013版）》的相关规定，以湖北省的计价程序为例具体介绍。

一、一般性规定及说明

1. 适用范围

该计价程序适用于在湖北地区承包的装饰装修工程，即新建、扩建和改建的建筑装饰装修工程，包括楼地面、墙柱面装饰工程、天棚装饰工程、门窗和幕墙工程及油漆、涂料、裱糊工程等。

2. 计费基础

在湖北省境内的装饰装修工程计取的工程价格是以人工费与施工机具使用费之和为计费基数。

二、费率标准

依据《湖北省建设工程计价管理办法》的有关规定，表 4-1～表 4-6 为建筑装饰装修工程计价的费率。

（一）总价措施项目费

1. 安全文明施工费

表 4-1　安全文明施工费费率表　　单位：%

专　业		装饰工程
计费基数		人工费＋施工机具使用费
费率		5.81
其中	安全施工费	3.29
	文明施工费	1.29
	环境保护费	
	临时设施费	3.51

2. 其他总价措施项目费

表 4-2　其他总价措施项目费费率表　　单位：%

计费基数		人工费＋施工机具使用费
费率		0.65
其中	夜间施工增加费	0.15
	二次搬运费	按施工组织设计
	冬雨季施工增加费	0.37
	工程定位复测费	0.13

（二）企业管理费

表 4-3　企业管理费费率表　　单位：%

专业	装饰工程
计费基数	人工费＋施工机具使用费
费率	13.47

（三）利润

表 4-4　利润率表　　单位：%

专业	装饰工程
计费基数	人工费＋施工机具使用费
费率	15.80

（四）规费

表 4-5　规费费率表　　单位：%

专业		装饰工程
计费基数		人工费＋施工机具使用费
费率		10.95
社会保险费		8.18
其中	养老保险费	5.26
	失业保险费	0.52
	医疗保险费	1.54
	工伤保险费	0.61
	生育保险费	0.25
住房公积金		2.06
工程排污费		0.71

（五）税金

表 4-6　税率表　　单位：%

纳税人地区	纳税人所在地在市区	纳税人所在地在县城、镇	纳税人所在地不在市区、县城或镇
计税基数	不含税工程造价		
综合税率	3.48	3.41	3.28

注：1. 不分国营或集体企业，均以工程所在地税率计取。

2. 企事业单位所属的建筑修缮单位，承包本单位建筑、安装和修缮业务不计取税金（本单位的范围只限于从事建筑和修缮业务的企业单位本身，不能扩大到本部门各个企业之间或总分支机构之间）。

3. 建筑安装企业承包工程实行分包形式的，税金由总承包单位统一缴纳。

第三节　工程量清单计价

一、说明

① 工程量清单指载明建设工程分部分项工程项目、措施项目、其他项目的名称和相应数量以及规费、税金项目等内容的明细清单。

② 工程量清单计价指投标人完成招标人提供的工程量清单所需的全部费用，包括分部分项工程费、措施项目费、其他项目费和规费、税金。

③ 综合单价是指完成一个规定清单项目所需的人工费、材料和工程设备费、施工机具使用费和企业管理费、利润以及一定范围内的风险费用。

④ 措施项目清单包括总价措施项目清单和单价措施项目清单。单价措施项目清单计价的综合单价，按消耗量定额，结合工程的施工组织设计或施工方案计算。总价措施项目清单计价按《湖北省建筑安装工程费用定额（2013 版）》中规定的费率和计算方法计算。

⑤ 发包人提供的材料和工程设备（简称甲供材）应计入相应项目的综合单价中，支付工程价款时，发包人应按合同的约定扣除甲供材料款，不予付款。

⑥ 采用工程量清单计价招投标的工程，在编制招标控制价时，应按《湖北省建筑安装工程费用定额（2013 版）》规定的费率计算各项费用。

二、计算程序

（1）分部分项工程及单价措施项目综合单价计算程序　见表 4-7。

表 4-7　综合单价计算程序表

序号	费用项目	计算方法
1	人工费	Σ(人工费)
2	材料费	Σ(材料费)
3	施工机具使用费	Σ(施工机具使用费)
4	企业管理费	(1+3)×费率
5	利润	(1+3)×费率
6	风险因素	按招标文件或约定
7	综合单价	1+2+3+4+5+6

（2）总价措施项目费计算程序　见表 4-8。

表 4-8　总价措施项目费计算程序

序号	费用项目		计算方法
1	分部分项工程费		Σ(分部分项工程费)
1.1	其中	人工费	Σ(人工费)
1.2		施工机具使用费	Σ(施工机具使用费)
2	单价措施项目费		Σ(单价措施项目费)
2.1	其中	人工费	Σ(人工费)
2.2		施工机具使用费	Σ(施工机具使用费)
3	总价措施项目费		3.1+3.2
3.1	安全文明施工费		(1.1+1.2+2.1+2.2)×费率
3.2	其他总价措施项目费		(1.1+1.2+2.1+2.2)×费率

（3）其他项目费计算程序　见表 4-9。

表 4-9　其他项目费计算程序表

序号	费用项目		计算方法
1	暂列金额		按招标文件
2	暂估价		2.1+2.2
2.1	其中	材料暂估价/结算价	Σ(材料暂估价×暂估数量)/Σ(材料结算价×结算数量)
2.2		专业工程暂估价/结算价	按招标文件/结算价
3		计日工	3.1+3.2+3.3+3.4+3.5
3.1	其中	人工费	Σ(人工综合单价×暂定数量)
3.2		材料费	Σ(材料综合单价×暂定数量)
3.3		施工机具使用费	Σ(机械台班综合单价×暂定数量)
3.4		企业管理费	(3.1+3.3)×费率
3.5		利润	(3.1+3.3)×费率
4	总承包服务费		4.1+4.2
4.1	其中	发包人发包专业工程	Σ(项目价值×费率)
4.2		发包人提供材料	Σ(项目价值×费率)
5	索赔与现场签证		Σ(价格×数量)/Σ费用
6	其他项目费		1+2+3+4+5

（4）单价工程造价计算程序　见表 4-10。

表 4-10　单价工程造价计算程序表

序号	费用项目		计算方法
1	分部分项工程费		∑(分部分项工程费)
1.1	其中	人工费	∑(人工费)
1.2		施工机具使用费	∑(施工机具使用费)
2	单价措施项目费		∑(单价措施项目费)
2.1	其中	人工费	∑(人工费)
2.2		施工机具使用费	∑(施工机具使用费)
3	总价措施项目费		∑(总价措施项目费)
4	其他项目费		∑(其他项目费)
4.1	其中	人工费	∑(人工费)
4.2		施工机具使用费	∑(施工机具使用费)
5	规费		(1.1＋1.2＋2.1＋2.2＋4.1＋4.2)×费率
6	税金		(1＋2＋3＋4＋5)×费率
7	含税工程造价		1＋2＋3＋4＋5＋6

【例 4-1】 已知某会议室装饰装修工程，投标方根据招标文件提供数据报价，分部分项工程费为 520000 元，其中人工费与机械费之和 115000 元，单价措施项目费为 8000 元，其中人工费与机械费之和为 1800 元，其他项目费为 35000 元，其中人工费与机械费之和为 2000 元。

该工程所在地为湖北某市区，应计取的规费费率为 10.95%，应计取税金的税率为 3.48%，求施工企业在清单计价模式下的该工程投标报价。

解　根据题意计算，见表 4-11。

表 4-11　计算表

序号	费用项目	计算方法	金额/元
1	分部分项工程费	∑(分部分项工程费)	520000
1.1	其中:人工费与机械费之和		115000
2	单价措施项目费	∑(单价措施项目费)	8000
2.1	其中:人工费与机械费之和		1800
3	总价措施项目费	3.1＋3.2	7545
3.1	安全文明施工费	(1.1＋2.1)×5.81%	6786
3.2	其他总价措施项目费	(1.1＋2.1)×0.65%	759
4	其他项目费	∑(其他项目费)	35000
4.1	其中:人工费与机械费之和		2000
5	规费	(1.1＋2.1＋4.1)×10.95%	13009
6	税金	(1＋2＋3＋4＋5)×3.48%	20308
7	含税工程造价	1＋2＋3＋4＋5＋6	603862

第四节　定额计价

一、说明

① 定额计价是以湖北省基价表中的人工费、材料费（含未计价材，下同）、施工机具使用费为基础，依据《湖北省建筑安装工程费用定额（2013 版）》计算工程所需的全部费用，包括人工费、材料费、施工机具使用费、企业管理费、利润和税金。

② 材料市场价格是指发、承包人双方认定的价格，也可以是当地建设工程造价管理机构发布的市场信息价格。双方应在相关文件上约定。

③ 人工发布价、材料市场价格、机械台班价格进入定额基价。

④ 包工不包料工程、计时工按定额计算出的人工费的 25％计取综合费用。费用包括总价措施、管理费、利润和规费。施工用的特殊工具，如手推车等，由发包人解决。综合费用中不包括税金，由总包单位统一支付。

⑤ 施工过程中发生的索赔与现场签证费用，发承包双方办理竣工结算时，以实物量形式表示的索赔与现场签证，按基价表（或单位估价表）金额，计算总价措施项目费、企业管理费、利润、规费和税金。以费用形式表示的索赔与现场签证，列入不含税工程造价，另有说明的除外。

⑥ 由发包人供应的材料，按当期信息价进入定额基价，按计价程序计取各项费用及税金。支付工程价款时扣除下列费用：

$$费用=\sum(当期信息价\times发包人提供的材料数量)$$

⑦ 二次搬运费按施工组织设计计取，计入总价措施项目费。

二、计算程序（表 4-12）

表 4-12　定额计价程序表

序号	费用项目		计算方法
1	分部分项工程费		Σ(分部分项工程费)
1.1	其中	人工费	Σ(人工费)
1.2		材料费	Σ(材料费)
1.3		施工机具使用费	Σ(施工机具使用费)
2	措施项目费		2.1＋2.2
2.1	单价措施项目费		2.1.1＋2.1.2＋2.1.3
2.1.1	其中	人工费	Σ(人工费)
2.1.2		材料费	Σ(材料费)
2.1.3		施工机具使用费	Σ(施工机具使用费)
2.2	总价措施项目费		2.2.1＋2.2.2
2.2.1	其中	安全文明施工费	(1.1＋1.3＋2.1.1＋2.1.3)×费率
2.2.2		其他总价措施项目费	(1.1＋1.3＋2.1.1＋2.1.3)×费率
3	总承包服务费		项目价值×费率
4	企业管理费		(1.1＋1.2＋2.1.1＋2.1.3)×费率
5	利润		(1.1＋1.3＋2.1.1＋2.1.3)×费率
6	规费		(1.1＋1.3＋2.1.1＋2.1.3)×费率
7	索赔与现场签证		索赔与现场签证费用
8	不含税工程造价		1＋2＋3＋4＋5＋6＋7
9	税金		8×费率
10	含税工程造价		8＋9

注：表中“索赔与现场签证”系指以费用形式表示的不含税费用。

【例 4-2】 已知某会议室装饰装修工程，投标方根据招标文件提供数据报价，分部分项工程费为 500000 元，其中人工费与施工机具使用费之和为 148000 元，单项措施项目费为 120000 元，其中人工费与施工机具使用费之和为 68000 元。

该工程所在地为湖北省内县城，安全文明施工费率为 5.81%，其他总价措施项目费率为 0.65%，企业管理费费率为 13.47%，利润率为 15.8%，规费费率为 10.95%，税率为 3.41%，计算施工企业在定额计价模式下的该工程投标报价。

解 根据题意计算，见表 4-13。

表 4-13 计算表

序号	费用项目	计算方法	金额/元
1	分部分项工程费		500000
1.1	其中：人工费与施工机具使用费之和		148000
2	措施项目费	2.1+2.2	133954
2.1	单价措施项目费		120000
2.1.1	其中：人工费与施工机具使用费之和		68000
2.2	总价措施费	2.2.1+2.2.2	13954
2.2.1	安全文明施工费	(1.1+2.1.1)×5.81%	12550
2.2.2	其他总价措施项目费	(1.1+2.1.1)×0.65%	1404
3	企业管理费	(1.1+2.1.1)×13.47%	29095
4	利润	(1.1+2.1.1)×15.8%	34128
5	规费	(1.1+2.1.1)×10.95%	23652
6	不含税工程造价	1+2+3+4+5+6	720829
7	税金	6×3.41%	24580
8	含税工程造价	6+7	745409

小　结

装饰装修工程费用按照费用构成要素划分：由人工费、材料（包含工程设备）费、施工机具使用费、企业管理费、利润、规费和税金组成。

装饰装修工程费用按照工程造价形成划分：由分部分项工程费、措施项目费、其他项目费、规费、税金组成，分部分项工程费、措施项目费、其他项目费包含人工费、材料费、施工机具使用费、企业管理费和利润。

工程量清单计价指投标人完成招标人提供的工程量清单所需的全部费用，包括分部分项工程费、措施项目费、其他项目费和规费、税金。

（1）综合单价　综合单价是指完成一个规定清单项目所需的人工费、材料和工程设备费、施工机具使用费和企业管理费、利润以及一定范围内的风险费用。

（2）措施项目费　措施项目清单包括总价措施项目清单和单价措施项目清单。单价措施项目清单计价的综合单价，按消耗量定额，结合工程的施工组织设计或施工方案计算。总价措施项目清单计价按相应地区的费用定额中规定的费率和计算方法计算。其中措施项目清单中的安全文明施工费必须按国家或省级、行业建设主管部门的规定计算，不得作为竞争性费用。

（3）其他项目费　包括暂列金额、暂估价、计日工及总承包服务费。

（4）规费　包括社会保险费、住房公积金、工程排污费。

（5）税金　包括营业税、城市维护建设税、教育费附加及地方教育附加。税金与规费必须按国家或省级、行业建设主管部门的规定计算，不得作为竞争性费用。

定额计价是以基价表中的人工费、材料费（含未计价材，下同）、施工机具使用费为基础，依据相应的费用定额计算工程所需的全部费用，包括人工费、材料费、施工机具使用费、企业管理费、利润和税金。施工过程中发生的索赔与现场签证费用，发承包双方办理竣工结算时：以实物量形式表示的索赔与现场签证，按基价表（或单位估价表）金额，计算总价措施项目费、企业管理费、利润、规费和税金；以费用形式表示的索赔与现场签证，列入不含税工程造价，另有说明的除外。

能力训练题

一、选择题

1．（2010 年注册造价工程师考试真题）下列关于招标控制价的说法中，正确的是（　　）。

A．招标控制价必须由招标人编制　　B．招标控制价只需公布总价

C．投标人不得对招标控制价提出异议　　D．招标控制价不应上调或下浮

2．（2010 年注册造价工程师考试真题）根据《建设工程安全防护、文明施工措施费用及使用管理规定》，下列设施的费用计入安全施工费的是（　　）。

A．安全警示标志牌　　B．现场防火设施

C．现场临时用电接地保护装置　　D．垂直方向交叉作业防护

3．（2007 年注册造价工程师考试真题）我国现行建筑安装工程费用构成中，属于措施费的项目有（　　）。

A．环境保护费　　B．文明施工费

C．工程排污费　　D．已完工程保护费

E．研究试验费

4．在两种计价模式下，定额工程量指的是（　　），清单工程量指的是（　　）。

A．实体工程量、实体工程量

B．实体工程量、实体工程量＋施工中的各种损耗和需要增加的工程量

C．实体工程量＋施工中的各种损耗和需要增加的工程量、实体工程量

D．实体工程量＋施工中的各种损耗和需要增加的工程量、实体工程量＋施工中的各种损耗和需要增加的工程量

5．单位工程造价除了分部分项工程量清单项目费用、措施项目费用、其他项目费用外，还包括（　　）。

A．规费、税金　　B．利润、税金

C．规费、利润、税金　　D．措施费、管理费、利润、税金

二、问答题

1．什么是分部分项工程费、措施项目费、其他项目费？包括哪些内容？如何计算？

2．什么是工程量清单计价？由哪几部分组成？与传统的定额计价有何区别？

3．什么是综合单价？包括哪些内容？如何计算？

三、计算题

已知某会议室装饰工程分部分项工程费为 62000 元，其中：人工费与施工机具使用费之和为 15000 元；措施项目清单计价合计为 3200 元，其中：人工费与施工机具使用费之和为 580 元；其他项目清单计价合计为 2000 元，其中：人工费与施工机具使用费之和为 320 元。规费费率为 10.95％，税金税率为 3.48％。试求清单计价模式下该工程含税工程造价。

第五章

装饰装修定额工程量计算

【知识目标】

- 了解工程量的概念和作用，熟悉工程量的计算原则和方法，掌握工程量的计算步骤。
- 熟悉楼地面等各分部工程的定额组成和基本施工工艺。
- 掌握楼地面等各分部工程的定额工程量计算办法。

【能力目标】

- 能够理解工程量的计算原则和方法，掌握工程量的计算步骤。
- 能够熟练地进行楼地面等各分部工程的定额工程量。

第一节　装饰装修工程量概述

一、装饰装修工程量的概念

建筑装饰工程量是以物理计量单位或自然计量单位表示的各分项工程或结构构件的实物数量。

物理计量单位是指须经量度的具有物理属性的单位，如立方米、平方米、米、吨等。当物体的长、宽、高三个方向的尺寸都不固定时，常用立方米（m^3）作为计量单位，如土方、混凝土、砌砖砌体等分项工程量的单位。当物体的长、宽、高中有一个尺寸能固定，另两个经常发生变化时，常用平方米（m^2）作为计量单位，如楼地面、内墙抹灰、外墙贴面等。当物体的长、宽、高中有两个尺寸能固定，即物体有一定的截面形状，另一个方向的尺寸经常发生变化时，常采用米（m）作为计量单位，如楼梯、栏杆扶手等。当物体体积变化不大，质量差异较大时，常用吨（t）为计量单位。无法以物理单位计量的具有自然属性的单位，即称自然计量单位，如个、台、套、组等。

二、装饰装修工程量的作用

建筑装饰工程量是计算建筑装饰预算造价的首要工作，也是施工企业安排施工作业计划，组织材料、构配件等物资的供应，进行财务管理和成本核算的依据。工程量计算的快慢和准确程度，将直接影响工程计价的速度和质量。

三、装饰装修工程量计算的原则与方法

（一）建筑装饰工程量计算的原则

在工程量计算过程中，为了防止错算、漏算和重算，应遵循下列原则。

1. 工程量计算应与预算定额一致

（1）计算口径要一致　计算工程量时，根据施工图列出的分项工程所包括的工作内容和范围，必须与所套预算定额中相应分项工程的口径一致。有些项目内容单一，一般不会出错，有些项目综合了几项内容，则应加以注意。例如楼地面卷材防水项目中，已包括了刷冷底子油一遍的工作内容，计算工程量时，就不能再列刷冷底子油的项目。

（2）计量单位要一致　计算工程量时，所采用的单位必须与定额相应项目中的的计量单

位一致。而且定额中有些计量单位常为普通计量单位的整倍数，如 10m，$10m^2$，$10m^3$ 等，计算时还应注意计量单位的换算。

(3) 计算规则与定额规定一致　预算定额的各分部都列有工程量计算规则，计算中必须严格遵循这些规则，才能保证工程量的准确性。例如楼地面整体面层按主墙间净空面积计算，而块料面积按饰面的实铺面积计算。

2. 工程量计算必须与设计图纸相一致

设计图纸是计算工程量的依据，工程量计算项目应与图纸规定的内容保持一致，不得随意修改内容去高套或低套定额。

3. 工程量计算必须准确

在计算工程量时，必须严格按照图纸所示尺寸计算，不得任意加大或缩小。如不能以轴线长作为内墙净长。各种数据在工程量计算过程中一般保留三位小数，计算结果通常保留两位小数，以保证计算的精度。

(二) 建筑装饰工程量计算的方法

一个单位装饰工程，其分项繁多，少则几十个分项，多则几百个，甚至更多些，而且很多分项类同，相互交叉。如果不按科学的顺序进行计算，就有可能出现漏算或重复计算工程量的情况。因此计算工程量必须按一定顺序进行，以免差错。常用的计算顺序有以下几种。

(1) 按装饰工程预算定额分部分项顺序计算　一般建筑装饰分部分项顺序为：楼地面工程、墙柱面工程、顶棚工程、门窗工程、油漆、涂料、裱糊工程、其他工程以及脚手架及垂直运输超高费等分部，再按一定的顺序列工程分项子目。

(2) 从下到上逐层计算　对不同楼层来说，可先底层、后上层；对同一楼层或同一房间来说，可以先楼地面，再墙柱面、后顶棚，先主要，后次要；对室内外装饰，可先室内、后室外，按一定次序计算。

(3) 按顺时针顺序计算　在一个平面上，先从平面图的左上角开始，按顺时针方向自左向右，由上而下逐步计算，环绕一周后再回到起始点。这一方法适用于楼地面、墙柱面、踢脚线、顶棚等。

(4) 按先横后竖计算　这种方法是依据图纸，按先横后竖，先上后下，先左后右依次计算工程量。这种方法适用于计算内墙或隔墙装饰，先计算横向墙，从上而下进行，同一横线上的，按先左后右，横向计算完后再计算竖向，同一竖线上的按先上后下，然后自左而右地直至计算完毕。

(5) 按构件编号顺序计算　此法是按图纸所标各构件、配件的编号顺序进行计算。例如，门窗、内墙装饰立面等均可按其编号顺序逐一计算。

运用以上各种方法计算工程量，应结合工程大小，复杂程度，以及个人经验，灵活掌握，综合运用，以使计算全面、快速、准确。

四、装饰装修工程量计算的步骤

1. 收集相关基础资料

收集相关的基础资料主要包括经过交底会审后的施工图纸、施工组织设计和有关技术组织措施、国家和地区主管部门颁发的现行装饰工程预算定额、有关的预算工作手册、标准图集、工程施工合同和现场情况等资料。

2. 熟悉审核施工图纸

施工图纸是计算工程量的主要依据。造价人员在计算工程量之前应充分、全面地熟悉、审核施工图纸，了解设计意图，掌握工程全貌，这是准确、迅速地计算工程量的关键。只有在对设计图纸进行了全面详细的了解，并在结合预算定额项目划分的原则下，正确全面地分析该工程中各分部分项工程以后，才能准确无误地对工程项目进行划分，以保证正确地计算出工程量。

3. 熟悉施工组织设计

施工组织设计是承包商根据施工图纸、组织施工的基本原则和上级主管部门的有关规定以及现场的实际情况等资料编制的，用以指导拟建工程施工过程中各项活动的技术、经济组织的综合性文件。它具体规定了组成拟建工程各分项工程的施工方法、施工进度和技术组织措施等。因此，计算装饰工程量前应熟悉并注意施工组织设计中影响工程预算造价的有关内容，严格按照施工组织设计所确定的施工方法和技术组织措施等要求，准确计算工程量，反映工程的客观实际。

4. 熟悉预算定额或单位估价表

预算定额或单位估价表是计算装饰工程量的主要依据，因此在计算工程量之前熟悉和了解装饰工程预算定额和单位估价表的内容、形式和施工方法，是结合施工图纸迅速、准确地确定工程项目和计算工程量的根本保证。

5. 确定工程量的计算项目

在装饰工程量计算的步骤中，项目划分具有极其重要的作用，它可使工程量计算有条不紊，避免漏项和重项。对一个装饰工程分部、分项、子目的具体名称进行列项，可按照下列步骤进行。

1）认真阅读工程施工图，了解施工方案、施工条件及建筑用料说明，参照预算定额，先列出各分部工程的名称，再列出分项工程的名称，最后逐个列出与该工程相关的定额子目名称。

2）分部工程名称的确定：一般的装饰工程包括楼地面工程、天棚工程、墙柱面工程、门窗工程、油漆涂料裱糊工程、其他工程等。

3）分项工程名称的确定：分项工程名称的确定需要根据具体的施工图纸来进行，不同的工程其分项工程也不同。例如，有的工程在楼地面工程中会列出垫层、找平层和整体面层等分项工程；有的工程在楼地面工程中会列出垫层、找平层、块料面层等分项工程。

4）定额子目的确定：根据具体的施工图纸中各分项工程所用材料种类、规格及使用机械的不同情况，对照定额在各分项工程中列出具体的相关定额子目。例如，在墙面工程中的块料面层这一分项工程中，根据材料的种类进行划分有大理石、陶瓷锦砖等项目；根据施工工艺进行划分有干挂、挂贴等。根据这些具体划分和施工图具体情况，最终列出某工程具体空间的块料面层的一个定额子目。如外墙挂贴大理石。

5）通常情况下列项的方法，一般按照对施工过程与定额的熟悉程度可分为以下两种。

① 如果对施工过程和定额只是一般了解，根据图纸按分部工程和分项工程的顺序，逐个按照定额子目的编号顺序查找列出定额子目。若施工图纸中有该内容，则按照定额子目名称列出；若施工图中无该内容，则不列。

② 如果对施工过程和定额相当熟悉，根据图纸按照整个工程施工过程对应列出发生的定额子目，即从工程开工到工程竣工，每发生一定施工内容对应列出一定定额子目。

6）特殊情况下列项的方法。

① 如果施工图中涉及的内容与定额子目内容不一致，在定额规定允许的情况下，应列出一个调整子目的名称。在这种情况下，在调整的定额子目编号前应加一个“换”字。

② 如果施工图中设计的内容在定额上根本就没有相关的类似子目，可按当地颁发的有关补充定额来列子目。若当地也无该补充定额，则应按照造价管理部门有关规定制定补充定额，并需经管理部门批准。在这种情况下，在该定额子目编号前应加一个“补”字。

6. 计算工程量

确定分部分项定额子目名称，并经检查无误后，便可以此为主线进行相关工程量的计算。计算工程量的具体原则与方法见前述内容。

7. 工程量汇总

各分项工程量计算完毕后并经仔细复核无误后，应根据预算定额或单位估价表的内容、计量单位的要求，按分部分项工程的顺序逐项汇总、整理，以防止工程量计算时对分项工程量的遗漏或重复，为套用预算定额或单位估价表提供良好的条件。

第二节　建筑面积计算规则

一、建筑面积的概念

建筑面积是指建筑物（包括墙体）所形成的楼地面面积，包括附属于建筑物的室外阳台、雨篷、檐廊、室外走廊、室外楼梯等。建筑面积的计算是工程计量的最基础工作，它在工程建设中起着非常重要的作用。

首先，在工程建设的众多技术经济指标中，大多以建筑面积为基数，它是核定估算、概算、预算工程造价的一个重要基础数据，是计算和确定工程造价，并分析工程造价和工程设计合理性的一个基础指标。

其次，建筑面积是国家进行建设工程数据统计、固定资产宏观调控的重要指标；同时，建筑面积还是房地产交易、工程承发包交易、建筑工程有关运营费用的核定等的一个关键指标。

因此，建筑面积的计算不仅是工程计价的需要，也在加强建设工程科学管理、促进社会和谐等方面起着非常重要的作用。

二、建筑面积计算规则及举例

（一）计算建筑面积的规定

1）建筑物的建筑面积应按自然层外墙结构外围水平面积之和计算。结构层高在 2.20m 及以上的，应计算全面积；结构层高在 2.20m 以下的，应计算 1/2 面积。

理解此项条款时应注意：

① 自然层是指按楼地面结构分层的楼层。

② 结构层高是指楼面或地面结构层上表面至上部结构层上表面之间的垂直距离。

2）建筑物内设有局部楼层时，对于局部楼层的二层及以上楼层，有围护结构的应按其围护结构外围水平面积计算，无围护结构的应按其结构底板水平面积计算，且结构层高在 2.20m 及以上的，应计算全面积，结构层高在 2.20m 以下的，应计算 1/2 面积。建筑物局部楼层如图 5-1 所示。

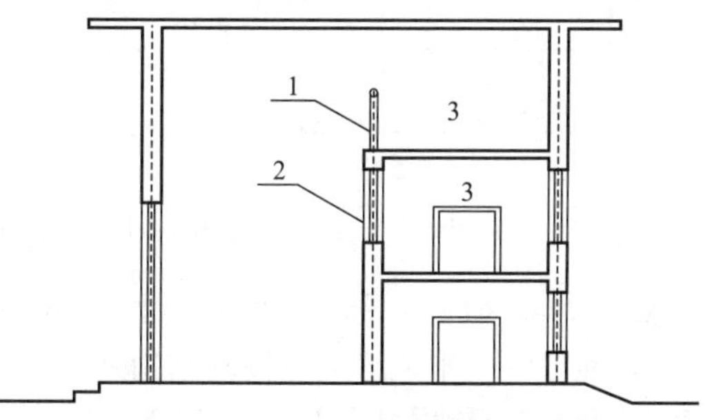

图 5-1　建筑物内的局部楼层示意图

1—围护设施；2—围护结构；3—局部楼层

理解此项条款时应注意：围护结构是指围合建筑空间的墙体、门、窗。

3）对于形成建筑空间的坡屋顶，结构净高在 2.10m 及以上的部位应计算全面积；结构净高在 1.20m 及以上至 2.10m 以下的部位应计算 1/2 面积；结构净高在 1.20m 以下的部位不应计算建筑面积。

理解此项条款时应注意：

① 建筑空间是指以建筑界面限定的、

供人们生活和活动的场所。具备可出入、可利用条件（设计中可能标明了使用用途，也可能没有标明使用用途或使用用途不明确）的围合空间，均属于建筑空间。

② 结构净高是指楼面或地面结构层上表面至上部结构层下表面之间的垂直距离。

【例 5-1】 求图 5-2 所示的建筑面积。

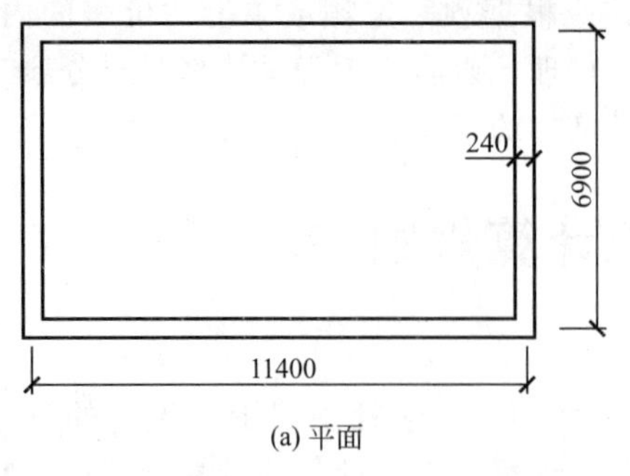

(a) 平面

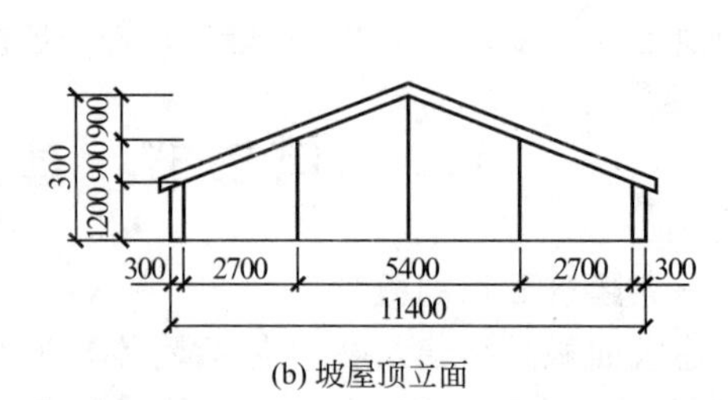

(b) 坡屋顶立面

图 5-2 建筑物坡屋顶示意图

解 $S=5.4\times(6.9+0.24)+2.7\times(6.9+0.24)\times0.5\times2=57.83(\mathrm{m}^2)$

4）对于场馆看台下的建筑空间，结构净高在 2.10m 及以上的部位应计算全面积；结构净高在 1.20m 及以上至 2.10m 以下的部位应计算 1/2 面积；结构净高在 1.20m 以下的部位不应计算建筑面积。室内单独设置的有围护设施的悬挑看台，应按看台结构底板水平投影面积计算建筑面积。有顶盖无围护结构的场馆看台应按其顶盖水平投影面积的 1/2 计算面积。

理解此项条款时应注意：

① 场馆看台下的建筑空间因其上部结构多为斜板，所以采用净高的尺寸划定建筑面积的计算范围和对应规则。

② 室内单独设置的有围护设施的悬挑看台，因其看台上部设有顶盖且可供人使用，所以按看台板的结构底板水平投影计算建筑面积。

③“有顶盖无围护结构的场馆看台”所称的“场馆”为专业术语，指各种“场”类建筑，如：体育场、足球场、网球场、带看台的风雨操场等。

【例 5-2】 求如图 5-3 所示，利用的建筑物场馆看台下的建筑面积。

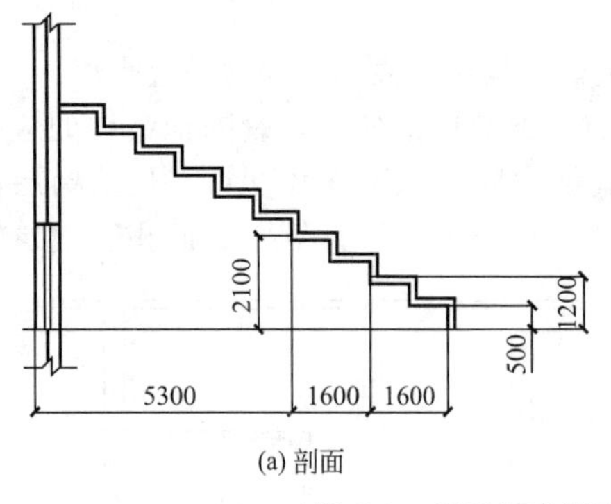

(a) 剖面

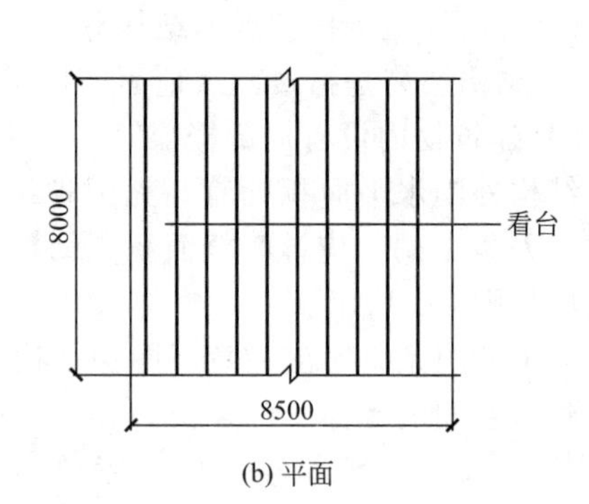

(b) 平面

图 5-3 利用的建筑物场馆看台下的建筑面积示意图

解 $S=8\times(5.3+1.6\times0.5)=48.8(\mathrm{m}^2)$

5）地下室、半地下室应按其结构外围水平面积计算。结构层高在 2.20m 及以上的，应计算全面积；结构层高在 2.20m 以下的，应计算 1/2 面积。

理解此项条款时应注意：

① 地下室是指室内地平面低于室外地平面的高度超过室内净高的1/2的房间。

② 半地下室是指室内地平面低于室外地平面的高度超过室内净高的1/3，且不超过1/2的房间。

③ 地下室作为设备、管道层按下文第26）项执行；地下室的各种竖向井道按下文第19）项执行；地下室的围护结构不垂直于水平面的按下文第18）项规定执行。

6）出入口外墙外侧坡道有顶盖的部位，应按其外墙结构外围水平面积的1/2计算面积。

理解此项条款时应注意：

① 出入口坡道分有顶盖出入口坡道和无顶盖出入口坡道，出入口坡道顶盖的挑出长度，为顶盖结构外边线至外墙结构外边线的长度。地下室出入口如图5-4所示。

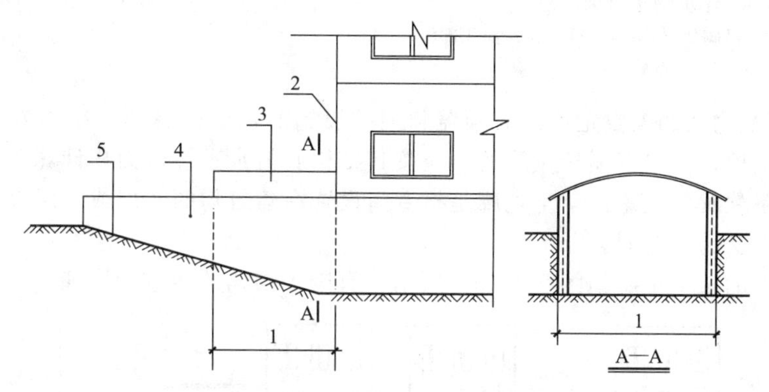

图5-4　地下室出入口示意图

1—计算1/2投影面积部位；2—主体建筑；3—出土口顶盖；

4—封闭出入口侧墙；5—出入口坡道

② 顶盖以设计图纸为准，对后增加及建设单位自行增加的顶盖等，不计算建筑面积。

③ 顶盖不分材料种类（如钢筋混凝土顶盖、彩钢板顶盖、阳光板顶盖等）。

7）建筑物架空层及坡地建筑物吊脚架空层，应按其顶板水平投影计算建筑面积。结构层高在2.20m及以上的，应计算全面积；结构层高在2.20m以下的，应计算1/2面积。

理解此项条款时应注意：

① 架空层是指仅有结构支撑而无外围护结构的开敞空间层。

② 本条既适用于建筑物吊脚架空层、深基础架空层建筑面积的计算，也适用于目前部分住宅、学校教学楼等工程在底层架空或在二楼或以上某个甚至多个楼层架空，作为公共活动、停车、绿化等空间的建筑面积的计算。建筑物吊脚架空层如图5-5所示。

③ 架空层中有围护结构的建筑空间按相关规定计算。

8）建筑物的门厅、大厅应按一层计算建筑面积，门厅、大厅内设置的走廊应按走廊结构底板水平投影面积计算建筑面积。结构层高在2.20m及以上的，应计算全面积；结构层高在2.20m以下的，应计算1/2面积。

理解此项条款时应注意：走廊是指建筑物中的水平交通空间。

大厅内设置的走廊示意如图5-6所示。

【例5-3】 求如图5-6所示回廊的建筑面积。

解　若层高不小于2.20m，则回廊面积为：

$$S=(15-0.24)\times1.6\times2+(10-0.24-1.6\times2)\times1.6\times2=68.22(\text{m}^2)$$

若层高小于2.20m，则回廊面积为：

$$S=[(15-0.24)\times1.6\times2+(10-0.24-1.6\times2)\times1.6\times2]\times0.5=34.11(\text{m}^2)$$

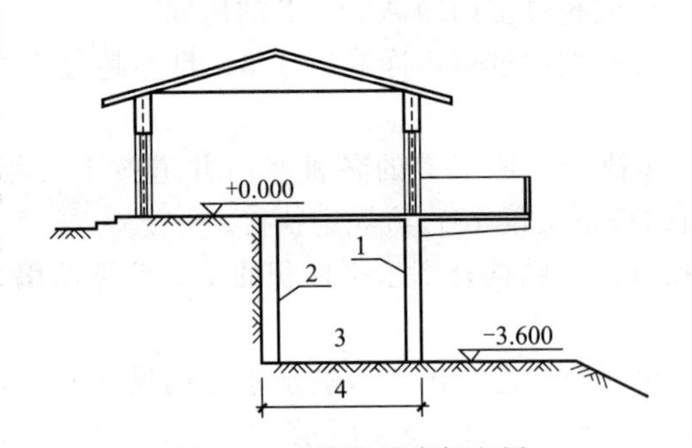

图 5-5　建筑物吊脚架空层

1—柱；2—墙；3—吊脚架空层；4—计算建筑面积部位

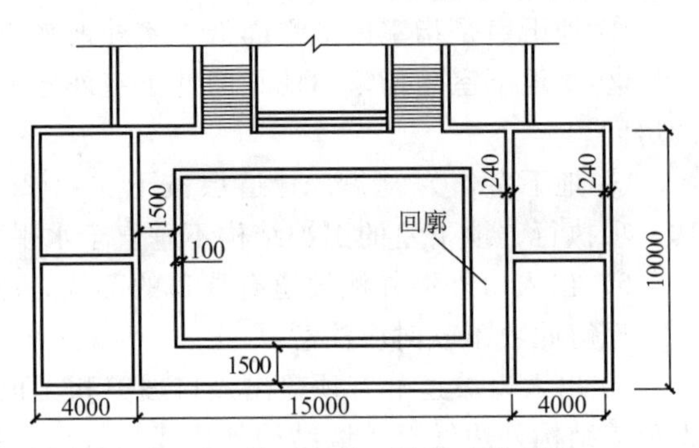

图 5-6　带回廊的二层平面示意图

9）对于建筑物间的架空走廊，有顶盖和围护设施的，应按其围护结构外围水平面积计算全面积；无围护结构、有围护设施的，应按其结构底板水平投影面积计算 1/2 面积。

理解此项条款时应注意：架空走廊是指专门设置在建筑物的二层或二层以上，作为不同建筑物之间水平交通的空间。

无围护结构的架空走廊如图 5-7（a）所示，有围护结构的架空走廊如图 5-7（b）所示。

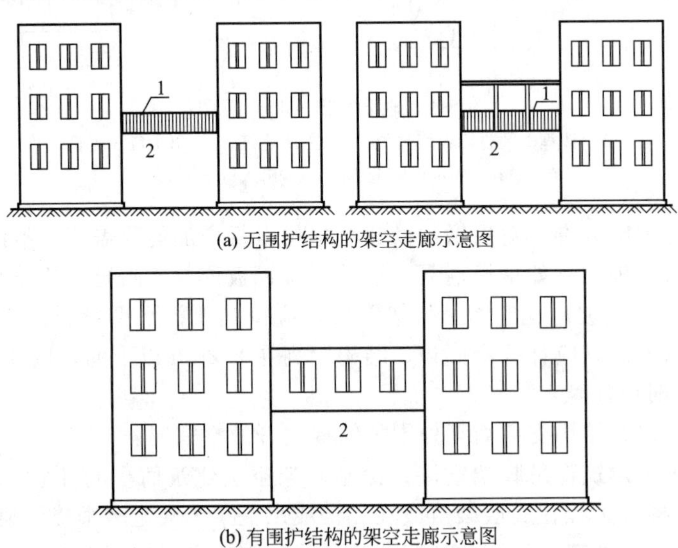

(a) 无围护结构的架空走廊示意图

(b) 有围护结构的架空走廊示意图

图 5-7　架空走廊示意图

1—栏杆；2—架空走廊

10）对于立体书库、立体仓库、立体车库，有围护结构的，应按其围护结构外围水平面积计算建筑面积；无围护结构、有围护设施的，应按其结构底板水平投影面积计算建筑面积。无结构层的应按一层计算，有结构层的应按其结构层面积分别计算。结构层高在 2.20m 及以上的，应计算全面积；结构层高在 2.20m 以下的，应计算 1/2 面积。

理解此项条款时应注意：

① 结构层是指整体结构体系中承重的楼板层，包括板、梁等构件。结构层承受整个楼层的全部荷载，并对楼层的隔声、防火等起主要作用。

② 本条主要规定了图书馆中的立体书库、仓储中心的立体仓库、大型停车场的立体车库等建筑的建筑面积计算规定。起局部分隔、存储等作用的书架层、货架层或可升降的立体

钢结构停车层均不属于结构层，故该部分分层不计算建筑面积。

【例 5-4】 求如图 5-8 所示书库建筑面积。

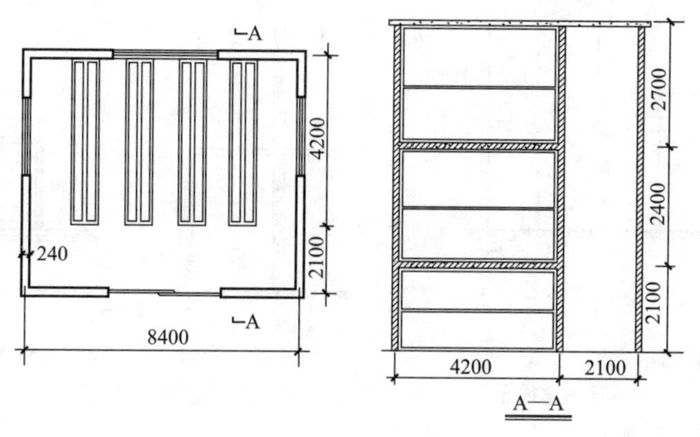

图 5-8 书库示意图

解 图 5-8 所示书库 4.2m 部分有结构层 3 层，每层结构层有 2 层书架层，故 4.2m 部分应按 3 层计算其建筑面积，且第一层层高小于 2.2m，所以应按一半计算建筑面积。

$$S=(8.4+0.24)\times(2.1+0.12)+(8.4+0.24)\times(4.2+0.12)\times0.5+(8.4+0.24)\times(4.2+0.12)\times2=112.49(\text{m}^2)$$

11）有围护结构的舞台灯光控制室，应按其围护结构外围水平面积计算。结构层高在 2.20m 及以上的，应计算全面积；结构层高在 2.20m 以下的，应计算 1/2 面积。

12）附属在建筑物外墙的落地橱窗，应按其围护结构外围水平面积计算。结构层高在 2.20m 及以上的，应计算全面积；结构层高在 2.20m 以下的，应计算 1/2 面积。

理解此项条款时应注意：落地橱窗是指突出外墙面且根基落地的橱窗，一般是在商业建筑临街面设置的下槛落地、可落在室外地坪也可落在室内首层地板，用来展览各种样品的玻璃窗。

13）窗台与室内楼地面高差在 0.45m 以下且结构净高在 2.10m 及以上的凸（飘）窗，应按其围护结构外围水平面积计算 1/2 面积。

理解此项条款时应注意：凸窗（飘窗）是指凸出建筑物外墙面的窗户。凸窗（飘窗）既作为窗，就有别于楼（地）板的延伸，也就是不能把楼（地）板延伸出去的窗称为凸窗（飘窗）。凸窗（飘窗）的窗台应只是墙面的一部分且距（楼）地面应有一定的高度。

14）有围护设施的室外走廊（挑廊），应按其结构底板水平投影面积计算 1/2 面积；有围护设施（或柱）的檐廊，应按其围护设施（或柱）外围水平面积计算 1/2 面积。

理解此项条款时应注意：

① 檐廊是指建筑物挑檐下的水平交通空间，如图 5-9 所示。它是附属于建筑物底层外墙有屋檐作为顶盖，其下部一般有柱或栏杆、栏板等的水平交通空间。

② 挑廊是指挑出建筑物外墙的水平交通空间。

15）门斗应按其围护结构外围水平面积计算建筑面积，且结构层高在 2.20m 及以上的，应计算全面积；结构层高在 2.20m 以下的，应计算 1/2 面积。

理解此项条款时应注意：门斗是指建筑物入口处两道门之间的空间，如图 5-10 所示。

16）门廊应按其顶板的水平投影面积的 1/2 计算建筑面积；有柱雨篷应按其结构板水平投影面积的 1/2 计算建筑面积；无柱雨篷的结构外边线至外墙结构外边线的宽度在 2.10m 及以上的，应按雨篷结构板的水平投影面积的 1/2 计算建筑面积。

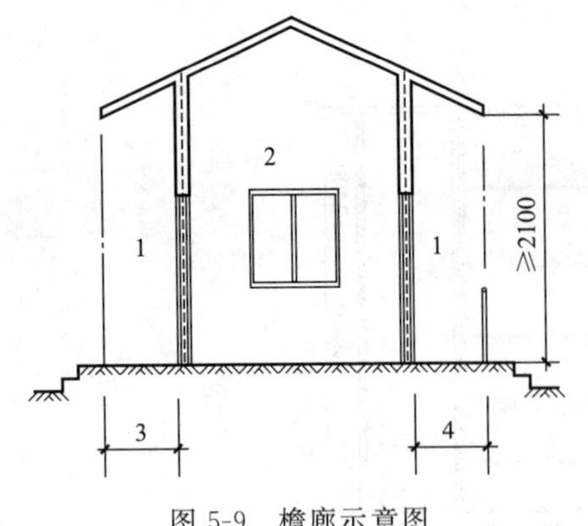

图 5-9　檐廊示意图

1—檐廊；2—室内；3—不计算建筑面积部位；4—计算建筑面积部位

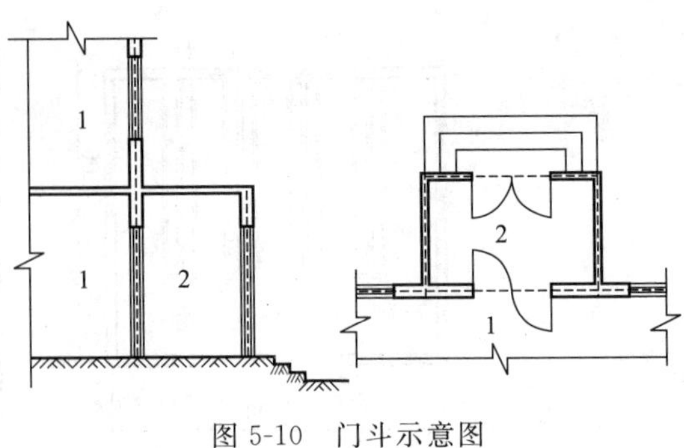

图 5-10　门斗示意图

1—室内；2—门斗

理解此项条款时应注意：

① 门廊是指建筑物入口前有顶棚的半围合空间。它是在建筑物出入口，无门、三面或二面有墙，上部有板（或借用上部楼板）围护的部位。

② 雨篷是指建筑出入口上方为遮挡雨水而设置的部件。它是位于建筑物出入口上方、凸出墙面、为遮挡雨水而单独设立的建筑部件。

③ 雨篷划分为有柱雨篷（包括独立柱雨篷、多柱雨篷、柱墙混合支撑雨篷、墙支撑雨篷）和无柱雨篷（悬挑雨篷）。

④ 如凸出建筑物，且不单独设立顶盖，利用上层结构板（如楼板、阳台底板）进行遮挡，则不视为雨篷，不计算建筑面积。

⑤ 对于无柱雨篷，如顶盖高度达到或超过两个楼层时，也不视为雨篷，不计算建筑面积。

⑥ 有柱雨篷，没有出挑宽度的限制，也不受跨越层数的限制，均计算建筑面积。无柱雨篷，其结构板不能跨层，并受出挑宽度的限制，设计出挑宽度大于或等于 2.10m 时才计算建筑面积。出挑宽度，系指雨篷结构外边线至外墙结构外边线的宽度，弧形或异形时，取最大宽度。

17）设在建筑物顶部的、有围护结构的楼梯间、水箱间、电梯机房等，结构层高在 2.20m 及以上的应计算全面积；结构层高在 2.20m 以下的，应计算 1/2 面积。

18）围护结构不垂直于水平面的楼层，应按其底板面的外墙外围水平面积计算。结构净高在 2.10m 及以上的部位，应计算全面积；结构净高在 1.20m 及以上至 2.10m 以下的部位，应计算 1/2 面积；结构净高在 1.20m 以下的部位，不应计算建筑面积。

理解此项条款时应注意：

本条款对于向内、向外倾斜均适用。由于目前很多建筑设计追求新、奇、特，造型越来越复杂，很多时候根本无法明确区分什么是围护结构、什么是屋顶，因此对于斜围护结构与斜屋顶采用相同的计算规则，即只要外壳倾斜，就按结构净高划段，分别计算建筑面积。斜围护结构如图 5-11 所示。

19）建筑物的室内楼梯、电梯井、提物井、管道井、通风排气竖井、烟道，应并入建筑物的自然层计算建筑面积。有顶盖的采光井应按一层计算面积，且结构净高在 2.10m 及以上的，应计算全面积；结构净高在 2.10m 以下的，应计算 1/2 面积。

室内电梯井、垃圾道剖面示意图如图 5-12 所示。

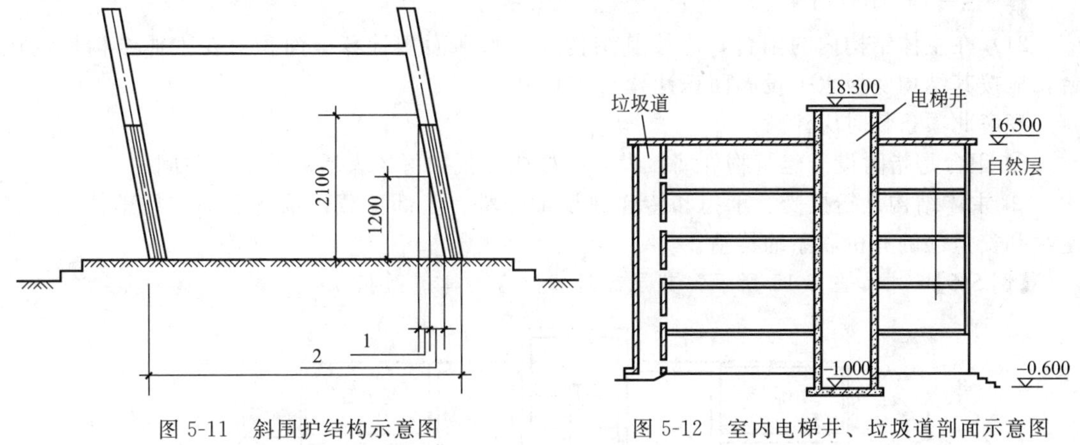

图 5-11　斜围护结构示意图

1—计算 1/2 建筑面积部位；2—不计算建筑面积部位

图 5-12　室内电梯井、垃圾道剖面示意图

理解此项条款时应注意：

① 建筑物的楼梯间层数按建筑物的层数计算。

② 有顶盖的采光井包括建筑物中的采光井和地下室采光井。地下室采光井示意图如图5-13 所示。

20）室外楼梯应并入所依附建筑物自然层，并应按其水平投影面积的 1/2 计算建筑面积。

理解此项条款时应注意：

① 室外楼梯作为连接该建筑物层与层之间交通不可缺少的基本部件，无论从其功能、还是工程计价的要求来说，均需计算建筑面积。

② 层数为室外楼梯所依附的楼层数，即梯段部分投影到建筑物范围的层数。利用室外楼梯下部的建筑空间不得重复计算建筑面积。

③ 利用地势砌筑的为室外踏步，不计算建筑面积。

【例 5-5】 某三层建筑物，室外楼梯如图 5-14 所示，求室外楼梯的建筑面积。

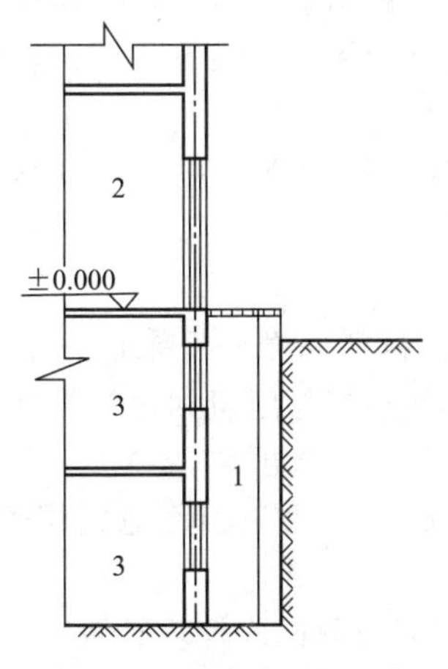

图 5-13　地下室采光井示意图

1—采光井；2—室内；3—地下室

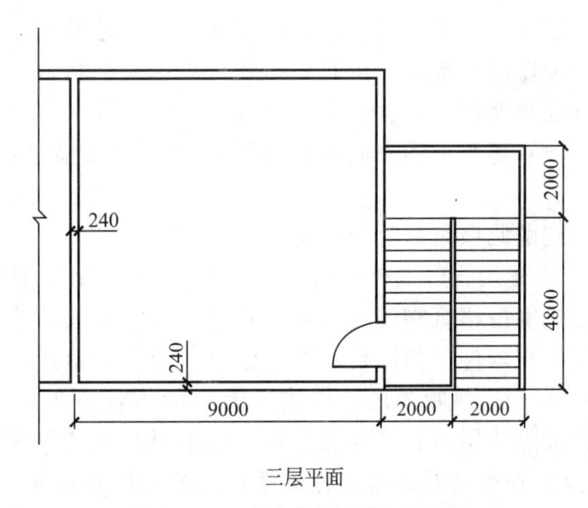

图 5-14　室外楼梯建筑示意图

解 $S=(4-0.12)\times6.8\times0.5\times2=26.38(m^2)$

21）在主体结构内的阳台，应按其结构外围水平面积计算全面积；在主体结构外的阳台，应按其结构底板水平投影面积计算 1/2 面积。

理解此项条款时应注意：

① 阳台是指附设于建筑物外墙，设有栏杆或栏板，可供人活动的室外空间。

② 主体结构是指接受、承担和传递建设工程所有上部荷载，维持上部结构整体性、稳定性和安全性的有机联系的构造。

【例 5-6】 求如图 5-15 所示，某层建筑物阳台的建筑面积。

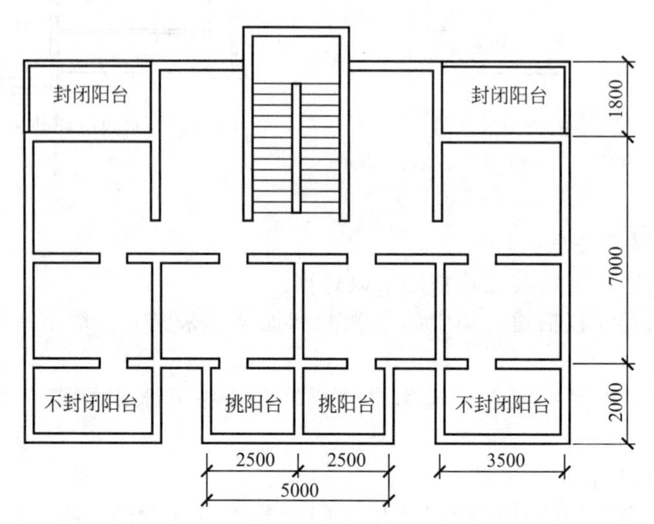

图 5-15　建筑物阳台平面示意图

解 $S=(3.5+0.24)\times(2-0.12)\times0.5\times2+3.5\times(1.8-0.12)\times0.5\times2+(5+0.24)\times(2-0.12)\times0.5=17.84(m^2)$

22）有顶盖无围护结构的车棚、货棚、站台、加油站、收费站等，应按其顶盖水平投影面积的 1/2 计算建筑面积。

23）以幕墙作为围护结构的建筑物，应按幕墙外边线计算建筑面积。

理解此项条款时应注意：幕墙以其在建筑物中所起的作用和功能来区分，直接作为外墙起围护作用的幕墙，按其外边线计算建筑面积；设置在建筑物墙体外起装饰作用的幕墙，不计算建筑面积。

24）建筑物的外墙外保温层，应按其保温材料的水平截面积计算，并计入自然层建筑面积。

理解此项条款时应注意：

① 建筑物外墙外侧有保温隔热层的，保温隔热层以保温材料的净厚度乘以外墙结构外边线长度按建筑物的自然层计算建筑面积，其外墙外边线长度不扣除门窗和建筑物外已计算建筑面积构件（如阳台、室外走廊、门斗、落地橱窗等部件）所占长度。

② 当建筑物外已计算建筑面积的构件（如阳台、室外走廊、门斗、落地橱窗等部件）有保温隔热层时，其保温隔热层也不再计算建筑面积。

③ 外墙是斜面者按楼面楼板处的外墙外边线长度乘以保温材料的净厚度计算。

④ 外墙外保温以沿高度方向满铺为准，某层外墙外保温铺设高度未达到全部高度时（不包括阳台、室外走廊、门斗、落地橱窗、雨篷、飘窗等），不计算建筑面积。

⑤ 保温隔热层的建筑面积是以保温隔热材料的厚度来计算的，不包含抹灰层、防潮层、

保护层（墙）的厚度。建筑外墙外保温示意图如图 5-16 所示。

25）与室内相通的变形缝，应按其自然层合并在建筑物建筑面积内计算。对于高低联跨的建筑物，当高低跨内部连通时，其变形缝应计算在低跨面积内。

理解此项条款时应注意：变形缝是指防止建筑物在某些因素作用下引起开裂甚至破坏而预留的构造缝。它是在建筑物因温差、不均匀沉降以及地震而可能引起结构破坏变形的敏感部位或其他必要的部位，预先设缝将建筑物断开，令断开后建筑物的各部分成为独立的单元，或者是划分为简单、规则的段，并令各段之间的缝达到一定的宽度，以能够适应变形的需要。根据外界破坏因素的不同，变形缝一般分为伸缩缝、沉降缝、抗震缝三种。

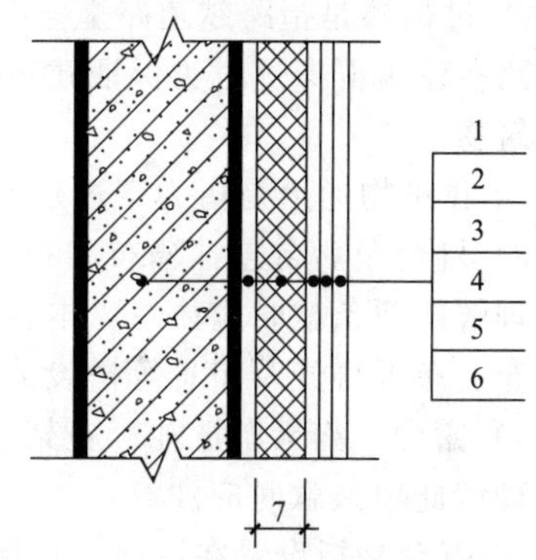

图 5-16　建筑外墙保温示意图

1—墙体；2—黏结胶浆；3—保温材料；4—标准网；5—加强网；6—抹面胶浆；7—计算建筑面积部位

26）对于建筑物内的设备层、管道层、避难层等有结构层的楼层，结构层高在 2.20m 及以上的，应计算全面积；结构层高在 2.20m 以下的，应计算 1/2 面积。

理解此项条款时应注意：

① 设备层、管道层虽然其具体功能与普通楼层不同，但在结构上及施工消耗上并无本质区别，且自然层的定义为“按楼地面结构分层的楼层”，因此设备、管道楼层归为自然层，其计算规则与普通楼层相同。

② 在吊顶空间内设置管道的，则吊顶空间部分不能被视为设备层、管道层。

（二）下列项目不应计算面积

1）与建筑物内不相连通的建筑部件。

理解此项条款时应注意：与建筑物内不相连通的建筑部件指的是依附于建筑物外墙外不与户室开门连通，起装饰作用的敞开式挑台（廊）、平台，以及不与阳台相通的空调室外机搁板（箱）等设备平台部件。

2）骑楼、过街楼底层的开放公共空间和建筑物通道。

理解此项条款时应注意：

① 骑楼是指建筑底层沿街面后退且留出公共人行空间的建筑物，如图 5-17（a）所示，是沿街二层以上用承重柱支撑骑跨在公共人行空间之上，其底层沿街面后退的建筑物。

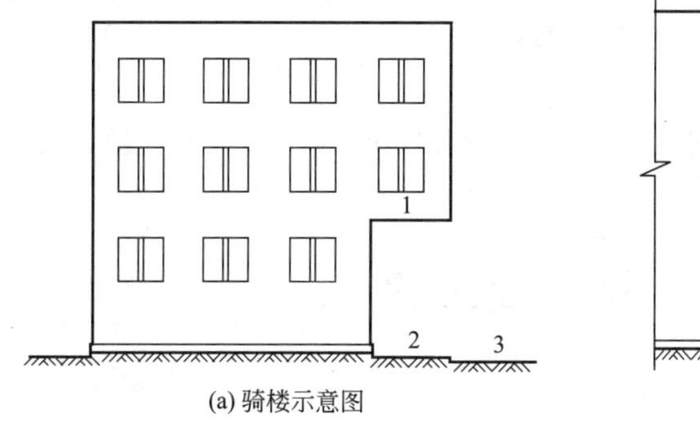

(a) 骑楼示意图

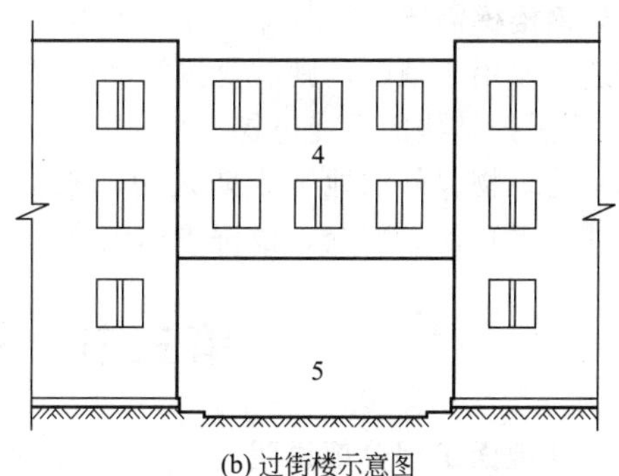

(b) 过街楼示意图

图 5-17　骑楼、过街楼示意图

1—骑楼；2—人行道；3—街道；4—过街楼；5—建筑物通道

② 过街楼是指跨越道路上空并与两边建筑相连接的建筑物，如图 5-17（b）所示，是当有道路在建筑群穿过时为保证建筑物之间的功能联系，设置跨越道路上空使两边建筑相连接的建筑物。

③ 建筑物通道是指为穿过建筑物而设置的空间。

3）舞台及后台悬挂幕布和布景的天桥、挑台等。

理解此项条款时应注意：本款条文是指影剧院的舞台及为舞台服务的可供上人维修、悬挂幕布、布置灯光及布景等搭设的天桥和挑台等构件设施。

4）露台、露天游泳池、花架、屋顶的水箱及装饰性结构构件。

理解此项条款时应注意：

① 露台是指设置在屋面、首层地面或雨篷上的供人室外活动的有围护设施的平台。

② 露台应满足四个条件：一是位置，设置在屋面、地面或雨篷顶，二是可出入，三是有围护设施，四是无盖，这四个条件必须同时满足。如果设置在首层并有围护设施的平台，且其上层为同体量阳台，则该平台应视为阳台，按阳台的规则计算建筑面积。

5）建筑物内的操作平台、上料平台、安装箱和罐体的平台。

理解此项条款时应注意：建筑物内不构成结构层的操作平台、上料平台（包括：工业厂房、搅拌站和料仓等建筑中的设备操作控制平台、上料平台等），其主要作用为室内构筑物或设备服务的独立上人设施，因此不计算建筑面积。

6）勒脚、附墙柱、垛、台阶、墙面抹灰、装饰面、镶贴块料面层、装饰性幕墙，主体结构外的空调室外机搁板（箱）、构件、配件，挑出宽度在 2.10m 以下的无柱雨篷和顶盖高度达到或超过两个楼层的无柱雨篷。

理解此项条款时应注意：

① 附墙柱是指非结构性装饰柱。

② 勒脚是指在房屋外墙接近地面部位设置的饰面保护构造。

③ 台阶是指联系室内外地坪或同楼层不同标高而设置的阶梯形踏步。台阶是指建筑物出入口不同标高地面或同楼层不同标高处设置的供人行走的阶梯式连接构件。室外台阶还包括与建筑物出入口连接处的平台。

7）窗台与室内地面高差在 0.45m 以下且结构净高在 2.10m 以下的凸（飘）窗，窗台与室内地面高差在 0.45m 及以上的凸（飘）窗。

8）室外爬梯、室外专用消防钢楼梯。

理解此项条款时应注意：

室外钢楼梯需要区分具体用途，如专用于消防楼梯，则不计算建筑面积，如果是建筑物唯一通道，兼用于消防，则需要按第 20 条计算建筑面积。

9）无围护结构的观光电梯。

10）建筑物以外的地下人防通道，独立的烟囱、烟道、地沟、油（水）罐、气柜、水塔、贮油（水）池、贮仓、栈桥等构筑物。

第三节　楼地面工程

一、楼地面工程分部说明

楼地面工程一般包括垫层、找平层、整体面层、块料面层、地板、踢脚线等内容。

1. 找平层

找平层是指为铺设楼地面面层所做的平整底层。找平层一般铺设在填充材料和硬基层或混凝土表面上，以填平孔眼、抹平表面，使面层和基层结合牢固。以某省装饰定额为例，根据常用找平层材料，列水泥砂浆找平层，细石混凝土找平层和沥青砂浆找平层三种。其中，水泥砂浆找平层和沥青砂浆找平层又按基层的不同，列铺在混凝土或硬基层上和铺在填充材料上两个子项。

2. 整体面层

整体面层是指大面积整体浇筑、连续施工而成的现制地面或楼面。定额项目一般包括楼地面、楼梯面、台阶面和踢脚线、防滑条等，按面层所用材料分，包括水泥砂浆、水磨石、剁假石、环氧地坪等内容。

整体面层中的水磨石粘贴砂浆厚度为25mm，若设计粘贴砂浆厚度与定额厚度不同，按找平层每增减子目进行调整。水泥砂浆楼地面面层厚度每增减5mm，按找平层中厚度每增减5mm子目执行。

现浇水磨石定额项目已包括酸洗打蜡工料，其余项目均不包括酸洗打蜡。

3. 块料面层

块料面层是指用一定规格的块状材料，采用相应的胶结料或水泥砂浆结合层镶铺而成的面层。常见铺地块料种类颇多，比如大理石、花岗岩、人造大理石、预制水磨石、陶瓷地砖、水泥花砖、广场砖、缸砖、陶瓷锦砖、玻璃地砖、塑料地板、木地板等。

从施工工艺上可分为湿作业、干作业两大类。湿作业包括大理石、花岗岩、汉白玉、水泥花砖等，其做法是：先在垫层上或钢筋混凝土板上抹1∶3水泥砂浆找平层，要求抹得平，但不抹光，然后用水泥砂浆或干粉型黏结剂粘贴。

干作业包括塑胶地板、木地板、防静电活动地板。塑料地板是以PVC、UP等树脂为主，加入其他辅助材料加工而成的预制或现场铺设的地面材料，塑料地板具有种类花色多、加工方便、施工铺设方便、耐磨性好、使用寿命长、维修保养方便的特点，其主要缺点是表面不耐刻划，易受烟头危害等。木地板按照构造方式不同，木地板面层有架空式和实铺式两种，其构造如图5-18所示。

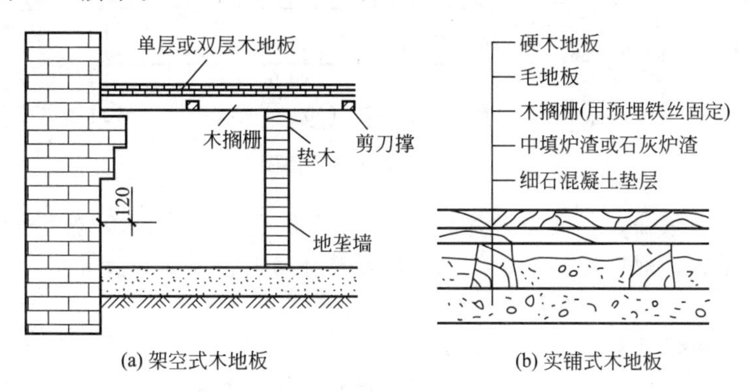

图5-18　木地板构造

二、楼地面分部工程量计算规则及举例

1. 地面垫层

地面垫层按室内主墙间净空面积乘以设计厚度以立方米计算，应扣除凸出地面的构筑物、设备基础、室内管道、地沟等所占体积，不扣除间壁墙和面积在0.3m^{2}以内的柱、垛、附墙烟囱及孔洞所占体积。即：

地面垫层工程=(地面面层面积−沟道所占面积)×垫层厚度

垫层依其位置不同，可分为基础垫层和地面垫层，其工程量按体积计算。基础垫层按设计尺寸计算；地面垫层应扣除占有面积大于 $0.3m^2$ 以上的孔洞体积，反之可以不扣，但间壁墙是指小于 120mm 的隔断墙，一般不做承重基础，因此这类墙所占面积不大，为简便计算可以不扣，但对于有基础的半砖墙所占体积应扣除。

2. 整体面层、找平层

整体面层、找平层均按主墙间净空面积以平方米计算。扣除凸出地面构筑物、设备基础、室内管道、地沟等所占面积，不扣除间壁墙和 $0.3m^2$ 以内的柱、垛、附墙烟囱及孔洞所占面积，但门洞、空圈、暖气包槽、壁龛的开口部分亦不增加。

整体面层包括水泥砂浆面层、垛假石面层、水磨石面层、环氧地坪等，均按墙内净面积计算。凡大于 $0.3m^2$ 和大于等于 120mm 厚间壁墙等所占面积应予扣除。门洞、空圈等部分的面层，无论尺寸如何，一律不再增加面积，但没有墙体的通廊过道应计算在整体面层的面积内。即：

整体面层、找平层工程量＝净长×净宽

【例 5-7】 某建筑物平面如图 5-19 所示，其地面做法如下。

① 80 厚 C10 混凝土垫层；

② 素水泥砂浆结合层一遍；

③ 20 厚 1∶2 水泥砂浆抹面压光。

④ 试计算该地面工程量。

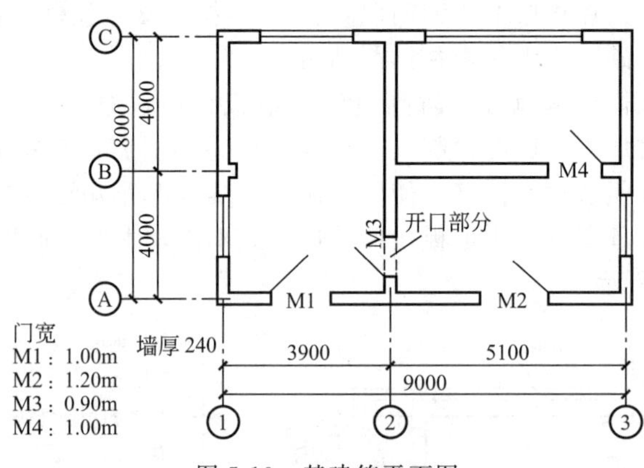

图 5-19 某建筑平面图

分析 根据地面做法，可列为两项：80 厚 C10 混凝土垫层、20 厚 1∶2 水泥砂浆整体面层。根据工程量计算规则，垫层按体积计算，整体面积按净面积计算，其计算式如下。

垫层体积＝室内净面积×垫层厚度

整体面层按室内净面积，即垫层面积。

室内净面积＝建筑面积－墙结构面积

解 ① 整体面层面积＝$(9+0.24)\times(8+0.24)-[(9+8)\times2+8-0.24+5.1-0.24]\times0.24=64.95(m^2)$

② 垫层体积＝$64.95\times0.08=5.2(m^3)$

3. 块料面层

楼地面块料装饰面积按实铺面积计算，不扣除单个 $0.1m^2$ 以内的柱、垛、附墙烟囱及孔洞所占面积。拼花部分按实铺面积计算。

门洞、空圈、暖气包槽、壁龛的开口部分的工程量，应并入相应的面层内计算。块料面层的面料价值，都要高于整体面层，故其工程量应按实计算。

【例 5-8】 某房屋平面如图 5-20 所示，试计算其花岗岩地面面层工程量。

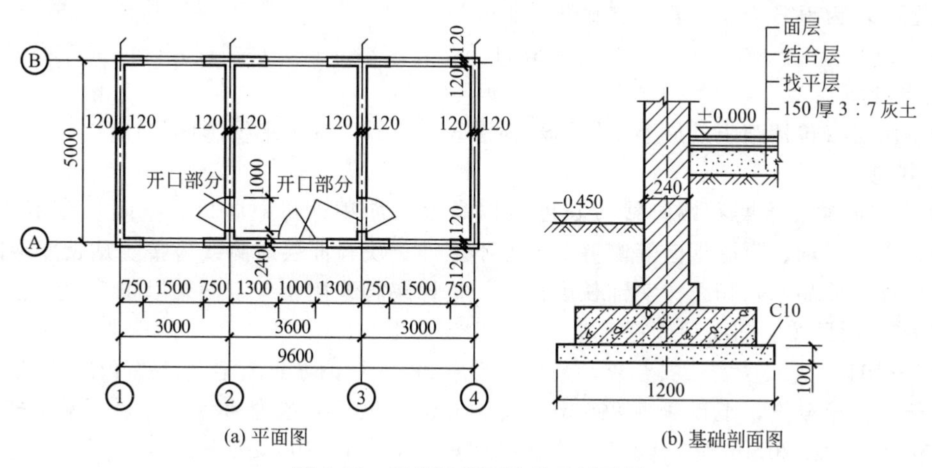

图 5-20 某房屋平面及基础剖面图

分析 花岗岩地面为块料地面，其工程量应按饰面的净面积计算，其工程量按图示尺寸实铺面积计算，门洞、空圈、暖气包槽、壁龛的开口部分的工程量，应并入相应的面层内计算。

花岗岩地面面层＝主墙间净空面积＋门洞等开口部分面积

解 花岗岩地面面层＝[(3－0.24)×(5－0.24)×2＋(3.6－0.24)×(5－0.24)]＋1×0.24×3＝42.99(m²)

4. 楼梯面层

楼梯面层（包括踏步、平台以及小于 500mm 宽的楼梯井），按水平投影面积计算。楼梯与楼地面相连时，算至梯口梁内侧边沿；无梯口梁者，算至最上一层踏步边沿加 300mm。有楼梯间的按楼梯间净面积计算，楼梯与走廊连接的，以楼梯踏步梁或平台梁外缘为界，线内为楼梯面积，线外为走廊面积。

楼梯块料面层工程量计算规则同上。

【例 5-9】 如图 5-21 所示，设计为水泥砂浆面层，建筑物 5 层，楼梯不上屋面，梯井宽度 200mm，计算楼梯面层工程量。

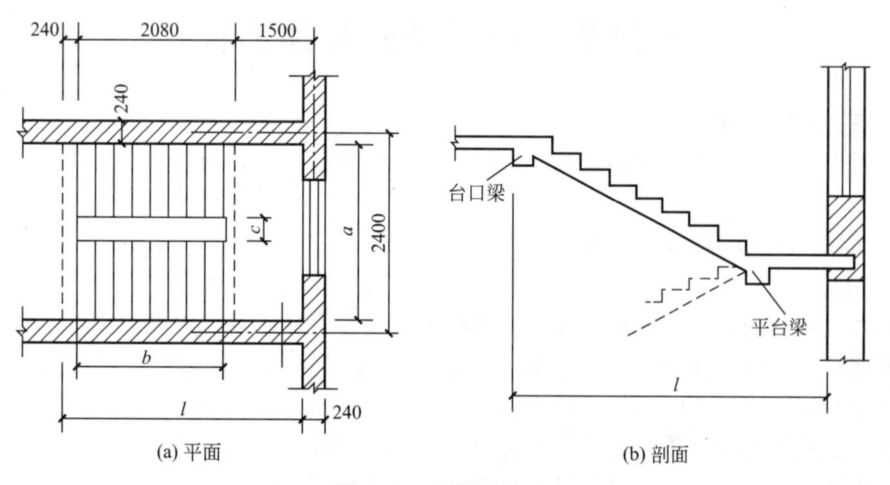

图 5-21 楼梯设计图

分析　楼梯面层工程量按水平投影面积计算，200mm宽的楼梯井不需要扣除。由于楼梯不上屋面，因而只需要计算4层面积。

解　$S=(2.4-0.24)\times(0.24+2.08+1.5-0.12)\times(5-1)=31.96(m^2)$

5. 台阶面层

台阶面层（包括踏步及最上一层踏步外沿300mm），按水平投影面积计算。

6. 其他

① 水泥砂浆、水磨石踢脚线按长度乘以高度以面积计算，洞口、空圈长度不予扣除，但洞口、空圈、垛、附墙烟囱等侧壁长度亦不增加。块料面层踢脚线应按实贴长度乘以高度以面积计算。成品木踢脚线按实铺长度计算。楼梯踢脚线按相应定额乘以1.15系数。

② 零星项目按实铺面积计算。

【例5-10】　某工程方正石台阶，尺寸如图5-22所示，方正石台阶下面做C15混凝土垫层，现场搅拌混凝土，上面铺砌800mm×320mm×150mm芝麻白方正石块，翼墙部位1∶3水泥砂浆找平层20mm厚，1∶2.5水泥砂浆贴300mm×300mm芝麻白花岗岩石板，试计算块料台阶面层和石材零星项目工程量。

分析　台阶面层工程量按水平投影面积计算，而翼墙工程量按零星项目，即实铺面积计算工程量。

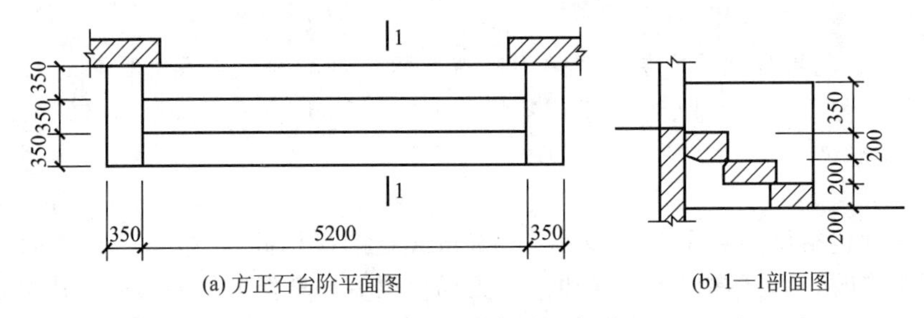

图5-22　方正石台阶示意图

解　台阶面层工程量$=5.2\times0.35\times3=5.46(m^2)$

石材零星项目工程量$=0.35\times3\times(0.2\times3+0.35)\times2+(0.35\times3+0.2\times3+0.35)\times0.35\times2+0.35\times3\times(0.2+0.35)\times2=4.56(m^2)$

第四节　墙、柱面装饰工程

一、墙、柱面工程分部说明

墙柱面工程一般包括墙柱面抹灰、镶贴块料面层和墙柱面装饰等内容。

(一) 墙柱面抹灰

墙柱面抹灰包括一般抹灰和装饰抹灰。

1. 一般抹灰

以某省定额为例，一般抹灰按抹灰砂浆种类，列有石灰砂浆、水泥砂浆、混合砂浆、其他砂浆等项目。又按抹灰部位，列有墙面、墙裙、零星项目、装饰线条等项目。其中，墙面、墙裙按基层不同又分砖墙、混凝土墙、轻质墙等项目。

一般抹灰按建筑物的质量标准分为普通抹灰、中级抹灰和高级抹灰三个等级。一般多采用普通抹灰和中级抹灰。抹灰的总厚度通常为：内墙15～20mm、外墙20～25mm。抹灰一般由底层、中层、面层组成。底层主要起与基层黏结和初步找平的作用；中层起进一步找平作用；面层主要是使表面光洁美观。普通抹灰做一层底层和一层面层，或不分层一遍成活；中级抹灰做一层底层、一层中层和一层面层，或一层底层、一层面层；高级抹灰做一层底层、数层中层和一层面层。

湖北省装饰定额规定：凡注明砂浆种类、配合比、饰面材料（含型材）型号规格的，如与设计规定不同，可按设计规定调整，但人工、机械消耗量不变。

2. 装饰抹灰

装饰抹灰一般包括水刷石、干粘石、斩假石、水磨石、拉条灰、甩毛灰等项目。

水刷石的做法为：分层抹底层灰→弹线、贴分格条→抹面层石子浆→水刷面层→起分格条、勾缝上色等工序。

干粘石的做法为：抹底层砂浆→弹线、粘贴分格条→抹粘石砂浆→粘石子→起分格条、勾缝。

斩假石的做法为：抹底层砂浆→弹线、贴分格条→抹面层水泥石粒浆→斩垛面层→起分格条、勾缝。

（二）镶贴块料面层

镶贴块料面层一般包括大理石（花岗岩）等石材和陶瓷锦砖、面砖等块料项目。按装饰部位，又可分为砖墙面、混凝土墙面、砖柱面等子目。按照施工工艺，以湖北省装饰工程大理石定额为例，又可分为挂贴、水泥砂浆粘贴、干粉型黏结剂粘贴、拼碎大理石、干挂等项目。

1. 挂贴法

挂贴法又称镶贴法，是对大规格的石材（如大理石、花岗岩、青石板等）使用先挂后灌浆固定于墙面或柱面的一种方式，规范中称为挂贴方式。通常分传统湿作业灌浆法和新工艺安装法。

（1）传统挂贴法　其构造做法一般为：①先在墙、柱面预埋件；②绑扎用于固定面板的钢筋网片；③在石材的上下部位钻孔剔槽，以便穿钢丝或铜丝与墙面钢筋网片绑牢，固定石材；④安装石板，调整板材与基层面之间的间隙宽度；⑤石板找好垂直、平整、方正，并临时固定；⑥用水泥砂浆分层灌入石板内侧缝隙中；⑦全部面层石板安装完毕，灌注砂浆达到设计强度等级的50%后，用白水泥擦缝，最后清洗表面、打蜡擦亮。大理石板的安装固定如图5-23所示。

（2）湿法挂贴新工艺　是在传统湿法工艺的基础上发展起来的安装方法，与传统的挂贴法有所不同，其操作工序如下。①石板钻孔、剔槽。用手电钻在板上侧两端打直孔，在板两侧的下端打同样孔径的直孔，然后剔槽。②在与板材上下直孔对应的基体位置上，钻与板材孔数相等的斜孔，斜度为45°。③根据板材与基体相应的孔距，现制直径5mm的不锈钢U形钉，U形钉的一端钩进基体斜孔内，校正、固定、灌浆后即如图5-24所示。

2. 粘贴法

粘贴法包括水泥砂浆粘贴和干粉型黏结剂粘贴两种。水泥砂浆粘贴法的做法一般为：①清理基层，在硬基层混凝土墙面上刷黏结剂一道；②用水泥砂浆打底、找平；③用水泥砂浆黏结层贴大理石板；④擦缝、去污打蜡抛光。

3. 干挂法

干挂法的做法一般为：①在硬基层上按石材方格，打入膨胀螺栓；②在石材上钻孔成槽；③将不锈钢连接件与膨胀螺栓连接，再用不锈钢六角螺栓和不锈钢插棍将打有孔洞的石材与连接件进行固定；④校正石板，使饰面平整后，进行洁面、嵌缝、打蜡、抛光。干挂大理石板的做法如图5-25所示。

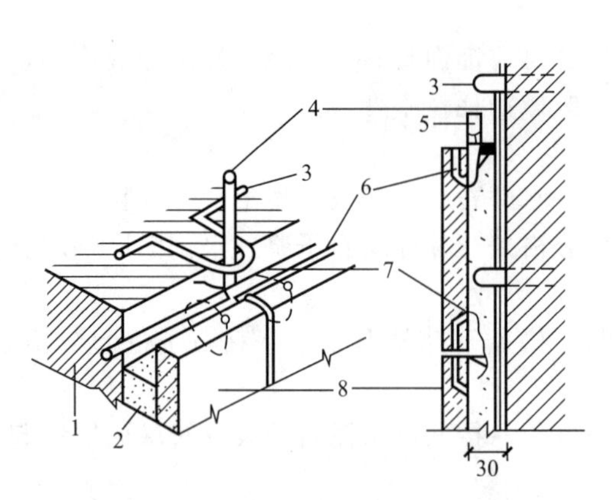

图 5-23　大理石板材安装固定示意图

1—墙体；2—灌注水泥砂浆；3—预埋件；4—竖筋；5—固定木楔；6—横筋；7—钢筋绑扎；8—大理石板

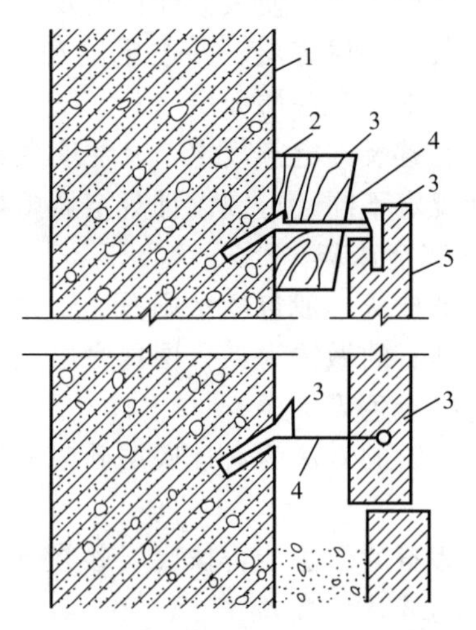

图 5-24　湿法挂贴石板就位示意图

1—基体；2—大头木楔；3—木楔；4—U 形钉；5—大理石（花岗岩）板

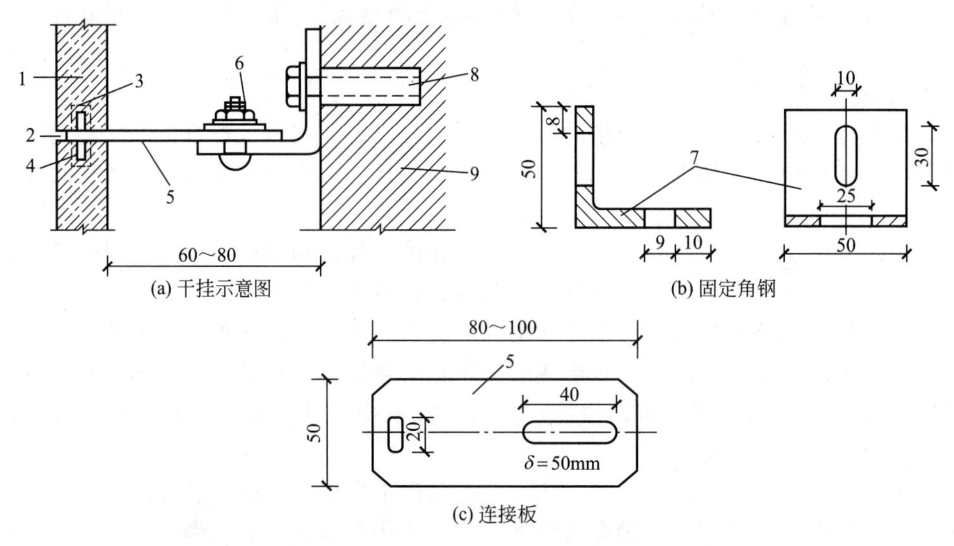

图 5-25　干挂大理石板示意图

1—石材；2—嵌缝；3—环氧树脂胶；4—不锈钢插棍；5—不锈钢连接板；6—连接螺栓；7—连接角钢；8—膨胀螺栓；9—墙体

4. 拼碎大理石板

大理石厂的边角废料，经过适当的分类加工，亦可作为墙面饰面材料，还能取得别具一格的装饰效果。例如矩形块料，它是锯割整齐而大小不等的边角块料，以大小搭配的形式镶拼在墙面上，用同色水泥色浆嵌缝后，擦净上蜡打光而成。冰裂状块料，是将锯割整齐的各种多边形碎料，可大可小地搭配成各种图案，缝隙可做成凹凸缝，也可做成平缝，用同色水泥浆嵌抹后，擦净、上蜡、打光即成。选用不规则的毛边碎料，按其碎料大小和接缝长短有机拼贴，可做到乱中有序，给人以自然优美的感觉。

5. 陶瓷锦砖、玻璃马赛克

陶瓷锦砖、玻璃马赛克的镶贴做法如下。①基层清理干净，用 1∶3 水泥砂浆打底。

②铺贴时，先在墙面上浇水湿润，刷一遍素水泥浆，然后在墙面抹 2mm 厚黏结层，并将锦砖底面朝上，在其缝内灌入 1∶2 水泥细砂，随后再刮上一薄层水泥灰浆，最后用双手执住锦砖联上面两角，对准位置粘贴到墙面上，拍实压实。③待砖联稳固后，用水湿润砖联背纸，将背纸揭尽。若发现砖粒位置不正，可用开刀调整扭曲的缝隙，使其缝隙均匀、平直。④用与陶瓷锦砖本体同颜色的水泥浆满抹锦砖表面，将缝填满嵌实。然后应及时清理表面，进行保养。

6. 瓷板、文化石

瓷板，常称瓷砖、内墙瓷砖、饰面花砖等。瓷板镶贴可分为水泥砂浆粘贴和干粉型黏结剂粘贴。

文化石分为天然文化石和人造文化石。天然文化石包括蘑菇石、砂卵石、鹅卵石、砂岩板、石英板、艺术石等；人造文化石是以天然文化石的精华为母本，以无机材料铸制而成。文化石以其丰富的自然美，多变的外观及鲜明柔和的色彩诱人，进入了装饰装修行列。

湖北省装饰定额规定，一般抹灰、装饰抹灰和镶贴块料的“零星项目”适用于壁柜、暖气壁龛、池槽、花台、挑檐、天沟、遮阳板、腰线、窗台线、门窗套、栏板、栏杆、压顶、扶手、雨篷周边以及 0.5m^2 以内的抹灰或镶贴。

（三）墙柱面装饰

墙柱面装饰一般包括柱、墙龙骨基层、柱墙饰面层、隔断等项目。湖北省装饰定额，将木装饰的龙骨、基层衬板和面层分开，以便于应用和换算，即按工程设计要求，分开列项选用。

1. 墙柱面龙骨、隔墙龙骨

墙、柱面龙骨分木龙骨、轻钢龙骨、型钢龙骨、铝合金龙骨和石膏龙骨等。

（1）墙面木龙骨　墙面木龙骨的构造如图 5-26 所示。

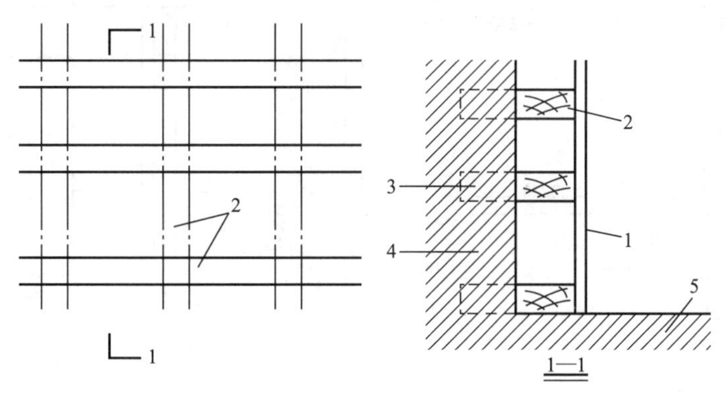

图 5-26　墙面木龙骨构造

1—面层；2—木龙骨；3—木砖；4、5—墙体

（2）柱面龙骨　包括方形柱、梁面、圆柱面、方柱包圆形面。

（3）隔墙龙骨　隔墙龙骨的骨架形式很多，可大致分为金属骨架和木骨架。金属骨架一般由沿顶龙骨、沿地龙骨、竖向龙骨、横撑龙骨及加强龙骨等组成，断面一般为角钢、板条形状。隔墙木龙由上槛、下槛、墙筋（立柱）、斜撑（或横档）构成。

2. 墙、柱面装饰基层

墙、柱面装饰基层，是指在龙骨与面层之间设置的一层隔离层，常见基层有胶合板基层、石膏饰面板基层、油毡隔离层、玻璃棉毡隔离层，以及木芯板基层。

3. 墙、柱面各种面层

墙、柱面各种装饰面层，包括墙面、墙裙、柱面、梁面、柱帽、柱脚等的饰面层，包括木质类装饰面层，镜面不锈钢饰面板、铝质面板、人造革、丝绒面料、玻璃面层、石膏装饰板等。

二、墙、柱面分部工程量计算规则及举例

1. 内墙抹灰

内墙抹灰按设计图示尺寸以面积计算工程量，公式如下。

内墙抹灰面积＝内墙抹灰长度×内墙抹灰高度－扣除面积＋增加面积

1）内墙抹灰长度，以主墙间的图示净长尺寸计算。

2）内墙抹灰高度按以下规定确定。

① 无墙裙的，其高度按室内地面或楼面至天棚底面之间距离计算。

② 有墙裙的，其高度按墙裙顶至天棚底面之间距离计算。

③ 钉板天棚的内墙面抹灰，其高度按室内地面或楼面至天棚底面另加 100mm 计算。

3）应扣除面积和应增加面积按如下规定确定。

内墙抹灰面积，应扣除墙裙、门窗洞口和空圈及单个 0.3m^2 以外的孔洞面积，不扣除踢脚线、挂镜线和墙与构件交接处的面积，门窗洞口和孔洞的侧壁和顶面亦不增加，附墙柱、梁、垛、烟囱侧壁并入内墙抹灰工程量合并计算。

4）内墙裙抹灰面积按内墙净长乘以高度计算。

【例 5-11】 某砖结构工程如图 5-27 所示，内墙面抹 1∶2 水泥砂浆打底，1∶3 石灰砂浆找平层，麻刀石灰浆面层，共 20mm 厚。内墙裙采用 1∶3 水泥砂浆打底，1∶2.5 水泥砂浆面层，计算墙面一般抹灰工程量。

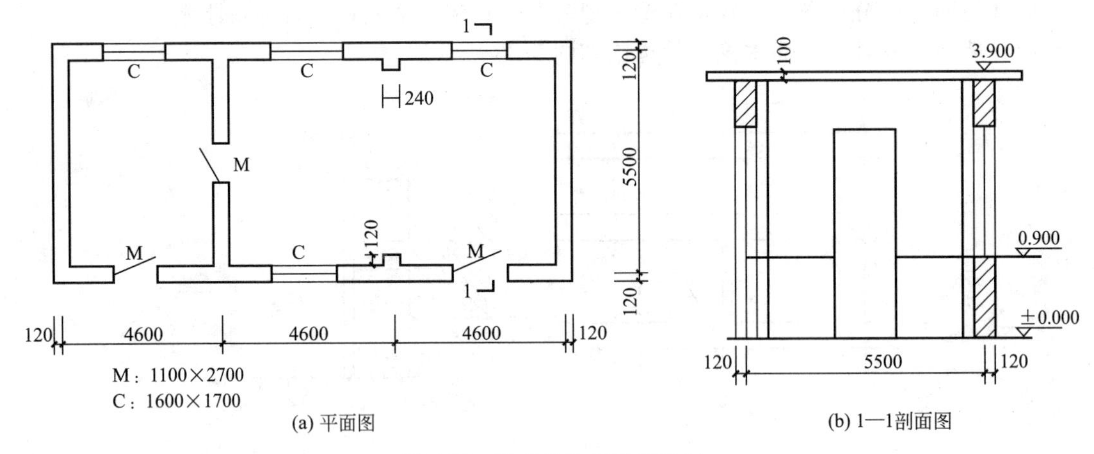

(a) 平面图　(b) 1—1剖面图

图 5-27　某砖结构工程示意图

分析　根据抹灰做法，应列石灰砂浆墙面和水泥砂浆墙裙两个子目。

内墙面抹灰工程量＝内墙面面积－门窗洞口等所占面积＋墙垛、附墙烟囱等侧壁面积

内墙裙抹灰工程量＝内墙面净长×内墙裙抹灰高度－门窗洞口所占面积＋墙垛、附墙烟囱等侧壁面积

上述公式的运用中，要结合门窗洞口的高度与墙裙高度的关系，准确计算墙面和墙裙各自所应扣减的门窗洞口面积和应增加的墙垛侧壁面积。

解　内墙抹灰工程量＝[(4.6×3－0.24×2＋0.12×2)×2＋(5.5－0.24)×4]×(3.9－0.1－0.9)－1.1×(2.7－0.9)×3－1.6×1.7×4＝122.84(m^2)

内墙裙工程量＝[(4.6×3－0.24×2＋0.12×2)×2＋(5.5－0.24)×4－1.1×3]×0.9＝

40.37(m^2)

2. 外墙抹灰

外墙抹灰面积按外墙垂直投影面积计算工程量，公式如下。

外墙抹灰面积＝外墙抹灰长度×外墙抹灰高度＋应增加面积－应扣除面积

① 外墙抹灰长度，按外墙外边线计算。

② 外墙抹灰高度，按设计室外地面至外墙顶部高度计算，如有外墙裙，应扣除外墙裙高度。

③ 应增加面积与应扣除面积应按以下规定确定。

外墙抹灰面积，应扣除门窗洞口、外墙裙和单个0.3m^2以外的孔洞面积，门窗洞口、孔洞侧壁和顶面面积不另增加。附墙柱、梁、垛、烟囱侧壁并入外墙面抹灰面积内。栏板、栏杆、窗台线、门窗套、扶手、压顶、挑檐、遮阳板、突出墙外的腰线等，另按相应规定计算。

④ 外墙裙抹灰面积按其长度乘以高度计算。

⑤ 窗台线、门窗套、挑檐、腰线、遮阳板等展开宽度在300mm以内者按装饰线以延长米计算，如展开宽度超过300mm以上时，按图示尺寸以展开面积计算，套零星抹灰定额项目。

⑥ 栏板、栏杆（包括立柱、扶手或压顶等）抹灰按中心线的立面垂直投影面积乘以2.20系数以平方米计算，套用零星项目子目；外侧与内侧抹灰砂浆不同时，各按1.10系数计算。

⑦ 墙面勾缝按墙面垂直投影面积计算，不扣除门窗洞口、门窗套、腰线等零星抹灰所占的面积，附墙柱和门窗洞口侧面的勾缝面积亦不增加。独立柱、房上烟囱勾缝，按图示尺寸以平方米计算。

3. 装饰抹灰工程量的计算规则

① 外墙面装饰抹灰按垂直投影面积计算，扣除门窗洞口和单个0.3m^2以外的孔洞所占面积，门窗洞口和孔洞的侧壁及顶面亦不增加面积。附墙柱侧面抹灰面积并入外墙抹灰工程量内。

② 女儿墙（包括泛水、挑砖）、阳台栏板（不扣除花格所占孔洞面积）内侧抹灰按垂直投影面积乘以系数1.10，带压顶者乘系数1.30按墙面定额执行。

③“零星项目”按设计图示尺寸以展开面积计算。

④ 装饰抹灰玻璃嵌缝、分格按装饰抹灰面积计算。

4. 块料面层工程量的计算规则

① 墙面贴块料面层按实贴面积计算。

② 墙面贴块料、饰面高度在300mm以内者，按踢脚板定额执行。

5. 柱工程量的计算规则

① 柱一般抹灰、装饰抹灰按结构断面周长乘以高度计算。

② 柱镶贴块料按外围饰面尺寸乘以高度计算。

③ 大理石（花岗岩）柱墩、柱帽、腰线、阴角线按最大外径周长计算。

【例5-12】 如图5-28所示一大型影剧院，为达到一定的听觉效果，墙体设计为锯齿形，外墙干挂石材，且要求密封，试计算其外墙装饰工程量。

分析 根据外墙干挂石材种类，应列芝麻白大理石外墙面和印度红花岗岩外墙裙两个子目。计算时应注意按块料实贴面积计算，即锯齿形部分按斜面积计算。

解 芝麻白大理石外墙面工程量＝$[2.2\times7+\sqrt{(3.5^2+0.5^2)}\times6+0.5\times6]\times2\times$

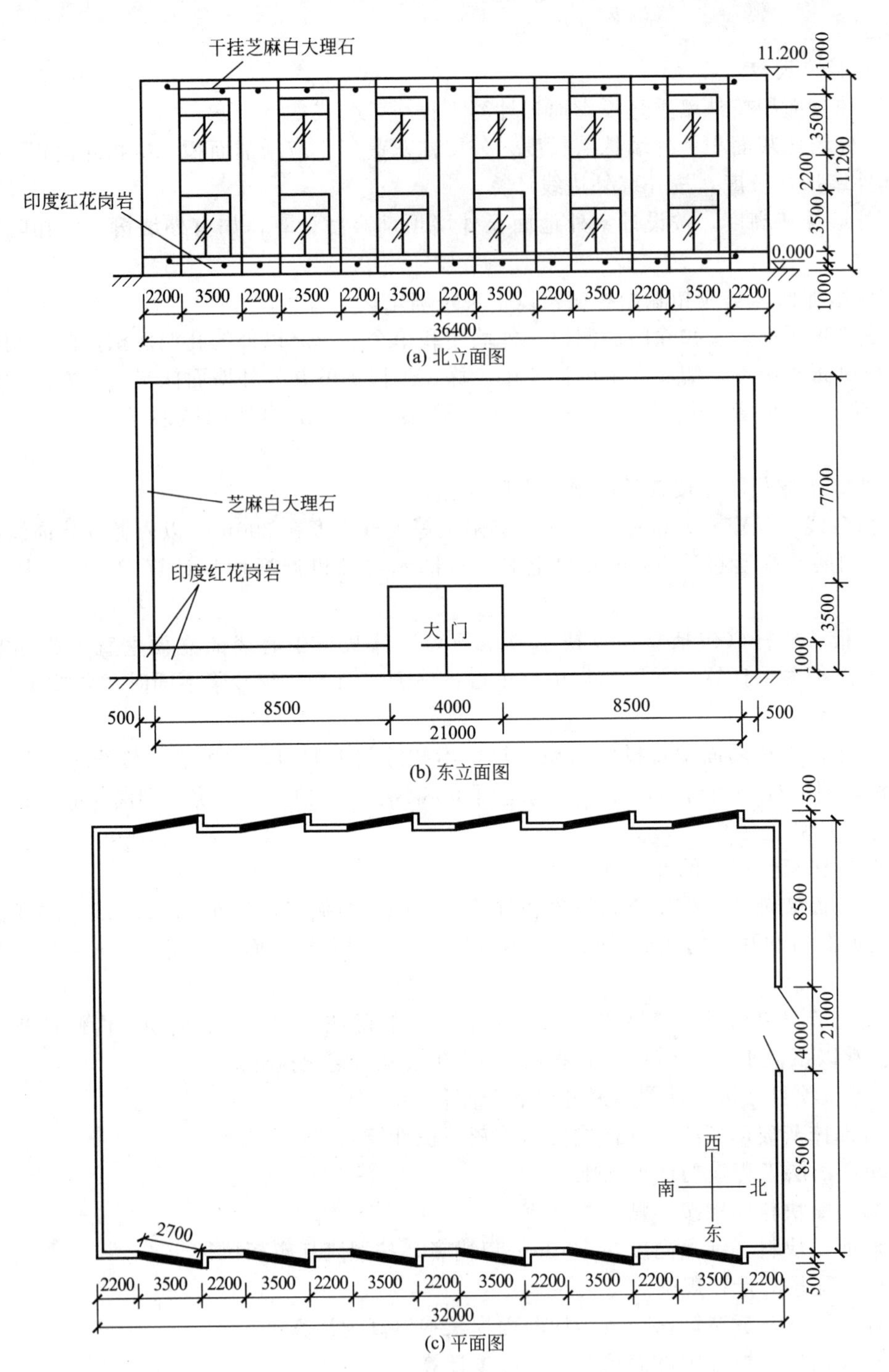

图 5-28　某大型影剧院

$(11.2-1)-2.7\times3.5\times2\times12+21\times2\times(11.2-1)-4\times(3.5-1)=1031.12(m^2)$

印度红花岗岩外墙裙$=[2.2\times7+\sqrt{(3.5^2+0.5^2)}\times6+0.5\times6]\times2\times1+(21\times2-4)\times1=196.31(m^2)$

【例 5-13】 图 5-29 为某宾馆标准客房平面图和顶棚平面图，试计算：

① 卫生间墙面贴 200mm×280mm 印花面砖的工程量（浴缸高 400mm，浴缸侧面不贴面砖）。

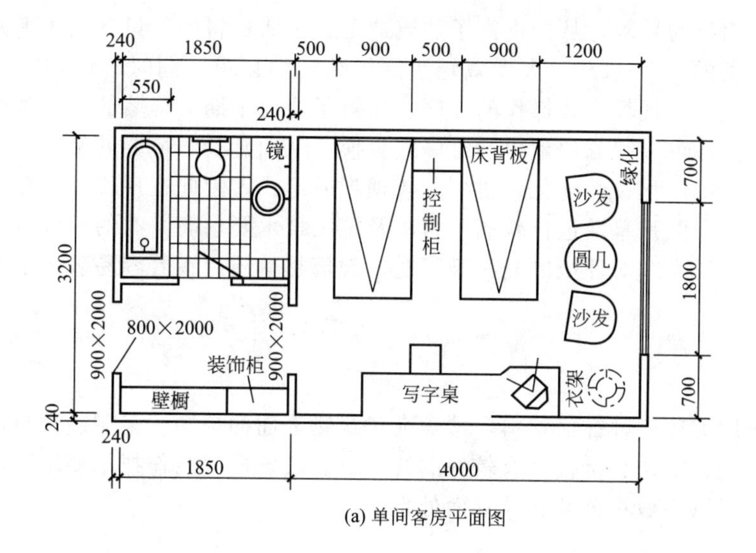

(a) 单间客房平面图

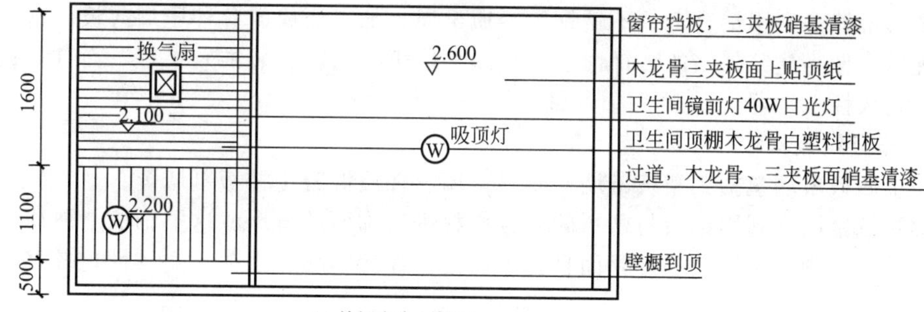

(b) 单间客房顶棚图

说明：1.图中陈设及其他构件均不做。
2.地面：卫生间为300mm×300mm防滑地砖；过道、房间为水泥砂浆抹平，1∶3厚20mm，满铺地毯(单层)。
3.墙面：卫生间贴200mm×280mm印花面砖；过道、房间贴装饰墙纸；硬木踢脚板高150mm×20mm，硝基清漆。
4.铝合金推拉窗1800mm×1800mm，90系列1.5mm厚铝型材；浴缸高400mm；内外墙厚均240mm；窗台高900mm。

图 5-29　标准客房平面图和顶棚平面图

② 设标准客房内做1100mm高的内墙裙，墙裙做法为：木龙骨基层，5mm夹板衬板，其上粘贴铝塑板面。窗台高900mm，走道橱柜同时装修，侧面不再做墙裙。门窗、空圈单独做门窗套。试计算内墙裙工程量。

分析　块料面层应按实铺面积计算，注意扣除浴缸和门所占面积。

墙裙应分列3项，即木龙骨、衬板、面层三项，但它们的工程量是一样的，都是按照实铺面积计算。

解　① 卫生间墙面印花面砖工程量$=(1.6-0.12+1.85-0.12)\times 2\times 2.1-0.8\times 2-(0.55\times 2+1.6-0.12)\times 0.4=10.85(\mathrm{m}^2)$

② 内墙裙骨架、衬板及面层工程量$=[(1.85-0.12-0.8)+(1.1-0.12-0.9)\times 2]+[(4-0.12+3.2-0.24)\times 2-0.9]\times 1.1-1.8\times(1.1-0.9)=14.79(\mathrm{m}^2)$

第五节　幕墙工程

一、幕墙工程分部说明

幕墙是指悬挂在建筑物结构框架外表面的非承重墙。幕墙打破了传统的建筑构造模式，窗与墙在外形上没有了明显的界限，从而丰富了建筑造型。幕墙材料的质量一般每平方米在30～50kg，是混凝土墙板的1/7～1/5，大大减轻了围护结构的自重。同时幕墙构件大部分是在工厂加工而成的，减少了现场安装操作的工序，缩短了建设工期。幕墙的构件多由单元构件组合而成，局部有损坏可以很方便地进行维修或更换，从而延长了幕墙的使用寿命。

幕墙是外墙轻型化、工厂化、装配化、机械化较理想的形式，因此在现代大型建筑和高层建筑上得到了广泛应用。但是幕墙造价较高，材料及施工技术要求高，有的幕墙材料比如玻璃、金属等，存在着反射光线对环境的光污染问题，玻璃材料还存在着容易破损下坠伤人的问题。

（一）幕墙种类

1. 玻璃幕墙

玻璃幕墙主要是应用玻璃这种饰面材料，覆盖在建筑物表面的幕墙。采用玻璃幕墙作外墙面的建筑物，显得光亮、明快、挺拔，有较好的统一感。玻璃幕墙制作技术要求高，投资大、易损坏、耗能大，所以一般在公共建筑立面处理中运用。

2. 金属幕墙

金属幕墙是利用铝合金、不锈钢等轻质金属，加工而成的各种压型薄板。这些薄板经表面处理后，作为建筑外墙的装饰面层。金属幕墙美观新颖、装饰效果好，而且自重轻、连接牢靠、耐久性也较好。

3. 非金属板幕墙

非金属板幕墙包括铝塑板幕墙、石材幕墙、轻质混凝土挂板幕墙等。

铝塑板幕墙是利用铝板与塑料的复合板材进行饰面的幕墙。这类饰面金属质感强，晶莹光亮、美观新颖，装饰效果好，而且施工简便、连接牢靠、耐久、耐候性也较好，应用相当广泛。

石材幕墙是利用天然的或人造的大理石或花岗岩进行外墙饰面。该类饰面具有豪华、典雅、大方的装饰效果，可点缀和美化环境，而且施工简便、操作安全，连接牢固、可靠，耐久、耐候性很好。

轻质混凝土挂板幕墙是一种装配式轻质混凝土墙板系统。由于混凝土的可塑性较强，墙板可以制成表面有凹凸变化的形式，并喷涂各种彩色涂料。

（二）玻璃幕墙结构形式

1. 框架支撑

框架支撑玻璃幕墙是玻璃面板周边由金属框架支撑的玻璃幕墙。

（1）明框玻璃幕墙　明框玻璃幕墙是金属框架构件显露在外表面的玻璃幕墙。它以特殊断面的铝合金型材为框架，玻璃面板全嵌入型材的凹槽内。其特点在于铝合金型材本身兼有骨架结构和固定玻璃的双重作用。明框玻璃幕墙的幕墙玻璃镶在金属骨架框格内，玻璃安装牢固、安全可靠。如图5-30（a）、（b）所示。

（2）隐框玻璃幕墙　隐框玻璃幕墙的金属框隐藏在玻璃的背面，室外看不见金属框。隐框玻璃幕墙又可分为全隐框玻璃幕墙和半隐框玻璃幕墙两种，半隐框玻璃幕墙可以是横明竖隐，也可以是竖明横隐。隐框玻璃幕墙的构造特点是：玻璃在铝框外侧，用硅酮结构密封胶把玻璃与铝框粘贴。幕墙的主要荷载主要靠密封胶承受。隐框幕墙的骨架不外露，装饰效果好，但要求玻璃与骨架间的粘贴技术要过硬。如图5-30（c）所示。

2. 全玻璃幕墙

全玻璃幕墙是由玻璃肋和玻璃面板构成的玻璃幕墙。全玻璃幕墙的主要受力构件就是该幕墙饰面构件本身——玻璃。该幕墙利用上下支架直接将玻璃固定在主体结构上，形成无遮

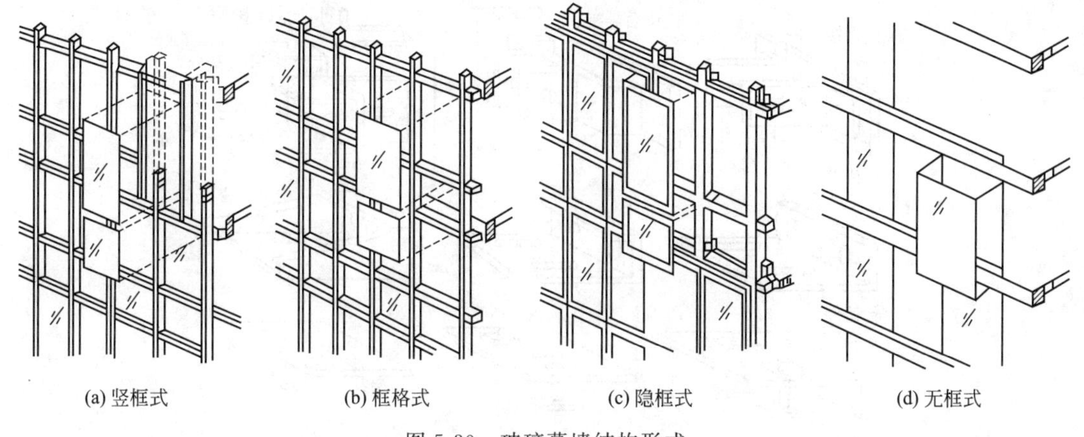

图 5-30 玻璃幕墙结构形式

挡的透明墙面。由于该幕墙玻璃面积较大，为加强自身刚度每隔一定距离粘贴一条垂直的玻璃肋板，称为肋玻璃，面层玻璃则称为面玻璃。如图 5-30（d）所示。

3. 点支撑

点支撑玻璃幕墙是由玻璃面板、点支撑装置和支撑结构构成的玻璃幕墙。这种幕墙可以狭义地看做是在玻璃幕墙的表面能清楚可见不锈钢驳接头金属色的成点状分布的一种玻璃幕墙。也可以定义为用点状分布的驳接头和与基层连接受力的驳接抓来承受立面或平面玻璃的水平荷载和垂直荷载的一种玻璃幕墙。按照支撑结构的不同方式，点式玻璃幕墙在形式上可分为以下几种：

（1）金属支撑结构点式玻璃幕墙　这是目前采用最多的一种形式，它是用金属材料做支撑结构体系，通过金属连接件和紧固件将面玻璃牢固地固定在它上面，十分安全可靠。

（2）全玻璃结构点式玻璃幕墙　它通过金属连接件及紧固件将玻璃支撑结构（玻璃肋）与面玻璃连成整体，成为建筑围护结构。

（3）拉杆（索）结构点式玻璃幕墙　它采用不锈钢拉杆或用与玻璃分缝对应拉索做成幕墙的支承结构。玻璃通过金属连接件与其固定。

（三）玻璃幕墙构成

1. 支撑体系

幕墙骨架是幕墙的支撑体系，它将面玻璃所受的各种荷载直接传递到建筑主结构上。因此它是主要受力构件，一般是根据承受的荷载大小和建筑造型来确定结构形式和材料，如玻璃肋、不锈钢立柱、铝型材柱或加上适当的防腐、防面处理的钢析架、钢立柱及不锈钢拉杆（索）等。

型钢多用工字钢、角钢、槽钢、方管钢等，钢材型材的强度高，价格较低，但维修费用高。

铝合金型材多为经过特殊挤压成型的铝镁合金型材，并经阳极氧化着色表面处理。型材规格及断面尺寸是根据骨架所处位置、受力特点和大小而决定的。这类型材价格较高，但构造合理、安装方便，装饰效果好。

2. 金属连接件

金属连接件包括固定件（俗称爪座和爪子）和扣件。固定件通常用不锈普通钢铸造而成，而扣件则是不锈钢机加工件。考虑到金属相容性，固定件必须采用与支撑体系相同的材质，或使用机械固定。如图 5-31 所示。

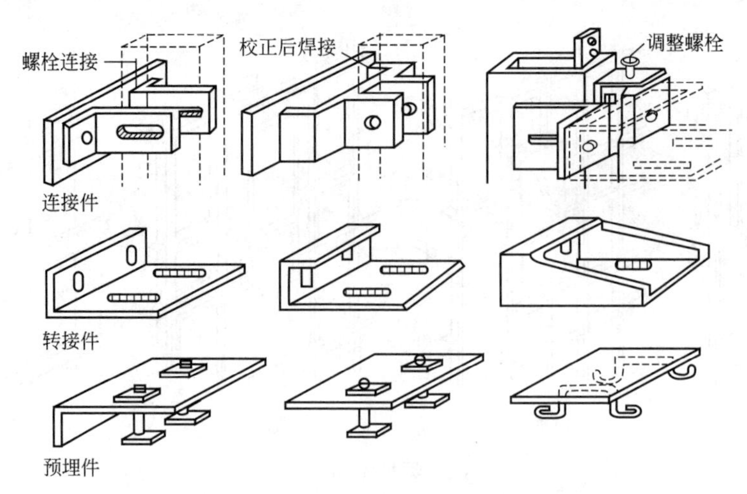

图 5-31　幕墙连接固定件

3. 玻璃

玻璃幕墙的饰面材料是玻璃，可采用浮法玻璃、镜面玻璃、吸热玻璃、中空玻璃等。

浮法玻璃具有两面平整、光洁的特点，比一般平板玻璃光学性能优良。镜面玻璃，又叫热反射玻璃，能通过反射太阳光中的辐射热而达到隔热目的，同时能映照附近景物和天空，可产生丰富的立面效果。吸热玻璃的特点是能使可见光透过而限制带热量的红外线通过，其价格适中，应用较多。中空玻璃具有隔声和保温的功能效果。

建筑点式玻璃幕墙所用的玻璃，由于钻孔而导致孔边玻璃强度降低约 30%，因此点式玻璃幕墙必须采用强度较高的钢化玻璃。

4. 防雷系统

玻璃幕墙应设置防雷系统，防雷系统应和整幢建筑物的防雷系统相连，一般采用均压环做法，每隔数层设一条均压环，如图 5-32 所示。

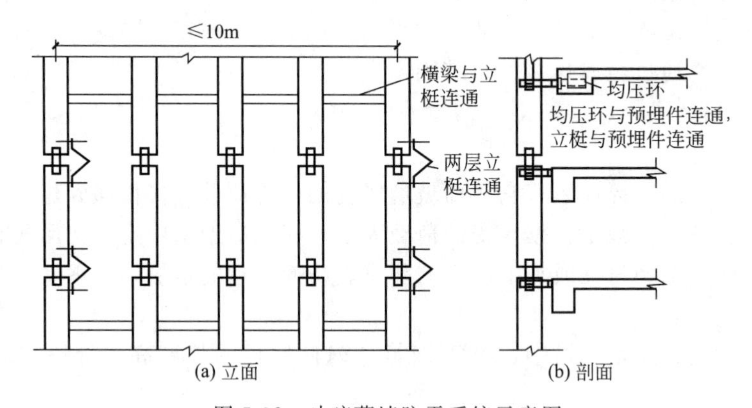

图 5-32　玻璃幕墙防雷系统示意图

（四）金属幕墙与石材幕墙

1. 金属薄板幕墙

金属薄板幕墙有两种体系，一种是幕墙附在钢筋混凝土墙体上的附着型金属薄板幕墙，即附着式体系；另一种是自成骨架体系的骨架型薄板金属幕墙，即骨架式体系。

附着型金属薄板幕墙的幕墙体系系统是作为外墙的饰面而依附在钢筋混凝土墙体上，连接固定件一般采用角钢，混凝土墙面基层金属膨胀螺栓来连接 L 形角钢，再根据金属板材的尺寸，将轻型钢材焊接在L形角钢上。

骨架型体系金属幕墙基本上类似于隐框式玻璃幕墙，即通过骨架等支撑体系，将金属薄板与主体结构连接。其基本构造为：将幕墙骨架，如铝合金型材等，固定在主体的楼板、梁或柱等结构上。这种金属幕墙构造可以与隐框式玻璃幕墙结合使用。协调好金属薄板和玻璃的色彩，并统一划分立面，即可得到较理想的装饰效果。

2. 铝板幕墙

铝板幕墙包括单层铝板、复合铝板、蜂窝板铝板等种类。

单层铝板是用2.5mm（3mm）厚的铝板在中部适当的部位设加固角铝（槽铝），用角铝槽套上螺栓并紧固，也有将铝管用结构胶固定在铝板上作加强肋的（如图5-33所示）。

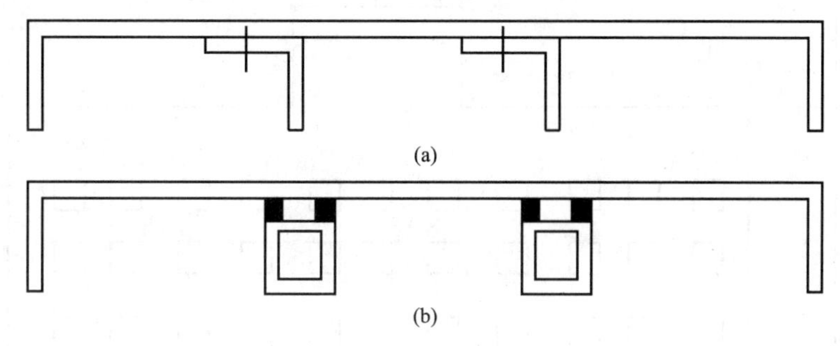

图5-33　单层铝板构造

复合铝板在用于幕墙时采用平板式、槽板式与加肋式。复合铝板与幕墙框格的连接可以采用铆接、螺接、折弯接、扣接。

蜂窝板铝板是由两层铝板与蜂窝芯黏结的一种复合材料。面板一般用铝合金板，蜂窝材料常采用LF2Y、LF5Y等铝箔，幕墙用蜂窝铝板大都采用正六角形芯材。除铝箔外，还可采用玻璃蜂窝和纸蜂窝。

3. 不锈钢板幕墙

不锈钢幕墙是用不锈钢薄板冲压成槽形镶板制成的幕墙嵌板。它需要在板中部用肋加强。其典型构造为：将不锈钢板的四边折成槽形，中部用结构胶将铝方管黏结在铝板适当部位成为加强肋。不锈钢幕墙使用的是厚度小于或等于4mm的不锈钢薄板，表面处理方法有磨光、拉毛面、蚀刻面。

4. 石材板幕墙

石材幕墙是用天然石板材作为嵌板的幕墙。用结构装配的方法将天然石材建筑板材进行饰面装修，采用与隐框幕墙结构玻璃装配组件相同的施工工艺，即将天然大理石建筑板材用硅酮密封胶固定在铝板上成为结构装配组件，用机械固定方法将结构装配组件固定在主框上，在副框的下框有一顶钩将石板顶住。

二、幕墙分部工程量计算规则及举例

① 点支撑玻璃幕墙，按照设计图示尺寸以四周框外围展开面积计算。肋玻结构点式幕墙玻璃肋工程量不计算，作为材料项进行含量调整。点支撑玻璃幕墙索结构辅助钢桁架制作安装，按质量计算。

② 全玻璃幕墙，按设计图示尺寸以面积计算。带肋全玻璃幕墙，按设计图示尺寸以展开面积计算，玻璃肋按玻璃边缘尺寸以展开面积计算并入幕墙工程量内。

③ 金属板幕墙，按设计图示尺寸以外围展开面积计算。凹或凸出的板材折边不另计算，计入金属板材料单价中。

④ 框支撑玻璃幕墙，按照设计图示尺寸以框外围展开面积计算。与幕墙同材质的窗所

占面积不扣除。

⑤ 幕墙防火隔断，按设计图示尺寸以展开面积计算。

⑥ 幕墙防雷系统、金属成品装饰压条均按延长米计算。

⑦ 雨篷按设计图示尺寸以外围展开面积计算。有组织排水的排水沟槽按水平投影面积计算并入雨篷工程量内。

【例 5-14】 某银行营业大楼正立面设计为铝合金玻璃幕墙，幕墙上带铝合金窗，如图5-34所示，求铝合金玻璃幕墙工程量。

解 铝合金玻璃幕墙工程量＝45.0×12.3＋5.0×2.3－2.2×1.4×32＝466.44（m^2）

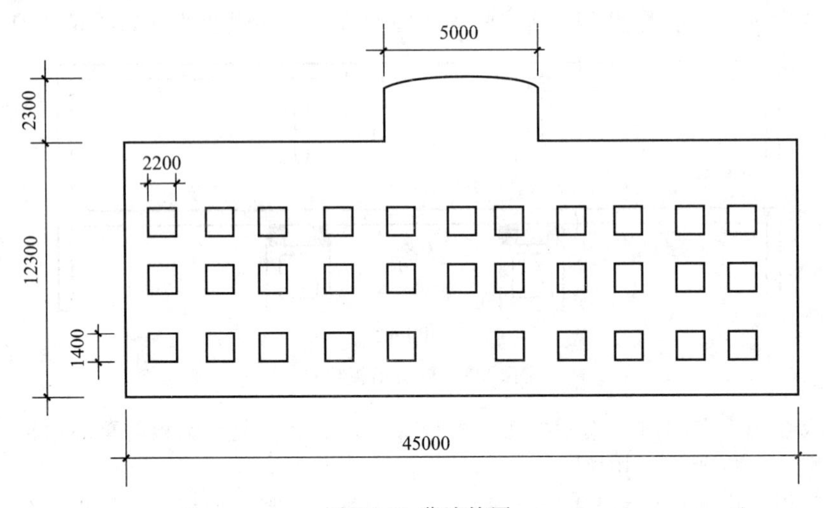

图 5-34 幕墙简图

第六节 天棚装饰工程

一、天棚装饰工程分部说明

天棚工程一般包括抹灰面层、平面、跌级天棚、艺术造型天棚和其他天棚等内容。

（一）天棚抹灰

依据抹灰外置不同，可分为混凝土面天棚、钢板网天棚、板条及其他木质面天棚等项目；根据砂浆种类，划分为石灰砂浆、水泥砂浆、混合砂浆等子目。

湖北省装饰定额规定，带密肋小梁和每个井内面积在 $5m^2$ 以内的井字梁天棚抹灰，按每 $100m^2$ 增加 3.96 工日计算。

（二）平面、跌级天棚、艺术造型天棚

天棚面层在同一标高者为平面天棚或一级天棚。天棚面层不在同一标高，高差在200mm 以上 400mm 以下，且满足以下条件者为跌级天棚：木龙骨、轻钢龙骨错台投影面积大于 18％或弧形、折形投影面积大于 12％；铝合金龙骨错台投影面积大于 13％或弧形、折形投影面积大于 10％。天棚面层高差在 400mm 以上或超过三级的，按艺术造型天棚项目执行。湖北省装饰定额规定跌级天棚面层人工需乘系数 1.1。

平面、跌级天棚分为天棚木龙骨、轻钢龙骨、铝合金龙骨、天棚基层、天棚面层、天棚灯槽等项目。

1. 天棚龙骨

这部分定额一般包括木龙骨、轻钢龙骨、铝合金龙骨、轻钢、铝合金复合龙骨等项目。

各个项目再根据是否上人和具体规格划分为各个子目。

（1）木龙骨　顶棚木龙骨一般由大龙骨、中龙骨和吊木等组成。木龙骨的安装可有两种方法：一种是将大龙骨搁在墙上或混凝土梁上，再用铁钉和木吊筋将中龙骨吊在主龙骨下方；另一种是用吊筋将龙骨吊在混凝土楼板下。木龙骨的防潮、防腐和防火性能均比较差，施工时要刷防腐油，需要时还要刷防火漆处理。某省装饰定额规定龙骨架的防火处理，应按其定额第六章油漆、涂料、裱糊工程相应子目计算。图 5-35 为木龙骨板材面天棚构造。

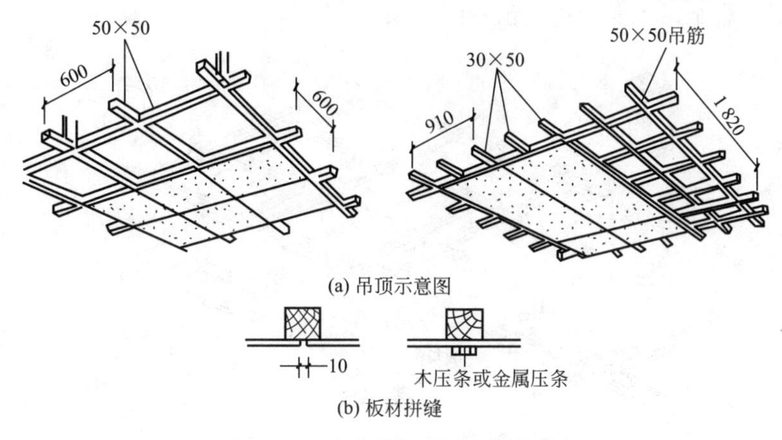

图 5-35　木龙骨板材面天棚构造

（2）轻钢龙骨　顶棚轻钢龙骨一般是采用冷轧薄钢板或镀锌薄钢板，经剪裁冷弯、辊轧成型。按载重能力分为装配式 U 形上人型轻型龙骨和不上人型轻钢龙骨；按其型材断面分为 U 形和 T 形龙骨。轻钢龙骨由大龙骨、中龙骨、小龙骨、横撑龙骨和各种连接件组成。常用的轻钢龙骨 U 形龙骨系列（其大、中、小龙骨断面均为 U 形）。图 5-36 是 U 形吊顶轻钢龙骨构造示意图。

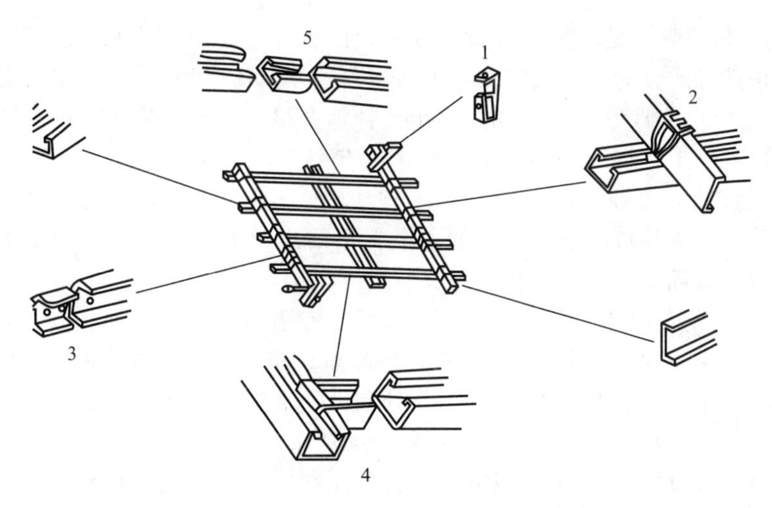

图 5-36　U 形吊顶轻钢龙骨构造示意图

1—大龙骨垂直吊挂件；2—中龙骨垂直吊挂件；3—大龙骨纵向连接件；
4—小龙骨平面连接件；5—中小龙骨纵向连接件

轻钢龙骨的基本构造为主龙骨与垂直吊挂件连接，主龙骨下为中小龙骨，中小龙骨相间布置。龙骨可采用双层结构（即中、小龙骨吊挂在大龙骨下面），也可采用单层结构形式（即大中龙骨底面在同一水平上）。某省装饰定额规定，其轻钢龙骨、铝合金龙骨定额中为双层结构，如为单层结构时，人工乘以系数 0.85。

(3) 铝合金龙骨　铝合金龙骨一般包括 T 形铝合金龙骨、铝合金方板龙骨、铝合金条板龙骨、铝合金格片式龙骨。

铝合金龙骨石目前使用最多的一种吊顶龙骨，常用的是 T 形龙骨。T 形龙骨也是由大龙骨、中龙骨、小龙骨、边龙骨及各种连接配件组成。T 形铝合金龙骨适用于活动式装配顶棚，所谓活动式装配式指将面层直接浮搁在次龙骨上，龙骨底翼外露，这样更换面板方便。图 5-37 为 T 形铝合金吊顶龙骨构造示意图。

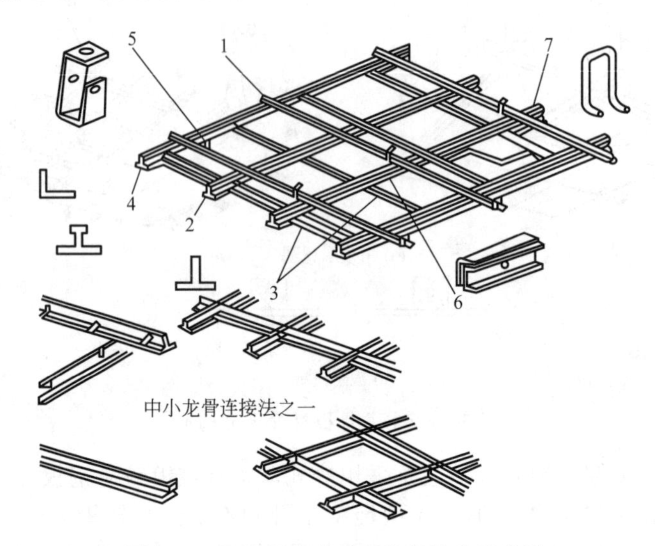

图 5-37　T 形铝合金吊顶龙骨构造示意图

1—U 形大龙骨；2—中龙骨；3—小龙骨及横撑；4—边龙骨；5—大龙骨吊挂件；6—大龙骨纵向连接件；7—中小龙骨吊钩

① 铝合金方板龙骨，是专为铝合金“方形饰面板”配套使用的龙骨。铝合金方板龙骨按方板安装的构造形式分为嵌入式方板龙骨和浮搁式方板龙骨两种。浮搁式方板龙骨的大龙骨为 U 形断面，中小龙骨为 T 形断面，中小龙骨垂直相交布置、装饰面板直接搁在 T 形龙骨组成的方框形翼缘上，搁置后形成格子状，且有离缝。嵌入式方板顶棚的大龙骨为 U 形断面，中龙骨为 T 形，安装时，中龙骨垂直于大龙骨布置，间距等于方板宽度，由于金属方板卷边向上，形同有缺口的盒子，一般边上轧出凸出的卡口，插入 T 形龙骨的卡内，使方板与龙骨直接卡接固定，不需用其他方法加固。

② 铝合金条板龙骨，是与专用铝合金条板配套使用而设计的一种顶棚龙骨形式。铝合金条板顶棚龙骨石采用 1mm 厚的铝合金板，经冷弯、辊轧、阳极电化而成。定额中分中型和轻型条板龙骨。中型条板龙骨由 U 形大龙骨和 TG 形铝合金条板龙骨组成，承受负载稍大；轻型条板龙骨是一种由 TG 形龙骨构成的骨架体系。

③ 铝合金格片式龙骨，是用薄型铝合金板，经冷轧弯制而成，是专于叶片式顶棚饰面板配套的一种龙骨。这种顶棚叶可称为窗叶式顶棚，或假格栅顶棚。

2. 天棚面层

随着新材料、新工艺的不断出现，顶棚饰面板的品种类型很多，定额中只列出其中常用的饰面板材和安装方法，供选用。

胶合板是用硬杂木，经刨切成薄片，整理干燥后，层层上胶，用压力机压制而成。这种产品具有表面平整、抗拉抗剪强度好，不裂缝、不翘曲等优点，可用于封闭式顶棚，也可用于浮搁式。

钙塑板，是以聚氯乙烯和轻质碳酸钙为主要原料，加入抗老化剂、阻燃剂等搅拌后压制而成的一种复合材料。其特点是不怕水、吸湿性小、不易燃、保温隔热性能好。钙塑板面层可安装在U形轻钢龙骨上，也可搁在T形铝合金龙骨上，做成活动式。

铝合金方板是用0.4～0.6mm厚的铝合金板冷轧而成。铝合金方板的安装方法是：当嵌入式装配时，可将板边直接插入龙骨中，也可在铝板边孔用铜丝扎结；当用浮搁式安装时，方板直接搁在龙骨上，不需任何处理，余边空隙用石膏板填补。

铝合金条板常称为铝合金扣板，它是用厚0.5～1.2mm的铝合金板经剪裁、冷弯冷轧而成，呈长条形，两边有高低槽。铝合金条板的安装方法有卡固法和钉固法。卡固法式利用条板两侧弯曲翼缘直接插入龙骨卡口内，条板与条板之间不需任何处理。钉固法是将条板用螺钉等固定在龙骨上，条板与条板的边缘相互搭接，可遮盖住螺钉头。

铝合金方板、条板与方板、条板铝合金龙骨应配合使用。

矿棉板是以矿渣棉为主要原料，加入适量的胶黏剂、防潮剂、防腐剂，经加压、烘干、饰面而成的一种饰面材料。矿棉装饰具有质轻、吸声、防火、隔热、保温、美观大方、施工简便等特点。适用于各类公共建筑的顶棚饰面，可改善音响效果，生活环境和劳动条件。

（三）其他天棚

1. 木格栅天棚

木格栅吊顶属于敞开式吊顶，也称格栅类顶棚。它是用木质单件构件组成格栅，其造型可多种多样，形成各种不同的木格栅顶棚。近年来，使用的防火装饰板具有重量轻、加工方便，并具有防火性能好的优点，同时，其表面又无需再进行装饰，因此，在敞开式木质吊顶中得到广泛应用。图5-38所示是木制长板条顶棚，图5-39所示是木质方格子顶棚，图5-40所示是运用方块木与矩形板交错布置所组成的顶棚。

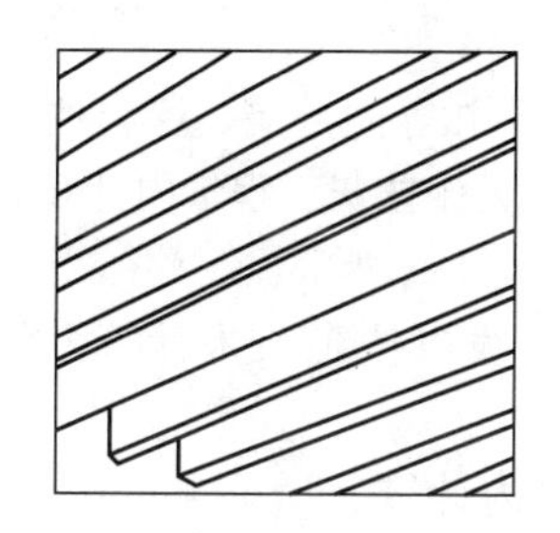

图5-38 木质长板条顶棚示意图

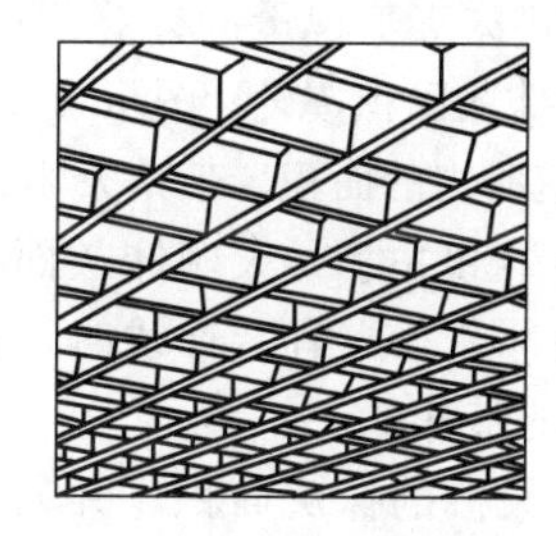

图5-39 木质方格子顶棚示意图

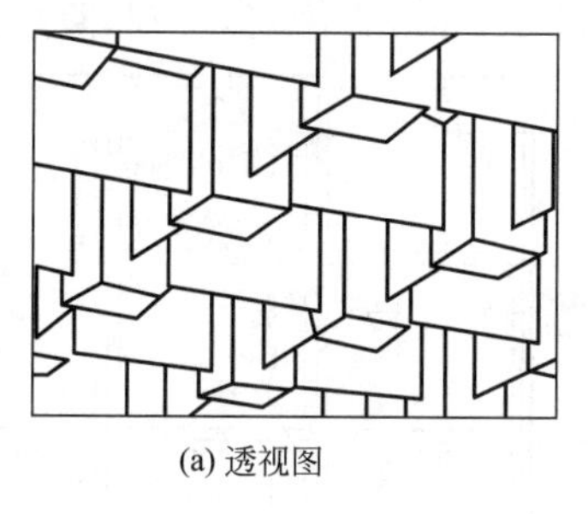

(a) 透视图

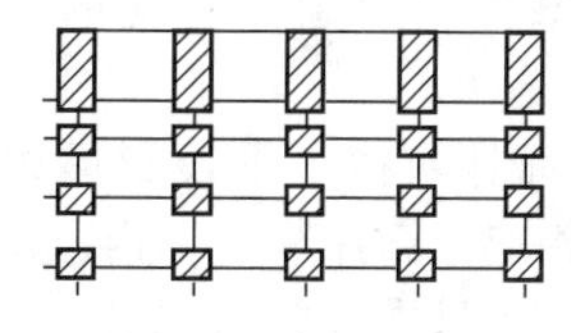

(b) 单元构件平、剖面图

图5-40 方形木与矩形板组合顶棚

2. 铝合金格栅天棚

铝合金格栅天棚也是敞开式天棚的一种，是在藻井式天棚的基础上发展而成的，吊顶的表面也是开门的。铝合金格栅的构造形式很多，它是由单体构件组合而成的。单体构件的拼装，通常是采用将预拼安装的单体构件插接、挂接或榫接在一起的方法。如图 5-41 所示是格栅天棚的两种固定方法，间接固定法是先将单体构件用卡具连成整体，再用通长的钢管与吊杆相连；直接固定法可用吊点铁丝或铁件，与固定在单体或多体顶棚架上的连接件进行固定连接。

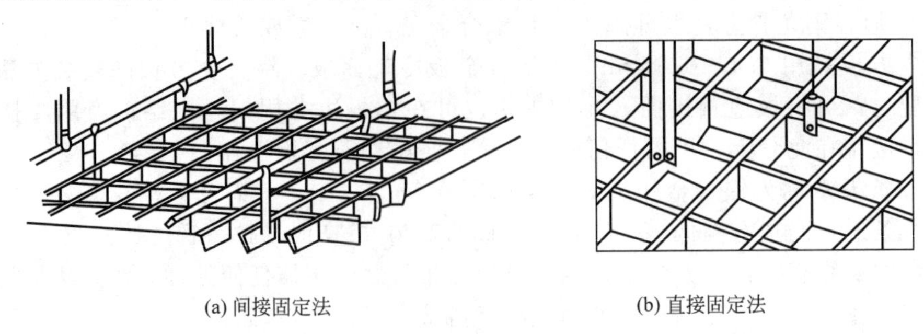

(a) 间接固定法　　(b) 直接固定法

图 5-41　格栅吊顶固定方法

3. 采光顶棚

采光顶棚是指建筑物的屋顶、雨篷等的全部或部分材料被玻璃、塑料、玻璃钢等透光材料所代替，形成具有装饰和采光功能的建筑顶部结构构件。可用于宾馆、医院、大型商业中心、展览馆以及建筑物的入口雨篷等。

采光顶棚的构成主要由透光材料、骨架材料、连接件、粘接嵌缝材料等组成。骨架材料主要有铝合金型材、型钢等。透光材料有夹丝玻璃、中空玻璃、钢化玻璃、透明塑料片、有机玻璃等。连接件一般有钢质和铝质两种。

4. 吊筒吊顶

吊筒吊顶使用于木竹质吊筒、金属吊筒、塑料吊筒以及圆形、矩形、扁钟形吊筒等。

二、天棚装饰分部工程量计算规则及举例

(1) 天棚抹灰工程量的计算规则

① 天棚抹灰面积按设计图示尺寸以水平投影面积计算。不扣除间壁墙、垛、柱、附墙烟囱、检查口和管道所占的面积。带梁天棚、梁两侧抹灰面积，并入天棚抹灰工程量内计算。

② 密肋梁和井字梁天棚抹灰面积，按展开面积计算。

③ 天棚抹灰如带有装饰线时，区别三道线以内或五道线以按延长米计算，线角的道数以一个突出的棱角为一道线。

④ 檐口天棚的抹灰面积，并入相同的天棚抹灰工程量内计算。

⑤ 天棚中的折线、灯槽线、圆弧形线、拱形线等艺术形式的抹灰，按展开面积计算。

⑥ 楼梯底面抹灰按水平投影面积（梯井宽超过 200mm 以上者，应扣除超过部分的投影面积）乘以系数 1.30，套用相应的天棚抹灰定额计算。

⑦ 阳台底面抹灰按水平投影面积以平方米计算，并入相应天棚抹灰面积内。阳台如带悬臂梁者，其工程量乘系数 1.30。

⑧ 雨篷底面或顶面抹灰分别按水平投影面积以平方米计算，并入相应天棚抹灰面积内。雨篷顶面带反沿或反梁者，其工程量乘系数 1.20；底面带悬臂梁者，其工程量乘系数 1.20。

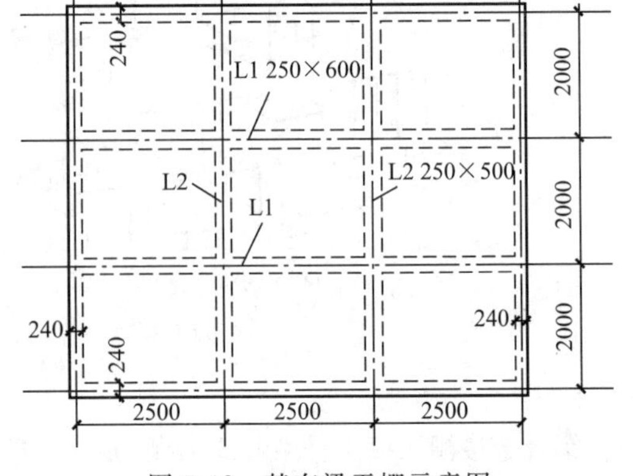

图 5-42　某有梁天棚示意图

【例 5-15】 某钢筋混凝土天棚如图 5-42 所示。已知板厚 100mm，试计算其天棚抹灰工程量。

分析 天棚抹灰面积按水平投影面积计算，不扣除间壁墙、垛、柱、附墙烟囱等所占面积。带梁天棚两侧的抹灰面积，并入天棚抹灰工程量内计算。

解 水平投影面积=(2.5×3－0.24)×(2×3－0.24)=41.82(m^2)

L1 的侧面抹灰面积=[(2.5－0.12－0.125)×2+(2.5－0.125×2)]×(0.6－0.1)×2×2=13.52(m^2)

L2 的侧面抹灰面积=[(2－0.12－0.125)×2+(2－0.125×2)]×(0.5－0.1)×2×2=8.42(m^2)

天棚抹灰工程量=水平投影面积+L1、L2 的侧面抹灰面积=41.82+13.52+8.42=63.76(m^2)

(2) 平面、跌级、艺术造型天棚工程量的计算规则

① 各种吊顶天棚龙骨按主墙间净空面积计算，不扣除间壁墙、检查洞、附墙烟囱、柱、垛和管道所占面积。

② 天棚基层按展开面积计算。

③ 天棚装饰面层按主墙间实铺面积以平方米计算，不扣除间壁墙、检查口、附墙烟囱、附墙垛和管道所占面积，但应扣除单个 0.3m^2 以外的孔洞、独立柱、灯槽及与天棚相连的窗帘盒所占面积。

④ 灯光槽按延长米计算。

⑤ 灯孔按设计图示数量计算。

【例 5-16】 某办公室吊顶平面如图 5-43 所示，试计算其吊顶工程量。

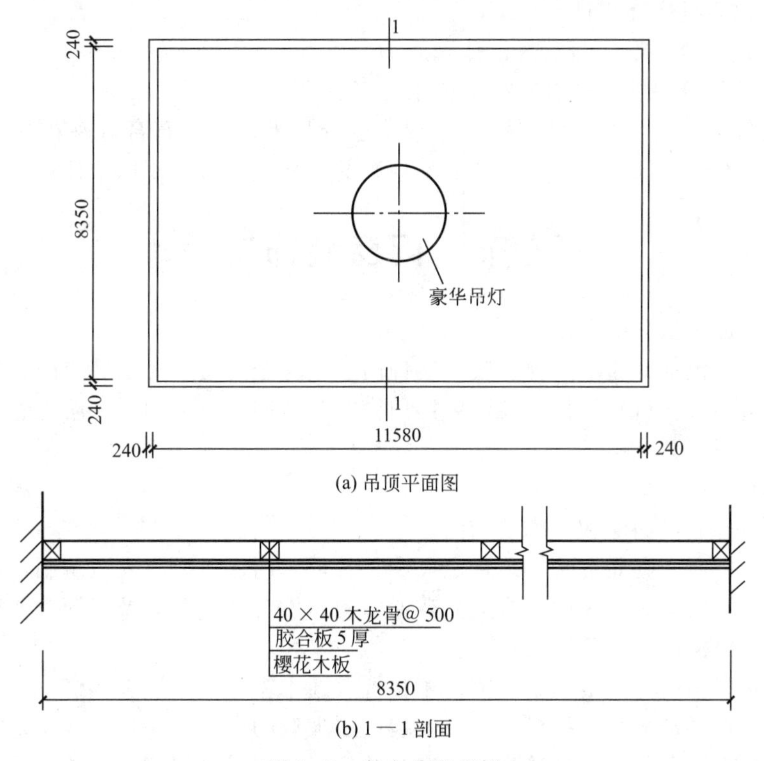

图 5-43 某办公室天棚

分析 该办公室为木龙骨、胶合板基层、樱花木板面层，应列三项。木龙骨如刷防火涂料，应根据油漆、涂料、裱糊工程相应项目列项。

解 木龙骨＝8.35×11.58＝96.69 (m^2)

胶合板＝8.35×11.58＝96.69 (m^2)

樱桃木板＝8.35×11.58＝96.69 (m^2)

【例 5-17】 某工程有一套三室一厅商品房，其客厅为不上人型轻钢龙骨石膏板吊顶，如图 5-44 所示。

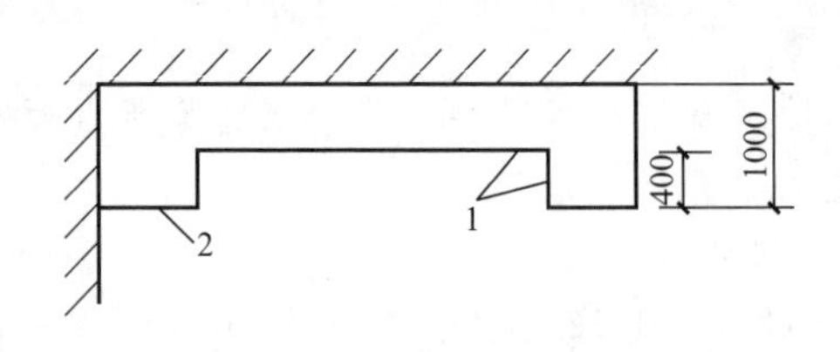

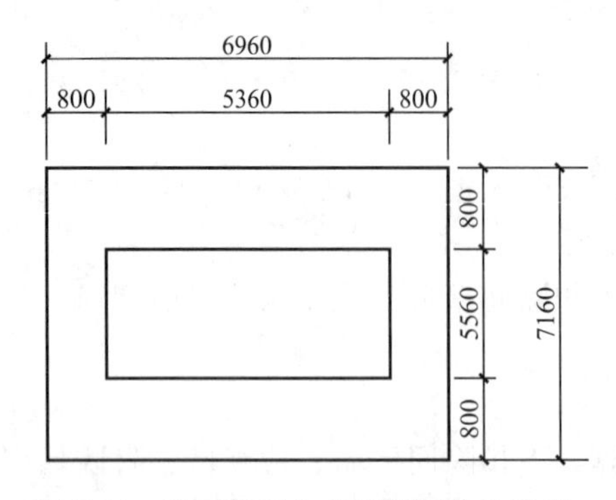

图 5-44 某工程不上人型轻钢龙骨石膏板吊顶平面及剖面图

1—金属墙纸；2—织锦缎贴面

分析 依据其吊顶做法，应列为两项，即轻钢龙骨和石膏板面层两项，所粘贴的墙纸和织锦缎应依据油漆、涂料、裱糊工程相应项目列项。

解 轻钢龙骨＝6.96×7.16＝49.83(m^2)

石膏板面层＝5.36×5.56＋(5.36＋5.56)×2×0.4＋6.96×7.16－5.36×5.56＝58.57(m^2)

(3) 采光棚

① 成品光棚工程量按成品组合后的外围投影面积计算，其余光棚工程量均按展开面积计算。

② 光棚的水槽按水平投影面积计算，并入光棚工程量。

③ 采光廊架天棚安装按天棚展开面积计算。

(4) 其他

① 网架按水平投影面积计算。

② 送（回）风口按设计图示数量计算。

③ 天棚石膏板缝嵌缝、贴绷带按延长米计算。

④ 石膏装饰：石膏装饰角线、平线工程量以延长米计算；石膏灯座花饰工程量以实际面积按个计算；石膏装饰配花，平面外形不规则的按外围矩形面积以个计算。

第七节 门窗装饰工程

一、门窗装饰工程分部说明

门窗工程一般包括普通木门窗、实木装饰门、铝合金门窗、无框玻璃门、卷闸门、彩板组角钢门窗、塑钢（塑料）门窗、防盗装饰门窗及防盗网、防火门窗、防火卷帘门、厂库房木门、特种门、门窗套等项目。

1. 木门窗

木门窗包括普通木门窗和实木装饰门。

(1) 普通木门窗　湖北省装饰工程定额中，普通木门窗按成品安装编制，门窗成品运输费包含在成品价格内。其定额中所含成品普通木门窗不含纱、玻璃及门锁。普通木门窗小五金费，均包括在定额内以“元”表示。

普通木门包括木门、自由门、连窗门子目。普通木窗包括单层玻璃窗、一玻一纱窗、木百叶窗等子目。单层玻璃窗是指窗扇上只安装一层玻璃的窗户。一玻一纱窗是指窗框上安设两层窗扇，一般情况下外扇为玻璃扇，内扇为纱扇。普通木窗根据窗扇数、是否带纱窗等划分各个子目。

(2) 实木装饰门　湖北省装饰工程定额中，实木装饰门按成品安装编制，门窗成品运输费包含在成品价格内。实木装饰门指工厂成品，包括五金配件和门锁。

实木装饰门包括实木装饰门安装、子母门安装子目。

2. 铝合金门窗、不锈钢门窗、卷闸门

湖北省装饰工程定额中，铝合金门窗、不锈钢门窗、卷闸门按成品安装编制，门窗成品运输费包含在成品价格内。铝合金门窗包括玻璃及五金配件。

（1）铝合金门窗　铝合金门包括地弹门、平开门、百叶门、格栅门等子目。铝合金窗包括推拉窗、固定窗、平开窗子目。

（2）不锈钢门窗　不锈钢门窗包括双扇全玻地弹门和推拉窗子目。不锈钢双扇全玻地弹门按成品价格列入定额，包括不锈钢上下地弹簧、玻璃门、拉手、玻璃胶及安装所需辅助材料。

（3）卷闸门　卷闸门使用于商店、仓库或其他较为高大洞口的门，其主要构造包括卷帘板、导轨和传动装置等。卷帘板的形式主要有页片式和空格式两种。其中页片式使用较多。页片（也称闸片）式帘板用铝合金板、镀锌钢板或不锈钢板轧制而成。帘板的下部采用钢板或角钢，便于安装门锁，并可增加刚度。帘板的上部与卷筒连接，便于开启。开启卷闸门时，页板沿门洞两侧的导轨上升，卷在卷筒内。

3. 塑料、塑钢门窗

PVC 塑料门窗在国内被广泛称为塑钢门窗。塑料门窗是以聚氯乙烯（PVC）树脂为主要原料，加上一定比例的稳定剂、着色剂、填充剂、抗冲改性剂、紫外线吸收剂（屏蔽剂）等助剂，经挤出成型材。通过切割、焊接等方式制成门窗的框扇，配装上密封胶条、毛条、五金附件等制成门窗。为增强型材的刚性，超过一定长度的型材空腔内需要加入增强型材（钢衬），这种门窗称之为塑钢门窗。

4. 门窗套

门窗套、门窗贴脸、门窗筒子板的区别如图 5-45 所示，门窗套包括 A 面和 B 面两部分，门窗筒子板指 A 面，贴脸指 B 面。

筒子板是沿门框或窗框内侧周围加设的一层装饰性木板，在筒子板与墙接缝处用贴脸钉贴盖缝，筒子板与贴脸的组合即为门窗套，如图 5-46 所示。贴脸也称门头线或窗头线，是沿樘子周边加钉的木线脚（也称贴脸板），用于盖住樘子与涂刷层之间的缝隙，使之整齐美观，有时还再加一木线条封边。

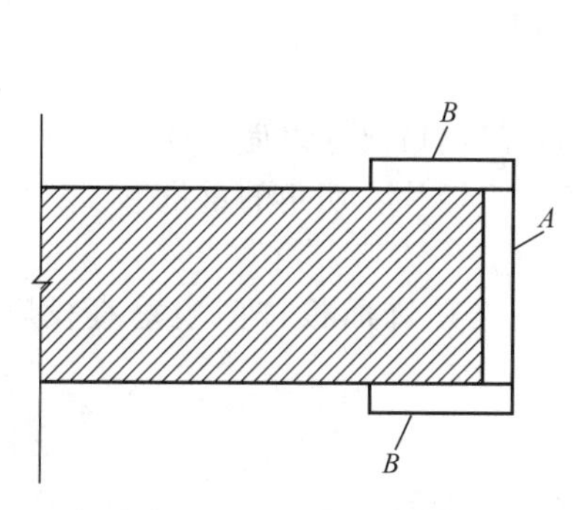

图 5-45　门窗套、门窗贴脸、门窗筒子板的区别

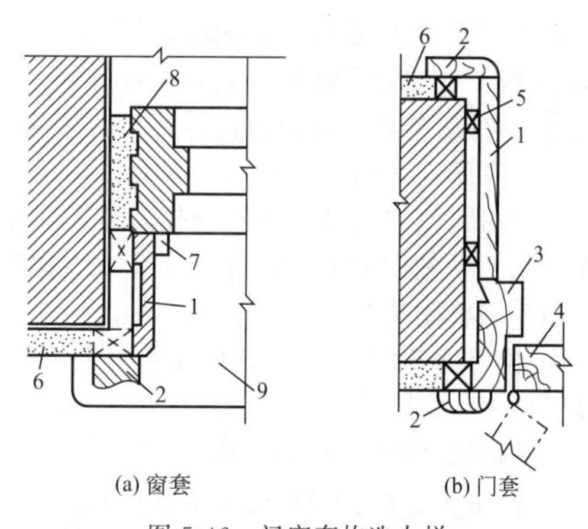

图 5-46　门窗套构造大样

1—筒子板；2—贴脸板；3—木门框；4—木门扇；5—木块或木条；6—抹灰面；7—盖缝条；8—沥青麻丝；9—窗台

5. 五金安装

门窗五金，一般包括地弹簧、闭门器、各种执手、拉手、门窗导轨、滑轮、门吸、门锁等。

在工程量计算时，要结合定额的实际情况，如定额中已包括五金，则不需要再列项计算。如果未包括或只是包括部分五金，则需要视情况列项计算。如湖北省装饰定额规定普通门窗小五金费，除门锁外，均包括在定额内以“元”表示，定额所附普通木门窗小五金表，仅作备料参考。因此按其定额规定，普通木门窗需列门锁项目，计算门锁的工程量。

二、门窗装饰分部工程量计算规则及举例

（1）木门窗　普通木门、普通木窗、实木装饰门安装工程量按设计图示门窗洞口以尺寸面积计算。

【例 5-18】 某住宅楼阳台用连窗门 26 樘，如图 5-47 所示。试计算该连窗门工程量。

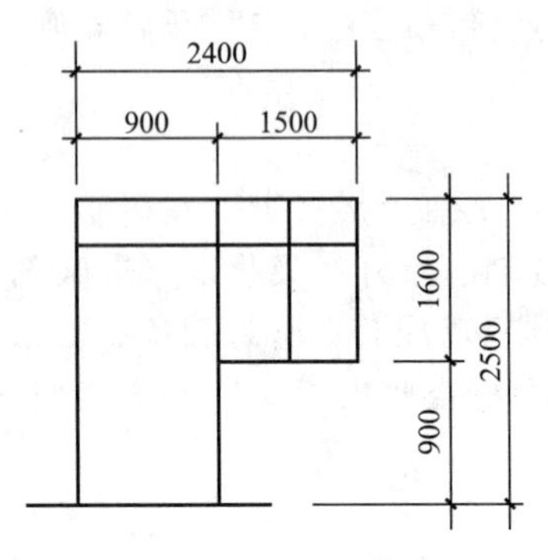

图 5-47　连窗门简图

分析　连窗门工程量应包括门和窗的面积，门洞工程量算至门框外边线。

解　门的面积$=0.9\times2.5\times26=58.5(m^2)$

窗的面积$=(2.4-0.9)\times1.6\times26=62.4(m^2)$

连窗门工程量$=58.5+62.4=120.9(m^2)$

（2）金属及其他门窗

① 铝合金门窗、不锈钢门窗、隔热断桥门窗、彩板组角钢门窗、塑钢门窗、塑料门窗、防盗装饰门窗、防火门窗安装均按设计门窗洞口尺寸以面积计算。

② 卷闸门、防火卷帘门安装按洞口高度增加 600mm 乘以门实际宽度以平方米计算。卷闸门电动装置安装以套计算，小门安装以个计算。

③ 无框玻璃门安装按设计图示门洞尺寸以面积计算。

④ 彩板组角钢门窗附框安装按延长米计算。

⑤ 金属防盗栅（网）制作安装按阳台、窗户洞口尺寸以面积计算。

⑥ 防火门楣包箱按展开面积计算。

⑦ 电子感应门及旋转门安装按樘计算。

⑧ 不锈钢电动伸缩门按樘计算。

（3）厂库房大门与特种门

厂库房大门安装和特种门制作安装工程量按设计图示门洞口尺寸以面积计算。百页钢门的安装工程量按图示尺寸以重量计算，不扣除孔眼、切肢、切片、切角的重量。

（4）门窗附属

① 包门框及门窗套按展开面积计算。包门扇及木门镶贴饰面板按门扇垂直投影面积计算。

② 门窗贴脸按延长米计算。

③ 筒子板、窗台板按实铺面积计算。

④ 窗帘盒、窗帘轨、窗帘杆均按延长米计算。

⑤ 豪华拉手安装按副计算。

⑥ 门锁安装按把计算。

⑦ 闭门器按套计算。

(5) 其他

① 包橱窗框以橱窗洞口面积计算。

② 门、窗洞口安装玻璃按洞口面积计算。

③ 玻璃黑板按边框外围尺寸以垂直投影面积计算。

④ 玻璃加工：划圆孔、划线按面积计算，钻孔按个计算。

⑤ 铝合金踢脚板安装按实铺面积计算。

【例 5-19】 某工程制作、安装木门扇隔声面层门 5 樘（材料：皮制面层，海绵 40mm，胶合板 5mm，外贴红榉板），如图 5-48 所示。试计算木门工程量。

图 5-48 木门扇皮制隔声面层门

分析 依据该门的做法，应列 3 项进行工程量的计算，即木门安装、木门单面包皮革面、胶合板门门扇外贴红榉板。

解 木门安装工程量＝0.9×2.4×5＝10.8 (m^2)

木门单面包皮革面工程量＝0.9×2.4×5＝10.8 (m^2)

胶合板门扇外贴红榉板工程量＝0.9×2.4×5＝10.8 (m^2)

【例 5-20】 某起居室门洞为 3000mm×2000mm，设计做门套装饰，如图 5-49 所示，筒子板厚 30mm，宽 300mm，贴脸宽 80mm。试计算筒子板、贴脸的工程量。

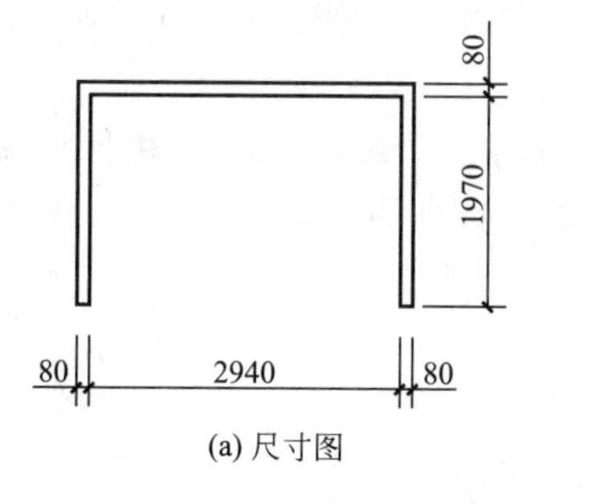

(a) 尺寸图

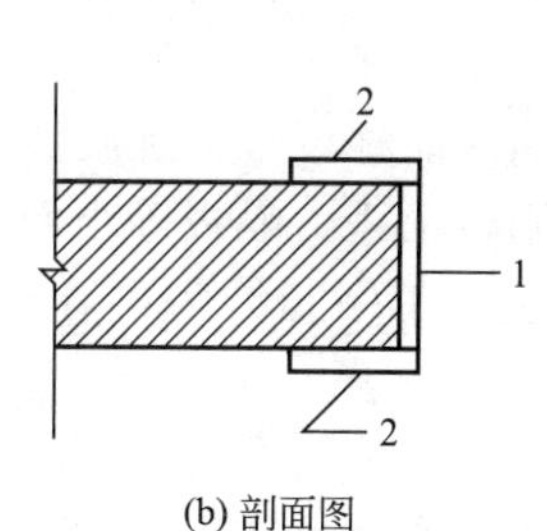

(b) 剖面图

图 5-49 门洞示意图

1—筒子板；2—贴脸

分析 筒子板的工程量按实铺面积计算，门窗贴脸的工程量按延长米计算。

解 筒子板工程量＝(1.97×2＋＋2.94)×0.3＝2.06(m^2)

贴脸工程量＝1.97×2＋2.94＋0.08×2＝13.92(m)

第八节 油漆、涂料、裱糊工程

一、油漆、涂料、裱糊工程分部说明

油漆、涂料、裱糊工程包括油漆、涂料、裱糊三个部分的内容。油漆按基层分为木材面油漆、金属面油漆、抹灰面油漆。涂料分为喷塑和喷（刷）涂料。

1. 木材面油漆

木材面油漆按油漆构件类型不同，可分为木门、木窗、木扶手、其他木材面、木地板、木龙骨以及木质家具等项目。按油漆的饰面效果，可分为混色和清色两种类型。混色油漆，也称为混水油漆，使用的主漆一般为调和漆、磁漆；清色油漆也称为清水漆，使用的一般为各种类型的清漆、磨退。

(1) 木材面混色油漆 混色油漆按质量标准分为普通、中级和高级三个等级，主要施工工序如下：基层处理→刷底子漆→满刮腻子→砂纸打磨→嵌补腻子→砂纸磨光→刷第一遍油漆→修补腻子→细砂纸磨光→刷第二遍油漆→水砂纸磨光→刷最后一遍油漆。

（2）木材面清漆　清漆分为油脂清漆和树脂清漆两种。定额编制的油脂清漆包括酚醛清漆和醇酸清漆两种。酚醛清漆的做法一般为：清理基层→磨砂纸→抹腻子→刷底油→色油→刷酚醛清漆两遍；或按如下做法：清理基层→磨砂纸→润油粉→刮腻子→刷底油→色油→刷酚醛清漆两遍或三遍。醇酸清漆的一般做法为：清理基层→磨砂纸→润油粉→刮腻子→刷色油→刷醇酸清漆四遍→磨退出亮。

（3）木材面聚氨酯清漆　聚氨酯清漆是目前使用较为广泛的一种清漆，是优质的高级木材面用漆。木材面聚氨酯漆的一般做法是：清理基层→磨砂纸→润油粉→刮腻子→刷聚氨酯漆两遍或三遍。

（4）木材面硝基清漆磨退　硝基清漆属树脂清漆类，漆中的胶黏剂只含树脂，不含干性油。木材面硝基清漆磨退的做法为：清理基层→磨砂纸→润油粉→刮腻子→刷硝基清漆→磨退出亮。或按下列操作程序：清理基层→磨砂纸→润油粉两遍→刮腻子→刷理漆片→刷硝基清漆→磨退出亮。

2. 金属面油漆

金属面油漆按油漆品种分为调和漆、醇酸磁漆、过氧乙烯清漆、沥青漆、防锈漆、环氧富锌漆、环氧树脂漆、环氧银粉漆聚氨酯漆等。其做法一般包括底漆和面漆两部分。

金属面油漆的主要工序为：防锈去污→清扫打磨→刷防锈漆→刷调和漆或磁漆。

3. 抹灰面油漆

抹灰面油漆按油漆品种可分为乳胶漆、调和漆、磁漆等。适用于内墙、墙裙、柱、梁、天棚等抹灰面以及阳台雨篷、隔板等小面积的装饰性油漆。

抹灰面油漆的主要工序归纳为：清扫基层→磨砂纸→刮腻子→找补腻子→刷漆成活等内容。

4. 喷塑

喷塑是用喷塑涂料在物体表面形成一定形状的喷塑膜，以达到保护、装饰作用的一种涂饰施工工艺。喷塑涂料是以丙烯酸酯乳液和无机高分子材料为主要成膜物质的有骨料的新型建筑涂料。适用于内外墙、顶棚、梁、柱等饰面，与木板、石膏板、砂浆及纸筋灰等表面均有良好的附着力。

喷塑涂层的结构为：按涂层的结构层分为三部分，即底层、中层和面层；按使用材料分，可分为底料、喷点料和面料三个组成部分，并配套使用。

5. 喷（刷）涂料

涂料种类比较多，如106涂料、803涂料、仿瓷涂料、防霉涂料、内墙涂料等。

（1）106涂料　全称为聚乙烯醇水玻璃涂料。它是由聚乙烯醇水溶液、中性水玻璃、轻质碳酸钙、立德粉、钛白粉、滑石粉和少量的分散剂、乳化剂、消泡剂、颜料色浆等，经高速搅拌混匀，并研磨加工而成。106涂料可用刷涂、喷涂、滚涂等施工方法，一般的施工过程为：基层处理、刮腻子、刷浆、喷涂等。

（2）803涂料　又称聚乙烯醇涂料，它是以聚乙烯醇缩甲醛胶为基料，经化学处理后，加入轻质碳酸钙、立德粉、钛白粉、着色颜料和适量助剂等，均匀混合研磨而成。803涂料可涂刷于混凝土、纸筋石灰等内墙抹灰面，适合于内墙面装饰。该涂料的施工工艺工艺为：清扫基层表面、刮腻子、刷浆、喷涂等过程。

（3）防霉涂料　有水性防霉内墙涂料和高效防霉内墙涂料之分，高效防霉涂料可对多种霉菌、酵母菌有较强的扼杀能力，涂料使用安全，无致癌物质。涂膜坚实，附着力强、耐潮湿、不老化脱落。适用于医院、制药、食品加工、仪器仪表制造行业的内墙和天棚面的涂饰。

防霉涂料的施工方法简单，一般分为清扫墙面、刮腻子、刷涂料几步工序，但基层清除要严格，应去除墙面浮灰、霉菌，施工作业应采用涂刷法。

（4）多彩花纹内墙涂料　属于水色油型涂料，饰面由底、中、面层涂料复合组成，是一种色泽优雅、立体感强的高档内墙涂料，可用于混凝土、抹灰面、石膏板面的内墙与顶棚。

（5）彩砂喷涂　又称彩色喷涂，是一种丙烯酸彩砂涂料，用空压机喷枪涂于基面上。涂料的特点是：无毒、无溶剂污染、快干、不燃、耐强光、不褪色，耐污染等。彩砂涂料主要用于各种板材及水泥砂浆抹面的外墙面装饰。彩砂喷涂的基本施工工艺为：清理基层、补小洞孔、刮腻子、遮盖不喷部位、喷涂、压平、清铲、清洗喷污的部位等操作过程。彩砂喷涂要求基面平整(达到普通抹灰标准)，若基面不平整，应填补小洞口，且需用107胶水、水泥腻子找平后再喷涂。

（6）砂胶喷涂　是以粗骨料砂胶涂料喷涂于基面上形成的保护装饰涂层。砂胶涂料以合成树脂乳液为胶黏剂，加入普通石英砂或彩色砂子等制成，具备无毒、无味、干燥快、抗老化、黏结力强等优点。

6. 裱糊墙纸饰面

裱糊墙纸包括在墙面、柱面、天棚面裱糊墙纸或墙布。裱糊装饰材料品种繁多，花色图案各异，色彩丰富，质感鲜明，美观耐用，具有良好的装饰效果，因而颇受欢迎。常用的裱糊饰面材料有：装饰墙纸、金属墙纸和织锦缎等。

墙纸又称壁纸，有纸质墙纸和塑料墙纸两大类。纸质型透气、吸音性能好；塑料型光滑、耐擦洗，一般有大、中、小三种规格。

织锦缎墙布是用面、毛、麻、丝等天然纤维或玻璃纤维制成各种粗、细纱或织物，经不同纺纱编织工艺和印色拈线加工，再与防水防潮纸粘贴复合而成。它具有耐老化、无静电、不反光、透气性能好等优点。

裱糊饰面的施工操作过程如下：清扫基层→批补→刷底油→找补腻子→磨砂纸→配置贴面材料，裁墙纸（布）→裱糊刷胶→贴装饰面等。

二、油漆、涂料、裱糊分部工程量计算规则及举例

（1）楼地面、天棚面、墙、柱、梁面的喷（刷）涂料、抹灰面油漆及裱糊工程，均按表5-1相应的计算规则计算。

表5-1　抹灰面油漆、涂料、裱糊

项目名称	系数	工程量计算方法
混凝土楼梯底(板式)	1.15	水平投影面积
混凝土楼梯底(梁式)	1.00	展开面积
混凝土花格窗、栏杆花饰	1.82	单面外围面积
楼地面、天棚、墙、柱、梁面	1.00	展开面积

（2）木材面、金属面油漆的工程量分别按表5-2～表5-8规定计算。

（3）天棚金属龙骨刷防火涂料按天棚投影面积计算。

（4）隔墙、护壁、柱、天棚木龙骨、木地板中木龙骨及木龙骨带毛地板，刷防火涂料工程量计算规则如下。

① 隔墙、护壁木龙骨按其面层正立面投影面积计算。

② 柱木龙骨按其面层外围面积计算。

③ 天棚木龙骨按其水平投影面积计算。

④ 木地板中木龙骨、木龙骨带毛地板按地板面积计算。

表 5-2 执行木门定额工程量系数表

项目名称	系数	工程量计算方法
单层木门	1.00	按单面洞口面积
双层(一板一纱)木门	1.36	
双层(单裁口)木门	2.00	
单层全玻门	0.83	
木百叶门	1.25	

表 5-3 执行木窗定额工程量系数表

项目名称	系数	工程量计算方法
单层玻璃窗	1.00	按单面洞口面积
双层(一玻一纱)木窗	1.36	
双层框扇(单裁口)木窗	2.00	
双层框三层(二玻一纱)木窗	2.60	
单层组合窗	0.83	
双层组合窗	1.13	
木百叶窗	1.50	

表 5-4 执行木扶手定额工程量系数表

项目名称	系数	工程量计算方法
木扶手(不带托板)	1.00	按延长米计算
木扶手(带托板)	2.60	
窗帘盒	2.04	
封檐板、顺水板	1.74	
挂衣板、黑板框、单独木线条 100mm 以外	0.52	
挂镜线、窗帘棍、单独木线条 100mm 以内	0.35	

表 5-5 执行其他木材面定额工程量系数表

项目名称	系数	工程量计算方法
木板、纤维板、胶合板天棚、檐口	1.00	长×宽
木护墙、木墙裙	1.00	
窗台板、筒子板、盖板、门窗套、踢脚线	1.00	
清水板条天棚、檐口	1.07	
木方格吊顶天棚	1.20	
吸音板墙面、天棚面	0.87	
暖气罩	1.28	
木间壁、木隔断	1.90	单面外围面积
玻璃间壁露明墙筋	1.65	
木栅栏、木栏杆(带扶手)	1.82	
衣柜、壁柜	1.00	按实刷展开面积
零星木装修	1.10	展开面积
梁柱饰面	1.00	

表 5-6　单层钢门窗工程量系数表

项目名称	系数	工程量计算方法
单层钢门窗	1.00	洞口面积
双层(一玻一纱)钢门窗	1.48	
钢百叶门	2.74	
半截百叶钢门	2.22	
满钢门或包铁皮门	1.63	
钢折叠门	2.30	
射线防护门	2.96	框(扇)外围面积
厂库房平开、推拉门	1.70	
铁丝网大门	0.81	
间壁	1.85	长×宽
平板屋面	0.74	斜长×宽
瓦垄板屋面	0.89	
排水、伸缩缝盖板	0.78	展开面积
吸气罩	1.63	水平投影面积

表 5-7　平板屋面涂刷磷化、锌黄底漆工程量系数表

项目名称	系数	工程量计算方法
平板屋面	1.00	斜长×宽
瓦垄板屋面	1.20	
排水、伸缩缝盖板	1.05	展开面积
吸气罩	2.20	水平投影面积
包镀锌铁皮门	2.20	洞口面积

表 5-8　其他金属面工程量系数表

项目名称	系数	工程量计算方法
操作台、走台	0.71	重量(t)
钢栅栏门、栏杆、窗栅	1.71	
钢爬梯	1.18	
踏步式钢扶梯	1.05	
零星铁件	1.32	

(5) 隔墙、护壁、柱、天棚的面层及木地板刷防火涂料，执行其他木材面刷防火涂料相应子目。

(6) 木楼梯（不包括底面）油漆，按水平投影面积乘以 2.3 系数，执行木地板相应子目。

【例 5-21】 如图 5-29 所示单间客房的过道、房间墙面贴装饰墙纸、硬木踢脚线(150mm×20mm) 硝基清漆，试计算墙纸和油漆其工程量。

分析 过道、房间贴装饰墙纸，工程量应按设计面积计算，应注意过道壁橱到顶，不贴墙纸，有踢脚线处也不贴墙纸。踢脚线油漆应按垂直投影面积，即长×高计算工程量定额系

数为1.00。

解 装饰墙纸工程量=[(1.85−0.12)+(1.1−0.12)×2)]×(2.2−0.15)+(4−0.12+3.2)×2×(2.6−0.15)−0.9×2.6×3−0.8×2.6−1.8×1.7=30.09(m^2)

踢脚线油漆工程量=[(1.85+1.1×2)+(4−0.12+3.2)×2−0.9×3−0.8+0.24×2]×0.15=2.28(m^2)

第九节 其他工程

一、其他工程分部说明

其他工程一般包括货架、柜台、家具、招牌、灯箱、美术字、压条、装饰线条、壁画、国画、浮雕、栏杆、栏板、扶手及其他内容。

(1) 柜台、货架 本节定额一般包括柜台、货架、收银台、展台、试衣间、酒吧台、附墙柜、厨房矮柜、壁橱等项目。

(2) 家具 本节定额一般包括柜子背板、侧板、顶板、底板、饰面板、挂衣杆、成品玻璃门等子目。

(3) 招牌、灯箱 本节定额一般包括招牌、灯箱基层和面层两类项目。招牌分为平面招牌、箱体招牌和竖式招牌。平面招牌是指安装在门前墙面上的一种招牌；箱体招牌、竖式招牌是指六面体固定在墙面上的招牌。沿雨篷、檐口、阳台走向的立式招牌，按平面招牌考虑。

(4) 压条、装饰线条 是用于各种交接面、分界面、层次面、封边封口线等的压顶线和装饰线，起封口、封边、压边、造型和连接的作用。目前压条和装饰条的种类很多，按材质分，主要有木线条、铝合金线条、铜线条、不锈钢线条和塑料线条、石膏线条等。按用途分，有大花角线、天花线、压边线、挂镜线、封边角线、造型线、槽条等。

(5) 洗漱台 是卫生间内用于支承台式洗脸盆，搁放洗漱卫生用品的地方，同时装饰卫生间的台面。洗漱台一般用纹理、颜色均具有较强装饰性的花岗岩、大理石或人造板材，经磨边、开孔制作而成。台面的厚度一般为20mm，宽度约500～600mm，长度视卫生间大小而定，另设侧板。台面下设置支承构件，通常用角铁架子、木架子、半砖墙或搁在卫生间两边的墙的一侧。洗漱台面与镜面玻璃下边沿间及侧墙与台面接触的部位所配置的竖板，称为挡板或竖挡板。一般挡板与台面使用相同的材料，如为不同品种材料应另列项计算。洗漱台面板的外边沿下方的竖挡板，称为吊沿。

(6) 镜面玻璃、盥洗室镜箱 镜面玻璃分为车边防雾玻璃和普通镜面玻璃。玻璃安装有带框和不带框之分，带框时，一般要用木封边条、铝合金封边条或不锈钢封边条。当镜面玻璃的尺寸不很大时，可在其四角钻孔，用不锈钢玻璃钉直接固定在墙上。当镜面玻璃尺寸较大（$1m^2$ 以上）或墙面平整程度较差时，通常要加木龙骨木夹板基层，使基面平整。固定方式采用嵌压式。

(7) 栏杆、栏板、扶手 栏杆是梯段与平台临空一边的安全维护构件，也是建筑中装饰性较强的构件之一。栏杆的顶部设扶手，作为人们行走时依扶之用。当梯段较宽时，应在靠墙一边设靠墙扶手。栏杆应有足够的强度，须能经受一定的水平推力，并要求美观大方。

楼梯栏杆有空花栏杆、实心栏板及两者组合式栏板等三种形式。楼梯扶手常用硬木、铝合金管、钢管、水磨石及塑料制作，其断面大小以便于手握为宜，一般宽度在40～100mm，高度在75～150mm，具体尺寸视用材及断面形式而异。

栏杆、栏板、扶手适用于楼梯、走廊、回廊及其他装饰性栏杆、栏板。以某省装饰定额为例，包括铝合金栏杆、不锈钢栏杆、有机玻璃栏板、大理石栏板、铜管栏杆、木栏杆等子目。

二、其他工程分部工程量计算规则及举例

(1) 货架、柜台

① 柜台、展台、酒吧台、酒吧吊柜、吧台背柜按延长米计算。

② 货架、附墙木壁柜、附墙矮柜、厨房矮柜均以正立面的高（包括脚的高度在内）乘以宽以面积计算。

③ 收银台、试衣间等以个计算。

(2) 家具　是指独立的衣柜、书柜、酒柜等，不分柜子的类型，按不同部位以展开面积计算。

(3) 招牌、灯箱

① 平面招牌基础按正立面面积计算，复杂形的凹凸造型部分亦不增减。

② 沿雨篷、檐口或阳台走向的立式招牌基层，按展开面积计算。

③ 箱体招牌和竖式标箱的基层，按外围体积计算。突出箱外的灯饰、店徽及其他艺术装潢等，均另行计算。

④ 灯箱的面层按展开面积计算。

⑤ 广告牌钢骨架以吨计算。

(4) 美术字安装按字的最大外围矩形面积以个计算。

(5) 压条、装饰线条均按延长米计算。

(6) 壁画、国画、平面雕塑按图示尺寸，无边框分界时，以能包容该图形的最小矩形或多边形的面积计算。有边框分界时，按边框间面积计算。

(7) 栏杆、栏板、扶手

① 栏杆、栏板、扶手均按其中心线长度以延长米计算，计算扶手时不扣除弯头所占长度。

② 弯头按个计算。

【例 5-22】 某大楼有等高的 8 跑楼梯，如图 5-50 所示，采用不锈钢管扶手栏杆，每跑楼梯高为 2.00m，每跑楼梯扶手水平长度为 4.00m，扶手转弯位 0.30m，最后一跑楼梯连接的水平安全栏杆长 1.60m，求该大楼的扶手栏杆工程量。

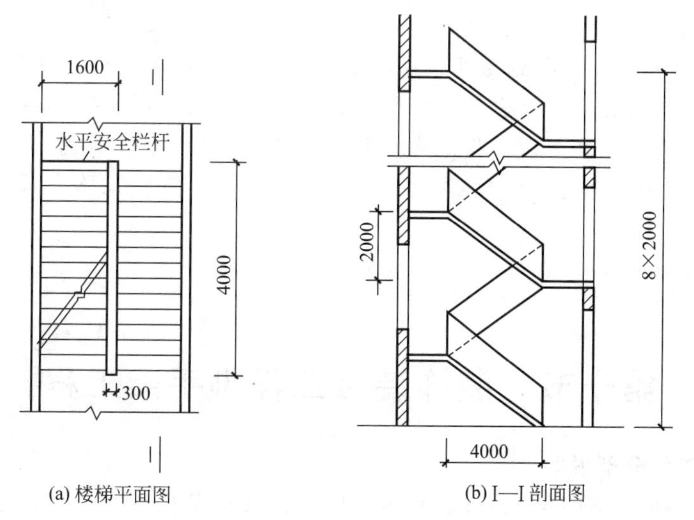

图 5-50　楼梯扶手示意图

分析 栏杆扶手包括弯头长度按延长米计算，注意不要遗漏顶层水平段长度。

解 不锈钢栏杆扶手$=\sqrt{(2^2+4^2)}\times 8+0.3\times 7+1.6=39.476$(m)

(8) 其他

① 暖气罩（包括脚的高度在内）按边框外围尺寸垂直投影面积计算。

② 镜面玻璃安装以正立面面积计算。

③ 塑料镜箱、毛巾环、肥皂盒、金属帘子杆、浴缸拉手、毛巾杆安装以只或副计算。

④ 不锈钢旗杆以延长米计算。

⑤ 大理石洗漱台以台面投影面积计算（不扣除孔洞面积）。

⑥ 窗帘布制作与安装工程量以垂直投影面积计算。

【例 5-23】 设图 5-51 所示单间客房卫生间内大理石洗漱台，同种材料挡板、吊沿，车边镜面玻璃及毛巾架等配件。尺寸如下：大理石台板 1400mm×500mm×20mm，挡板宽度 120mm，吊沿 180mm，开单孔；台班磨半圆边；玻璃镜 1400mm（宽）×1120mm（高），不带框；毛巾架为不锈钢架，1 只/间。试计算 15 个标准间客房卫生间上述配件的工程量。

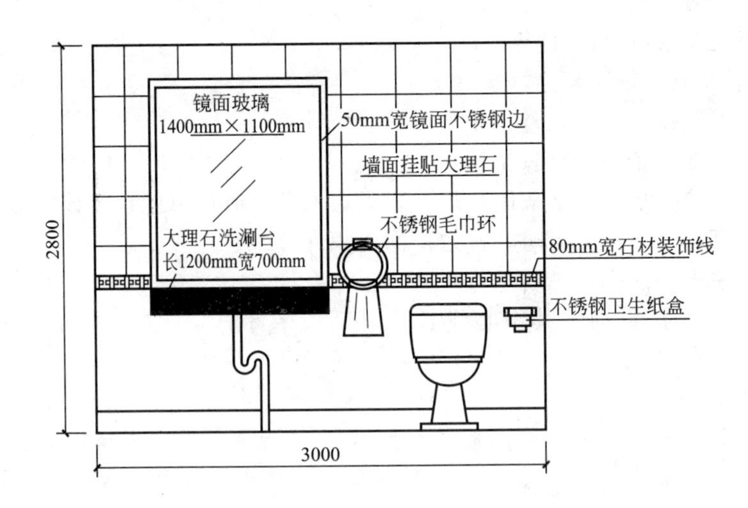

图 5-51 某卫生间示意图

分析 依据该客房卫生间装饰做法，应列 3 项，即大理石洗漱台、镜面玻璃和不锈钢毛巾架三项。大理石洗漱台应按台面投影面积计算（不扣除孔洞面积）。但挡板和吊沿应并入台面面积。镜面玻璃应按其立面面积计算。毛巾架按数量以“付”计算。

解 大理石洗漱台工程量$=[1.4\times 0.5+(1.4+0.5\times 2)\times 0.18+1.4\times 0.12]\times 15=17.07$(m^2)

镜面玻璃工程量$=1.4\times 1.12\times 15=23.52$(m^2)

毛巾架=15(副)

第十节 装饰装修工程脚手架工程

一、脚手架工程分部说明

脚手架是专为高空施工操作、堆放和运送材料、保证施工过程工人安全而设置的架设工具或操作平台。脚手架虽不是工程实体，但也是施工中不可缺少的设施之一，其费用也是构成工程造价的一个组成部分。装饰脚手架一般分为外脚手架、里脚手架、满堂脚手架及电动吊篮。

(1) 外脚手架　是为完成外墙局部的个别部位和个别构件的施工（砌筑、混凝土浇灌、装修等）及安全所搭设的脚手架。以湖北省装饰定额为例，外脚手架仅适用于单独承包装饰装修工作面高度在 1.2m 以上的需重新搭设脚手架的工程。

(2) 里脚手架　是指沿室内墙面搭设的脚手架，常用于内墙砌筑、室内装修和框架外墙砌筑等。里脚手架一般为工具式脚手架，常用的有折叠式里脚手架、支柱式里脚手架和马登式里脚手架。

(3) 满堂脚手架　是指在工作范围内满设的脚手架，形如棋盘井格，主要用于室内顶棚安装、装饰。

(4) 吊篮脚手架　通称吊脚手架、悬吊脚手架，简称吊篮，是通过特设的支撑点，利用吊索来悬吊吊篮（或称吊架）进行施工操作的一种脚手架。它的主要组成部分为：吊篮、支撑设施、吊索及升降装置和安全设施等。吊篮按驱动机构不同，可分为卷扬机式和爬升式两大类。

卷扬机吊篮一般是将卷扬机钩布置在建筑物屋顶的悬吊装置车架上，驱动机构钢丝绳向外引出，绳端与吊篮固结。悬空爬升式吊篮的特点是一台吊篮配备两套驱动装置，它们分别安装在吊篮工作台的两侧。吊篮脚手架适用于外装饰装修工程，包括用于玻璃和金属玻璃幕墙的安装、维修及清理，外墙钢窗及装饰物的安装，外墙面料施工，及墙面的清洁、保养、修理等。特别是对高层建筑的外装饰作业和维修保养，采用吊篮作业比使用外脚手架更为经济方便。

二、脚手架分部工程量计算规则及举例

(1) 装饰装修外脚手架　按外墙的外边线乘墙高以平方米计算。

【例 5-24】 试计算图 5-52 所示建筑物的装饰外脚手架。

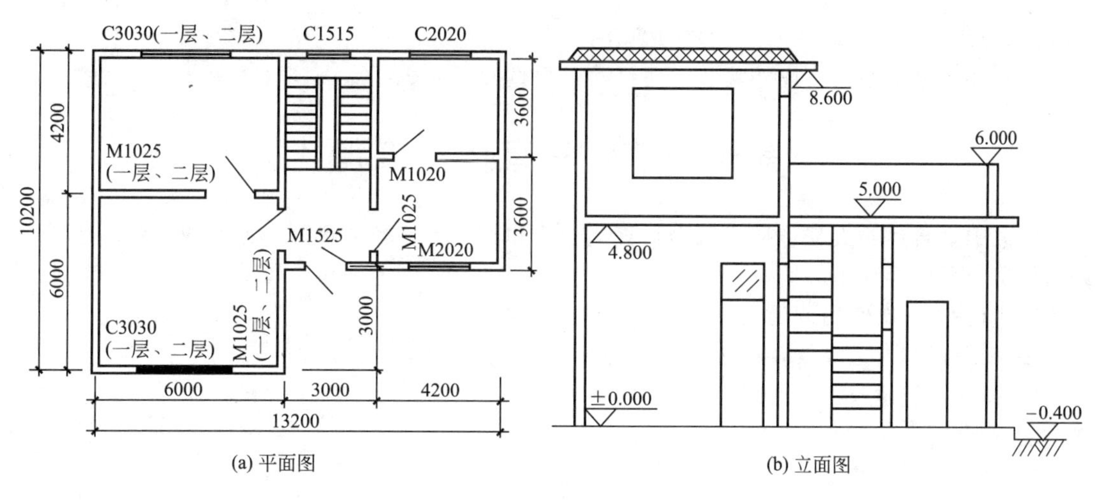

(a) 平面图　　(b) 立面图

图 5-52　某建筑平、立面示意图

分析　装饰装修外脚手架，按外墙的外边线乘墙高以平方米计算，注意不扣除门窗洞口所占的面积，同一建筑物高度不同时，应按不同高度分别计算。

解　外墙脚手架工程量$=[(13.2+10.2)\times2+0.24\times4]\times(4.8+0.4)+(7.2\times3+0.24)\times1.2+[(6+10.2)\times2+0.24\times4]\times(8.6-4.8)=401.33(\text{m}^2)$

（2）里脚手架

① 内墙面粉饰脚手架，均按内墙面垂直投影面积计算，不扣除门窗孔洞的面积。但已计算满堂脚手架者，不得再计算内墙里脚手架。

② 搭设3.6m以上钢管里脚手架时，按9m以内钢管里脚手架计算。

【例5-25】 试计算图5-53所示建筑物二层的内墙粉饰脚手架工程量。

分析 内墙面粉饰脚手架按内墙面垂直投影面积计算，及按内墙净长×内墙净高进行计算，主要不需扣除门窗洞口的面积。

解 二层内墙净长＝[(6－0.24)＋(6－0.24)]×2＋[(6－0.24)＋(4.2－0.24)]×2＝23.04＋19.44＝42.48(m)

二层内墙净高＝8.6－5＝3.6(m)

二层内墙面粉饰脚手架工程量＝42.48×3.6＝152.93(m^2)

（3）满堂脚手架

① 凡天棚操作高度超过3.6m需抹灰或刷油者，应按室内净面积计算满堂脚手架，不扣除垛、柱、附墙烟囱所占面积。满堂脚手架高度，单层以设计室外地面至天棚底为准，楼层以室内地面或楼面至天棚底（斜天棚或斜屋面板以平均高度计算）。

② 满堂脚手架的基本层操作高度按5.2m计算（即基本层高3.6m），每超过1.2m计算一个增加层。每层室内天棚高度超过5.2m，在0.6m以上时，按增加一层计算，在0.6m以内时，则舍去不计。

例如，建筑物室内天棚高9.2m，其增加层位：(9.2－5.2)÷1.2＝3（增加层）余0.4m，则按3个增加层计算，余0.4m舍去不计。

【例5-26】 某建筑如图5-52所示，试计算其一层满堂脚手架工程量。墙厚240mm。

分析 该建筑物一层满堂脚手架高度为室内地面至一层天棚底，即为4.8m，所以按基本层计算。满堂脚手架的工程量按室内净面积计算。

解 满堂脚手架工程量＝(6－0.24)×(10.2－0.24×2)＋(3－0.24)×(3.6×2－0.24)＋(4.2－0.24)×(3.6×2－0.24×2)＝101.81(m^2)

（4）外墙电动吊篮 按外墙装饰面尺寸以垂直投影面积计算。

第十一节 垂直运输工程

定额中垂直运输工程包括建筑物垂直运输费和高层建筑增加费两个方面的内容。高层建筑增加费包括内容如下。

① 脚手架一次使用期延长的增加费；

② 超高施工人工降效费；

③ 脚手架与建筑物连接固定增加费；

④ 安全网增加费；

⑤ 脚手板增加费；

⑥ 垂直运输机械塔吊台班增加（机械降效）、机型的要求提高而增加费用；

⑦ 使用施工电梯增加费；

⑧ 因施工用水加压使用电动多级离心水泵增加费。

一、垂直运输及超高增加费分部说明

① 建筑物垂直运输以建筑物的檐高及层数两个指标划分定额子目。凡檐高达到上一级而层数未达到时，以檐高为准；如层数达到上一级而檐高未达到时，以层数为准。

层数指室外地面以上自然层，含2.2m设备管道层。建筑物檐高系指建筑物自设计室外地面标高至檐口滴水标高。无组织排水的滴水标高为屋面板顶，有组织排水的滴水标高为天沟板底。地下室和屋顶有围护结构的楼梯间、电梯间、水箱间、塔楼、望台等，计算建筑面积，不计算高度、层数。

② 建筑物垂直运输1～6层（檐高20m以内）、7、8层（檐高20～28m）按卷扬机施工。9层及其以上（檐高28m以上）时，按室外施工电梯施工。

③ 9层及其以上（檐高28m以上）的高层建筑垂直运输及增加费指除含7层及以上（檐高20m以上）垂直运输费和超高人工工日、机械等增加费外，还包括1～6层（檐高20m以内）的垂直运输费。

二、垂直运输及超高增加费工程量计算规则及举例

（1）一般规则　檐高20m以内建筑物垂直运输、高层建筑垂直运输及超高增加费工程量按建筑面积计算。

（2）檐高20m以内建筑物垂直运输　凡建筑物层数在6层以下且檐高在20m以内时，按6层以下的建筑面积计算之和，计算工程量。包含地下室和屋顶楼梯间等建筑面积。

（3）高层建筑垂直运输及超高增加费

① 檐高超过20m以上时，以建筑物檐高与20m之差，除以3.3m（余数不计）为层数（除本条第5、6款外），乘以按本条第3款计算的折算层面积，计算工程量。

② 当上层建筑面积小于下层建筑面积的50%时，应垂直分割为两部分计算。层数（檐高）高的范围与层数（或檐高）低的范围分别按本条第1款规则计算。

【例5-27】 某建筑物，地下室1层，层高4.2m，建筑面积2000m²；裙房共5层，层高4.5m，室外标高−0.6m，每次建筑面积2000m²，裙房屋面标高22.5m；塔楼共15层，层高3m，每层建筑面积800m²，塔楼屋面标高67.5m，上有一出屋面的楼梯间和电梯机房，层高3m，建筑面积50m²，如图5-53所示。采用塔吊施工，计算该建筑物垂直运输及高层增加费工程量。

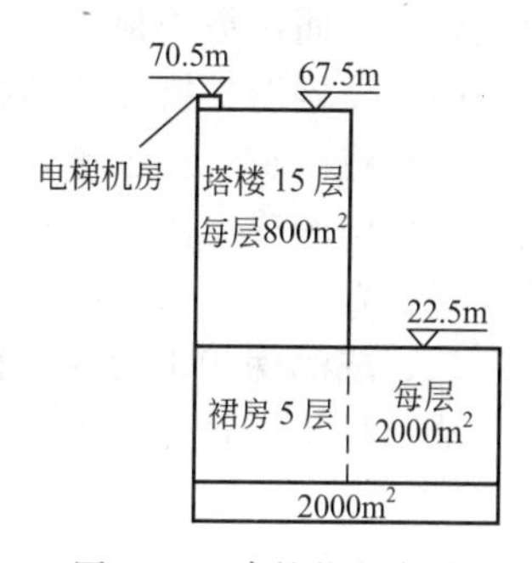

图5-53　建筑物示意图

分析　塔楼每层建筑面积800m²，小于裙房每层建筑面积2000m²的50%，符合垂直划分的原则。因此塔楼的檐高＝0.6＋67.5＝68.1（m），层数为20层，裙房的檐高为0.6＋22.5＝23.1（m）。地下室和出屋面的梯间、电梯机房不计算层数和高度。

解　① 第一部分。高层建筑垂直运输及增加费，19～21层，檐高69.5m以内。

$$(68.1-20)\div 3.3=14\text{个折算超高层}$$

$$\text{工程量}=800\times 14+50=11250(\text{m}^2)$$

② 第二部分。高层建筑垂直运输及增加费，檐高20～28m以内。

$$\text{工程量}=2000-800=1200(\text{m}^2)$$

③ 第三部分。建筑物垂直运输，20m以内。

$$\text{工程量}=(2000-800)\times 4+2000=6800(\text{m}^2)$$

③ 当上层建筑面积大于或等于下层建筑面积的50%时，则按本条第1款规定计算超高折算层层数，以建筑物楼面高度20m以上实际层数建筑面积的算术平均值为折算层面积，乘以超高折算层层数，计算工程量。

④ 当建筑物檐高在20m以下时，而层数在6层以上时，以6层以上建筑面积套用7-8层子目，剩余6层以下（不含第6层）的建筑面积套用檐高20m以内子目。

⑤ 当建筑物檐高超过 20m，但未达到 23.3m，则无论实际层数多少，均以最高一层建筑面积（含屋面楼梯间、机房等）套用 7-8 层子目，剩余 6 层以下（不含第 6 层）的建筑面积套用檐高 20m 以内子目。

【例 5-28】 某工程一层层高 5.1m，二至三层层高 4.5m，四至五层层高 4.2m，室外地面标高−0.30m，每层建筑面积均为 3500m²，采用塔吊施工，计算建筑物垂直运输及高层建筑垂直运输增加费。

分析 超过 20m 但未达到 23.3m，应以五层的建筑面积计算高层建筑垂直运输增加费，以一至四层的建筑面积计算建筑物垂直运输工程量。

解 高层建筑垂直运输增加费工程量＝3500m²

建筑物垂直运输工程量＝3500×4＝14000（m²）

⑥ 当建筑物檐高在 28m 以上但未超高 29.9m 时，或檐高在 28m 以下但层数在 9 层以上时，按 3 个折算超高层和本条第 3 款计算的折算层面积相乘计算工程量，套用 9-12 层子目，余下建筑面积不计。

第十二节　成品保护工程

一、成品保护工程分部说明

在施工现场，由于工期较紧，往往造成交叉施工单位多，多处作业面需经各施工单位反复穿插才能完成的特点，因此需要对施工现场的成品作出保护措施。

木地板作业应注意施工污水的污染破坏，禁止在已完地面上，揉制油灰、油膏，调制油漆，防止地面污染受损。大理石等块料地面完成后要加以覆盖，防止色浆、油灰、油漆的污染，同时设置防护措施，防止磨、砸造成缺陷。铝合金门窗等易摩擦部位，应用塑料薄膜包扎，严禁将门窗、扶手等，作为脚手板支点或固定使用，防止被砸碰损坏和位移变形。

定额中的成品保护是指对已做好的项目面上覆盖保护层。实际施工中未覆盖的不得计算成品保护费。

二、成品保护工程量计算规则

成品保护按被保护的面积计算。台阶、楼梯成品保护按水平投影面积计算。

小　　结

工程量计算是确定工程造价的关键步骤，直接关系着工程造价的计算正确与否。工程量计算是根据图纸、定额和计算规则列项计算，最后得出计算数量结果。因此，要正确计算工程量必须做到能看懂图纸，熟悉相关施工工艺和定额子目的设置，掌握相关工程量计算规则。

本章介绍了工程量的计算原则和方法、计算步骤。着重介绍了楼地面工程、墙柱面工程、天棚工程、门窗工程、油漆涂料裱糊工程及其他工程的定额子目设置、基本施工工艺流程和方法，并结合大量实例，具体介绍了各分部工程的工程量计算方法。

能力训练题

一、单选题

1.（2013 年注册造价工程师考试真题）根据《建筑工程建筑面积计算规范》(GB/T

50353)，多层建筑物二层及以上楼层应以层高判断如何计算建筑面积，关于层高的说法，正确的是（　　）。

A. 最上层按楼面结构标高至屋面板板面结构标高之间的垂直距离

B. 以屋面板找坡的，按楼面结构标高至屋面板最高处标高之间的垂直距离

C. 有基础底板的按底板下表面至上层楼面结构标高之间的垂直距离

D. 没有基础底板的按基础底面至上层楼面结构标高之间的垂直距离

2. (2012 年注册造价工程师考试真题）下列材料中，主要用作室内装饰的材料是（　　）。

A. 花岗石　　B. 陶瓷锦砖　　C. 瓷质砖　　D. 合成石面板

3. (2004 年注册造价工程师考试真题）柱面装饰板工程量应按设计图示饰面外围尺寸以面积计算，且（　　）。

A. 扣除柱帽、柱墩面积　　B. 扣除柱帽、不扣除柱墩面积

C. 扣除柱墩、不扣除柱帽面积　　D. 柱帽、柱墩并入相应柱饰面工程量内

4. (2009 年注册造价工程师考试真题）计算单位工程工程量时，强调按照既定的顺序进行。其目的是（　　）。

A. 便于制定材料采购计划　　B. 便于有序安排施工进度

C. 避免因人而异，口径不同　　D. 防止计算错误

5. 装饰装修工程中可按设计图示数量计算工程量的是（　　）。

A. 镜面玻璃　　B. 厨房壁柜　　C. 美术字　　D. 灯箱面层

二、问答题

1. 简述正确计算工程量的意义。
2. 房屋建筑中哪些部位应计算建筑面积？如何计算？哪些部位不应计算建筑面积？
3. 简述计算工程量的原则与方法。
4. 楼地面工程包括哪些定额项目？楼地面工程定额工程量应怎样计算？
5. 墙柱面工程包括哪些定额项目？墙柱面工程定额工程量应怎样计算？
6. 天棚工程包括哪些定额项目？天棚工程定额工程量应怎样计算？
7. 油漆、涂料、裱糊工程包括哪些定额项目？油漆、涂料、裱糊工程定额工程量应怎样计算？
8. 门窗工程包括哪些定额项目？门窗工程定额工程量应怎样计算？
9. 脚手架工程包括哪些定额项目？脚手架工程定额工程量应怎样计算？
10. 垂直运输工程包括哪些定额项目？垂直运输工程定额工程量应怎样计算？

三、计算题

(2005 年注册造价工程师考试真题）某经理室装修工程如图 5-54 所示。间壁轻隔墙厚 120mm，承重墙厚 240mm。踢脚、墙面门口侧边的工程量不计算，柱面与墙踢脚做法相同，柱装饰面层厚度 50mm。

试计算下列工程量：

(1) 块料楼地面；

(2) 120mm 高木质踢脚线；

(3) 红桦饰面板包柱面；

(4) 轻钢龙骨石膏板平面天棚。

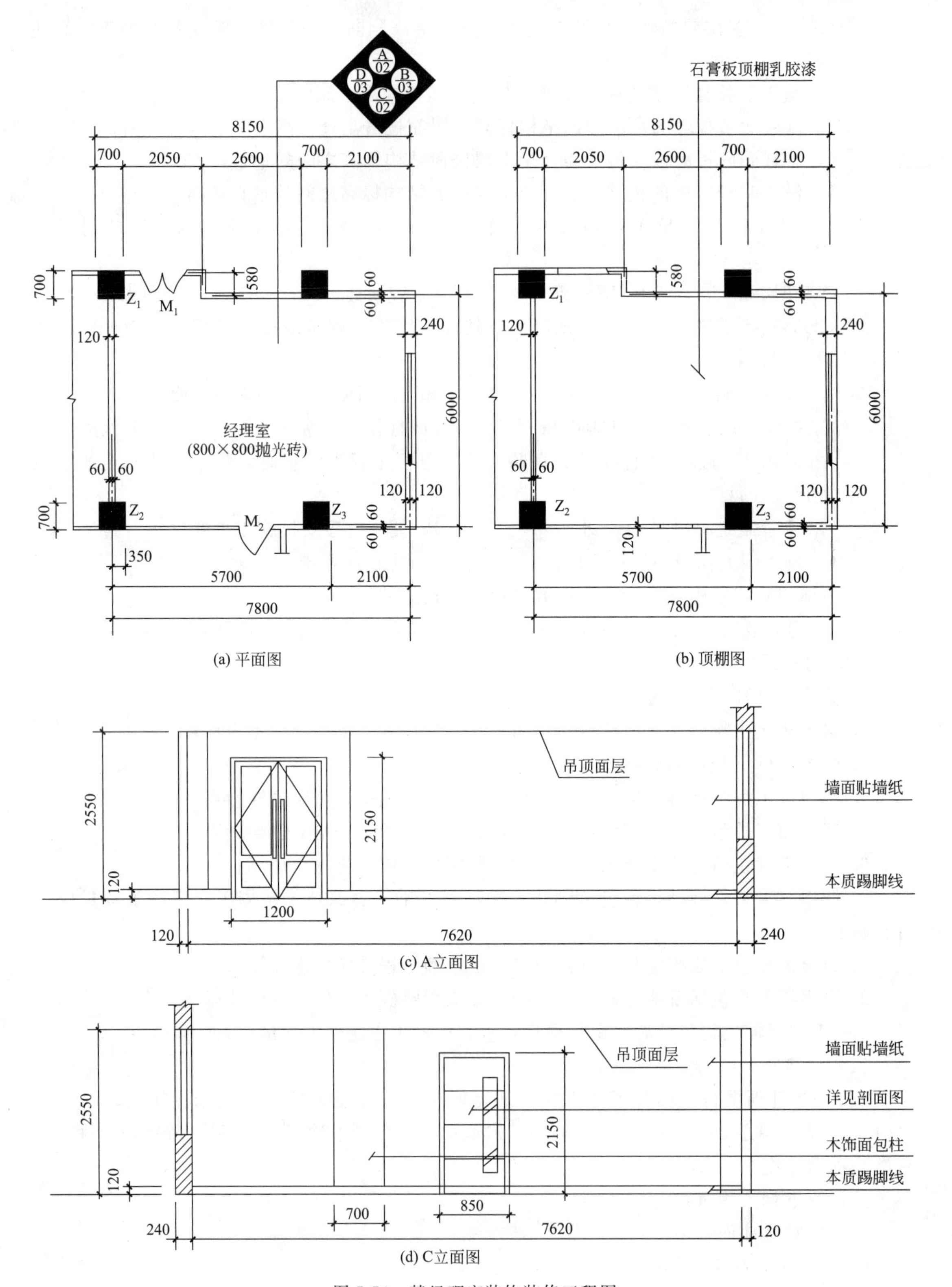

图 5-54　某经理室装饰装修工程图

第六章

装饰装修工程量清单计价

【知识目标】

- 了解装饰工程清单项目的划分及组成内容
- 理解装饰工程常用清单项目的工程量计算规则
- 掌握装饰工程清单项目综合单价的计算方法和步骤

【能力目标】

- 能够计算装饰工程常用清单项目的清单工程量
- 能够应用定额和计价规范对清单项目进行综合单价的组价

《房屋建筑与装饰工程工程量计算规范》(GB 50854—2013)(以下简称“计量规范”)列出了装饰装修工程的工程量清单项目及计算规则，是装饰装修工程工程量清单项目设置和计算清单工程量的依据。清单项目按“计量规范”规定的计量单位和工程量计算规则进行计算，计算结果为清单工程量；清单项目的综合单价按“计量规范”规定的项目特征采用定额组价来确定。

装饰装修工程工程量清单项目分为两部分，第一部分为实体项目，即分部分项工程项目；第二部分为措施项目。其中实体项目分为六个分部工程，即楼地面工程、墙柱面工程、天棚工程、门窗工程、油漆、涂料、裱糊工程及其他工程。

第一节　楼地面工程

楼地面工程工程量清单项目分整体面层及找平层、块料面层、橡塑面层、其他材料面层、踢脚线、楼梯面层、台阶装饰、零星装饰项目 8 节，共 43 个项目。

一、楼地面工程清单工程量计算规则及举例

1. 整体面层及找平层（编码：011101）

按设计图示尺寸以面积计算。扣除凸出地面构筑物、设备基础、室内铁道、地沟等所占面积，不扣除间壁墙和 0.3m^2以内的柱、垛、附墙烟囱及孔洞所占面积。门洞、空圈、暖气包槽、壁龛的开口部分不增加面积。

整体面层包括：水泥砂浆面层、现浇水磨石面层、细石混凝土面层、菱苦土面层、自流平楼地面面层。

平面砂浆找平层只适用于仅做找平层的平面抹灰。

提示：间壁墙是指小于等于 120mm 的隔断墙，一般不做承重基础。

【例 6-1】 某传达室平面图如图 6-1 所示，室内地面为 20mm 厚 1∶2 水泥砂浆抹面，计算室内水泥砂浆地面的清单工程量。

解　清单工程量＝(3.9－0.24)×(3＋3－0.24)＋(5.1－0.24)×(3－0.24)×2＝21.08＋26.83＝47.91(m^2)

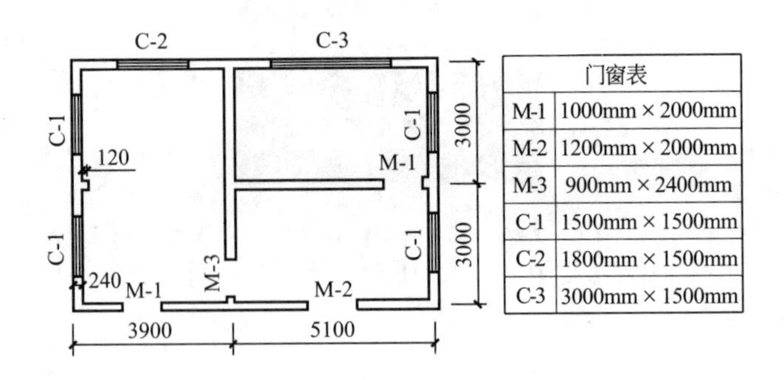

门窗表	
M-1	1000mm × 2000mm
M-2	1200mm × 2000mm
M-3	900mm × 2400mm
C-1	1500mm × 1500mm
C-2	1800mm × 1500mm
C-3	3000mm × 1500mm

图 6-1　某传达室平面图

2. 块料面层（编码：011102）

按设计图示尺寸以面积计算。门洞、空圈、暖气包槽、壁龛的开口部分并入相应的工程量内。

块料面层包括：石材面层、碎石材楼地面和块料面层。

提示：块料面层与整体面层的清单工程量计算规则相同，但两者定额工程量计算规则不同。

3. 橡塑面层（编码：011103）

按设计图示尺寸以面积计算。门洞、空圈、暖气包槽、壁龛的开口部分并入相应的工程量内。

橡塑面层包括：橡胶板面层、橡胶板卷材面层、塑料板面层、塑料卷材面层。

4. 其他材料面层（编码：011104）

按设计图示尺寸以面积计算。门洞、空圈、暖气包槽、壁龛的开口部分并入相应的工程量内。

其他材料面层包括：地毯面层、竹木（复合）地板、防静电活动地板、金属复合地板。

【例 6-2】 如图 6-1 所示，如室内地面铺设复合木地板，户外门向外开启，计算室内复合地板的清单工程量。

解　清单工程量＝地面工程量＋门洞开口部分工程量－扣减附墙垛工程量＝47.91＋(1×2＋1.2＋0.9)×0.24－0.12×0.24＝47.91＋0.98－0.03＝48.86(m^2)

5. 踢脚线（编码：011105）

以平方米计量，按设计图示长度乘以高度以面积计算；以米计量，按延长米计算。

踢脚线包括：水泥砂浆、石材、块料、塑料板、木质、金属、防静电等材质的踢脚线。

【例 6-3】 如图 6-1 所示，如室内铺设 150mm 高的木质踢脚线（铺设至门洞口处），计算木质踢脚线的清单工程量。

解　清单工程量＝图示长度×高

房间长度＝(3.9－0.24＋3×2－0.24)×2＋(5.1－0.24＋3－0.24)×2×2＝49.32(m)

墙垛长度＝0.12×2＝0.24(m)

扣减长度＝0.9×2＋1×3＋1.2＝6.0(m)

长度小计＝49.32＋0.24－6＝43.56(m)

木质踢脚线清单工程量＝43.56×0.15＝6.53(m^2)

6. 楼梯装饰（编码：011106）

按设计图示尺寸以楼梯（包括踏步、休息平台及500mm以内的楼梯井）水平投影面积计算。楼梯与楼地面相连时，算至梯口梁内侧边沿；无梯口梁者，算至最上一层踏步边沿加300mm。

楼梯装饰包括：石材、块料、拼碎块料、水泥砂浆、现浇水磨石、地毯、木板、橡胶板、塑料板等楼梯面层。

【例6-4】 某建筑物内一楼梯如图6-2所示，采用直线双跑形式，同走廊连接，墙厚240mm，梯井宽300mm，楼梯及走廊铺设花岗岩面层，计算楼梯花岗岩面层的清单工程量。

解 清单工程量$=(3.3-0.24)\times(0.20+2.7+1.43)=3.06\times4.33=13.25(m^2)$

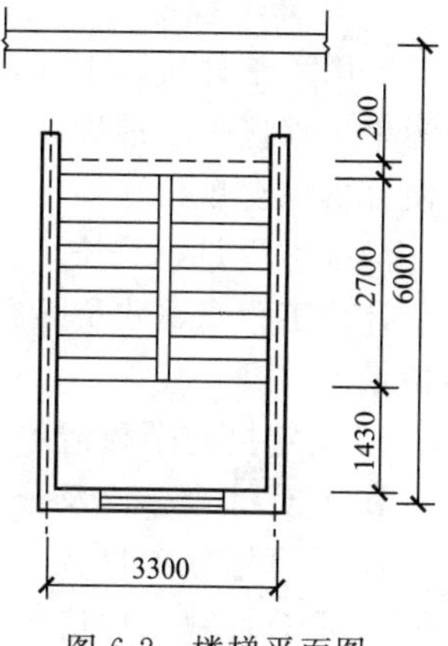

图6-2 楼梯平面图

7. 台阶装饰（编码：011107）

按设计图示尺寸以台阶（包括最上层踏步边沿加300mm）水平投影面积计算。

台阶装饰包括石材、块料、拼碎块料、水泥砂浆、现浇水磨石、剁假石等台阶面。

【例6-5】 某建筑物入口台阶如图6-3所示，台阶采用300mm×300mm陶瓷地砖饰面，计算陶瓷地砖台阶面的清单工程量。

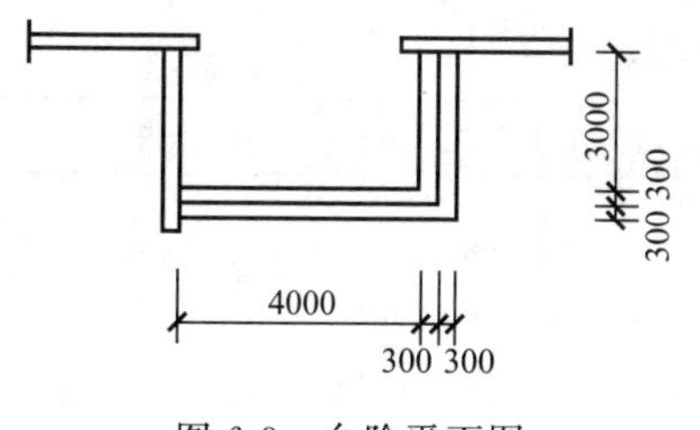

图6-3 台阶平面图

解 清单工程量$=(4+0.3+3+0.3)\times0.6+(4-0.15+3-0.15)\times0.3=7.6\times0.6+6.7\times0.3=6.57(m^2)$

8. 零星装饰项目（编码：011108）

按设计图示尺寸以面积计算。

楼梯、台阶牵边和侧面镶贴块料面层，0.5 m^2以内少量分散的楼地面镶贴块料面层，应按零星装饰项目列项计算。

零星装饰项目包括：石材、碎拼石材、块料零星项目以及水泥砂浆零星项目。

二、楼地面工程清单综合单价的确定

（一）工程量清单计价的操作步骤

1. 熟悉相关资料

（1）熟悉工程量清单　工程量清单是计算工程造价最重要的依据，在计价时必须全面了解每一个清单项目的特征描述，熟悉其包括的工程内容，以便在计价时不漏项，不重复计算。

（2）研究招标文件　工程招标文件的有关条款、要求和合同条件，是计算工程计价的重要依据。在招标文件中，对有关承发包工程范围、内容、期限、工程材料、设备采购供应办法等都有具体规定，只有在计价时按规定进行，才能保证计价的有效性。

（3）熟悉施工图纸　全面、系统的阅读图纸，是准确计算工程造价的重要工作。

（4）熟悉工程量计算规则　当采用定额分析分部分项工程的综合单价时，对定额工程量计算规则的熟悉和掌握，是快速、准确地分析综合单价的重要保证。

（5）了解施工组织设计　施工组织设计或施工方案是施工单位的技术部门针对具体工程编制的施工作业的指导性文件，其中对施工技术措施、安全措施、施工机械配置、是否增加辅助项目等，都应在工程计价的过程中予以注意。施工组织设计所涉及的费用主要是措施项目费。

（6）明确材料的来源情况。

2. 计算工程量

采用清单计价，工程量计算主要有两部分内容：一是核算工程量清单所提供的清单项目的清单工程量是否准确；二是计算每一个清单主体项目及所组合的辅助项目的计价工程量，以便分析综合单价。

清单工程量，是按工程实体净尺寸计算；

计价工程量（也称定额工程量），是在净值的基础上，加上施工操作（或定额）规定的预留量。

3. 确定措施项目清单内容

4. 计算综合单价及分部分项工程费

5. 计算措施项目费、其他项目费、规费、税金及风险费用

6. 汇总计算工程造价

（二）综合单价的确定方法和计算步骤

1. 综合单价的确定方法

综合单价的确定是工程量清单计价的核心内容，确定方法常采用定额组价。举例说明如下。

根据“计量规范”装饰装修工程的清单项目设置表（见表6-1），分析其综合单价可组合的定额项目。

表6-1 块料面层（编码：011102）

项目编码	项目名称	项目特征	计量单位	工程量计算规则	工作内容
011102003	块料楼地面	1. 找平层厚度、砂浆配合比 2. 结合层厚度、砂浆配合比 3. 面层材料品种、规格、颜色 4. 嵌缝材料种类 5. 防护层材料种类 6. 酸洗、打蜡要求	m^2	按设计图示尺寸以面积计算。门洞、空圈、暖气包槽、壁龛的开口部分并入相应的工程量内	1. 基层清理 2. 抹找平层 3. 面层铺设、磨边 4. 嵌缝 5. 刷防护材料 6. 酸洗、打蜡 7. 材料运输

分部分项工程量清单应根据附录规定的项目编码、项目名称、项目特征、计量单位和工程量计算规则进行编制。其中项目特征是确定综合单价的前提，由于工程量清单的项目特征决定了工程实体的实质内容，必然直接决定了工程实体的自身价值。因此，工程量清单项目特征描述得准确与否，直接关系到工程量清单项目综合单价的准确确定。

分析：由表6-1的项目特征栏可知，一个块料楼地面清单项目可能包含的内容：找平层、结合层、面层、嵌缝、面层防护层、面层的养护等，其可以组合套用的定额子目见表6-2。

表6-2 块料面层的定额子目组合

	项目特征	可套用的定额子目
块料楼地面综合单价	1. 找平层厚度、砂浆配合比	找平层
	2. 结合层厚度、砂浆配合比	面层(结合层含在面层定额子目中)
	3. 面层材料品种、规格、品牌、颜色	
	4. 嵌缝材料种类	嵌缝(指特殊的嵌缝材料)
	5. 防护层材料种类	面层的防护层
	6. 酸洗、打蜡要求	面层的养护

不同的工程，块料楼地面项目所包含的内容不同，项目特征描述的内容也不同，有的只包含其中的几项，有的还需包含其他的内容。如块料楼地面施工材料不在工程现场，还涉及材料运输的费用，这些内容都需要在项目特征中予以明确，以便组价时不漏项。

提示：在定额组价过程中，常将与清单项目相同的定额项目称为主体项目，其他参与组价的定额项目称为辅助项目。

① 清单计价时，是辅助项目随主体项目计算，将不同工程内容的辅助项目组合在一起，计算出主体项目的综合单价；

② 定额计价时，是将相同施工工序的项目，分别单独列项套用定额，计算出每个项目的直接工程费，再将所有的项目汇总，计算出整个单位工程的直接工程费。

2. 综合单价的计算步骤

① 核算清单工程量；

② 计算计价工程量；

③ 选套定额、确定人材机单价、计算人材机费用；

④ 确定费率，计算管理费、利润；

⑤ 计算风险费用；

⑥ 计算综合单价。

（三）综合单价的编制依据

采用清单计价，当编制人是招标人（或招标人委托的具有相应资质的工程造价咨询人）时，编制对象为招标控制价；当编制人是投标人（或投标人委托的具有相应资质的工程造价咨询人）时，编制对象为投标报价。在编制招标控制价与投标报价中，确定综合单价所采用的编制依据是不同的。

1. 招标控制价的编制依据

① 国家现行标准《建设工程工程量清单计价规范》(GB 50500—2013）与专业工程计量规范；

② 国家或省级、行业建设主管部门颁发的计价定额和计价办法；

③ 建设工程设计文件及相关资料；

④ 拟定的招标文件及招标工程量清单；

⑤ 与建设项目相关的标准、规范、技术资料；

⑥ 施工现场情况、工程特点及常规施工方案；

⑦ 工程造价管理机构发布的工程造价信息；工程造价信息没有发布的参照市场价；

⑧ 其他的相关资料。

2. 投标报价的编制依据

① 国家现行标准《建设工程工程量清单计价规范》(GB 50500—2013）与专业工程计量规范；

② 国家或省级、行业建设主管部门颁发的计价办法；

③ 企业定额，国家或省级、行业建设主管部门颁发的计价定额；

④ 招标文件、工程量清单及其补充通知、答疑纪要；

⑤ 建设工程设计文件及相关资料；

⑥ 施工现场情况、工程特点及拟定的投标施工组织设计或施工方案；

⑦ 与建设项目相关的标准、规范等技术资料；

⑧ 市场价格信息或工程造价管理机构发布的工程造价信息；

⑨ 其他的相关资料。

3. 确定综合单价的区别

根据综合单价的定义，综合单价包含的费用：人工费、材料费、施工机械使用费、企业管理费、利润以及一定范围内的风险费用。将上述六项费用分类，可分为三类。

一类费用：人工费、材料费、机械费；

二类费用：企业管理费、利润；

三类费用：一定范围内的风险费用。

(1) 一类费用可分解为：工程量×（人、材、机）消耗量×（人、材、机）单价。采用定额组价，人材机消耗量主要通过消耗量定额来确定，人材机单价主要通过市场价格或工程造价管理机构发布的工程造价信息来确定。

(2) 二类费用的企业管理费、利润主要采用一类费用乘以费率的方法来确定，这个费率常采用或参照工程造价管理部门发布的《建筑安装工程费用定额》来确定。

(3) 三类费用的风险计取可采用两种方法：一是整体乘系数；二是分项乘系数。

① 整体乘系数，即风险费用＝(人工费＋材料费＋机械费＋管理费＋利润)×风险系数。

② 分项乘系数，即根据人工费、材料费、机械费、管理费和利润五项费用的性质，风险采用费用分摊的原则，分项乘以系数。

人工费：承包人不承担风险。

材料费：承包人承担5%以内的材料价格波动风险。

机械费：承包人承担10%以内的施工机械使用费的波动风险。

管理费：承包人承担全部风险。

利润：承包人承担全部风险。

实际工程中，具体风险费用的计算方法，需在招标文件中予以明确。

上述组成综合单价的三类费用，在招标控制价与投标报价中的主要区别见表6-3。

表6-3 招标控制价与投标报价中综合单价的主要区别

综合单价的组成要素	招标控制价	投标报价
人材机消耗量	执行国家或省级、行业建设主管部门颁发的计价定额	企业定额或参照国家、省级、行业建设主管部门颁发的计价定额
人材机单价	工程造价管理机构发布的工程造价信息	市场价格信息或参照工程造价管理机构发布的工程造价信息
费率	执行《建筑安装工程费用定额》	参照《建筑安装工程费用定额》
风险系数	按照国家或省级、行业主管部门制定的风险系数	参照相应的风险系数

(四) 举例

【例6-6】 某高层住宅楼门厅装饰工程，门厅地面构造：60mm厚C10混凝土垫层；20mm厚1∶3水泥砂浆找平；20mm厚1∶3水泥砂浆（素水泥浆）结合层；600mm×600mm诺贝尔米黄玻化砖，铺贴面积58.6m^2，工程量清单见表6-4。风险费用按材料价格的5%以内、机械使用费的10%以内考虑，按招标控制价计算该分部分项工程的清单项目费。

表6-4 分部分项工程量清单与计价表

序号	项目编码	项目名称	项目特征描述	计量单位	工程量	金额/元	
						综合单价	合价
1	011102003001	块料楼地面	1. 20mm厚1∶3水泥砂浆找平层 2. 20mm厚1∶4水泥砂浆(素水泥浆)结合层 3. 600mm×600mm诺贝尔米黄玻化砖	m^2	58.6		

解 1. 核算清单工程量

根据施工图纸核算，清单工程量为 58.6m^2。

2. 计算计价工程量

分析 按照定额组价的方法，需计算主体项目和辅助项目。

主体项目：玻化砖面层=58.6（m^2）；

辅助项目：20mm 1∶4 水泥砂浆找平层=58.6（m^2）。

3. 综合单价的确定

人材机消耗量按湖北省《消耗量定额》中 A13-20、A13-105 确定。

(1) 陶瓷地砖周长 2400mm 以内（A13-105） 人工、材料、机械消耗量及市场信息价[采用《××市建设工程价格信息》2013 年 10 月发布的市场信息价] 见表 6-5。

表 6-5 面层人工、材料、机械消耗量及市场信息价

品种	名称	消耗量/(每 100m^2)	市场信息价/元
人工	普工	9.21 工日	60
	技工	18.7 工日	92
材料	陶瓷地面砖 600mm×600mm	102.5m^2	130
	水泥砂浆 1∶4	2.02m^3	250.13
	素水泥浆	0.1m^3	692.87
	白水泥	10.3kg	0.62
	零星材料	70.92	1
机械	灰浆搅拌机 200L	0.35 台班	110.40

① 人工费：58.6×(9.21×60+18.7×92)÷100=1331.98（元）

② 材料费：58.6×(102.5×130+2.02×250.13+0.1×692.87+10.3×0.62+70.92×1)÷100=8190.44（元）

③ 机械费：58.6×0.35×110.40÷100=22.64（元）

小计：①+②+③=9545.06（元）

(2) 水泥砂浆找平层厚 20mm（A13-20） 人工、材料、机械消耗量及市场信息价 [采用《××市建设工程价格信息》2013 年 10 月发布的市场信息价] 见表 6-6。

表 6-6 找平层人工、材料、机械消耗量及市场信息价

品种	名称	消耗量/(每 100m^2)	市场信息价/元
人工	普工	2.57 工日	60
	技工	5.23 工日	92
材料	水泥砂浆 1∶3	2.02m^3	296.69
	素水泥浆	0.1m^3	692.87
	水	0.6	3.15
机械	灰浆搅拌机 200L	0.34 台班	110.40

① 人工费：58.6×(2.57×60+5.23×92)÷100=372.32（元）

② 材料费：58.6×(2.02×296.69+0.1×692.87+0.6×3.15)÷100=392.91（元）

③ 机械费：58.6×0.34×110.40÷100=21.99（元）

小计：①+②+③=787.22（元）

（3）计算管理费、利润　按照湖北省《建筑安装工程费用定额（2013）》装饰装修工程的取费标准，管理费、利润的取费基数为人工费+机械费，管理费率13.47%，利润率15.8%。

① 人工+机械费合计：1331.98+22.64+372.32+21.99=1748.93（元）

② 管理费：1748.93×13.47%=235.58（元）

③ 利润：1748.93×15.8%=276.33（元）

（4）计算风险费用　根据招标文件的要求，风险费用按材料价格的5%以内、机械使用费的10%以内考虑。

① 材料费风险：(8190.44+392.91)×5%=429.17（元）

② 机械使用费风险：(22.64+21.99)×10%=4.46（元）

小计：①+②=429.17+4.46=433.63（元）

（5）计算综合单价　以上费用合计：9545.06+787.22+235.58+276.33+433.63=11277.82（元）

综合单价：11277.82÷58.6=192.45（元/m^2）

综合单价在采用定额组价时，也可使用分部分项工程量清单综合单价计算表计算，见表6-7。因该计算表仅作为招标控制价编制人或投标人自己的编制资料，并不作为工程量清单报价表中的内容，所以此表无统一规定，可根据编制人的需要自行设计表样，本章计算以表6-7为样表。

表6-7　分部分项工程量清单综合单价计算表

项目编码：011102003001　　　　工程数量：58.6m^2

项目名称：块料楼地面　　　　综合单价：192.45元/m^2

序号	定额编号	工程内容	单位	数量	综合单价/元						小计
					人工费	材料费	机械费	管理费	利润	风险	
1	A13-105	陶瓷地砖周长2400mm以内	100m^2	0.586	1331.98	8190.44	22.64				
2	A13-20	水泥砂浆找平层厚20mm	100m^2	0.586	372.32	392.91	21.99				
		合计			1704.30	8583.35	44.63	235.58	276.33	433.63	11277.82

4. 计算分部分项工程的清单项目费

分部分项工程清单项目费=58.6×192.45=11277.57（元），填写表6-8。

表6-8　分部分项工程量清单与计价表

序号	项目编码	项目名称	项目特征描述	计量单位	工程量	金额/元	
						综合单价	合价
1	011102003001	块料楼地面	1. 20mm厚1∶3水泥砂浆找平层 2. 20mm厚1∶4水泥砂浆(素水泥浆)结合层 3. 600mm×600mm诺贝尔米黄玻化砖	m^2	58.6	192.45	11277.82

提示：

① 综合单价中人材机价格的取定。清单计价时，综合单价中所有的人工、材料、机械台班单价应为动态的市场信息价，招标控制价中人材机单价应根据各地工程造价管理部门发布的当时当地的市场信息价确定。

为简化计算步骤和方便举例，本章其余各节涉及综合单价计算时，人材机的市场信息价均假定与《湖北省装饰装修工程消耗量定额及统一基价表》中的定额取定价相同。

② 投标报价时综合单价的确定。例题是按照招标控制价的编制依据计算的综合单价，如投标报价时，主体项目、辅助项目的消耗量可按照企业定额或参照某省的消耗量定额来确定；价格可进行市场询价，按当时的市场价格来确定；管理费率、利润以及风险因素都可根据企业的实际情况进行调整。因此，投标报价的综合单价应比招标控制价的综合单价低，而招标控制价是对招标工程限定的最高工程造价。

③ 本章其余各节仅以实例说明综合单价的确定方法，暂不计算风险费用，为避免重复，计算过程仅以分部分项工程量清单综合单价计算表来表示。

第二节　墙柱面工程

墙柱面工程工程量清单项目设置分墙面抹灰、柱面抹灰、零星抹灰、墙面块料面层、柱（梁）面镶贴块料、镶贴零星块料、墙饰面、柱（梁）饰面、幕墙工程、隔断10节，共35个项目。

一、墙柱面工程清单工程量计算规则及举例

1. 墙面抹灰（编码：011201）

按设计图示尺寸以面积计算。扣除墙裙、门窗洞口及单个面积>$0.3m^2$的孔洞面积，不扣除踢脚线、挂镜线和墙与构件交接处的面积，门窗洞口和孔洞的侧壁及顶面不增加面积。附墙柱、梁、垛、烟囱侧壁并入相应的墙面面积内。

（1）外墙抹灰面积　按外墙垂直投影面积计算。

（2）外墙裙抹灰面积　按其长度乘以高度计算。

（3）内墙抹灰面积　按主墙间的净长乘以高度计算。

① 无墙裙的，高度按室内楼地面至天棚底面之间的距离计算。

② 有墙裙的，高度按墙裙顶至天棚底面之间的距离计算。

③ 有吊顶天棚抹灰，高度算至天棚底。

（4）内墙裙抹灰面积　按内墙净长乘以高度计算。

墙面抹灰包括：墙面一般抹灰、墙面装饰抹灰、墙面勾缝、立面砂浆找平层。

【例6-7】 某传达室平面、立面图如图6-4所示，内墙面为1∶2水泥砂浆，外墙面为普通水泥白石子水刷石，门窗洞口尺寸见表6-9，计算墙面抹灰的清单工程量。

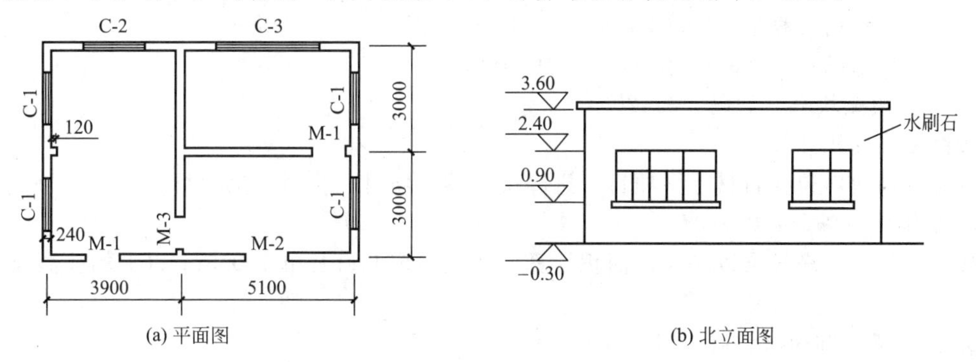

图6-4　传达室平面、立面图

表 6-9　门窗洞口表

	编号	洞口尺寸/mm×mm	数量		编号	洞口尺寸/mm×mm	数量
门	M-1	900×2000	2	窗	C-1	1500×1500	4
	M-2	1200×2000	1		C-2	1800×1500	1
	M-3	1000×2000	1		C-3	3000×1500	1

解　(1) 外墙面抹灰工程量＝外墙面面积－门窗洞口面积＝(3.9＋5.1＋0.24＋3×2＋0.24)×2×(3.6＋0.3)－(1.5×1.5×4＋1.8×1.5＋3×1.5＋0.9×2＋1.2×2)＝15.48×2×3.9－(9＋2.7＋4.5＋1.8＋2.4)＝100.34(m^2)

(2) 内墙面抹灰工程量＝内墙面面积＋柱侧面面积－门窗洞口面积＝[(3.9－0.24＋3×2－0.24)×2＋(5.1－0.24＋3－0.24)×2×2＋0.12×2]×3.6－(0.9×2×3＋1.2×2＋1×2×2＋1.5×1.5×4＋1.8×1.5＋3×1.5)＝[18.84＋30.48＋0.24]×3.6－28.00＝178.42－28.00＝150.42(m^2)

2. 柱（梁）面抹灰（编码：011202）

(1) 柱面抹灰　按设计图示柱断面周长乘以高度以面积计算。

(2) 梁面抹灰　按设计图示梁断面周长乘长度以面积计算。

柱面抹灰包括：柱梁面一般抹灰、柱梁面装饰抹灰、柱梁面砂浆找平、柱面勾缝。

【例 6-8】　某建筑物内有 8 根矩形独立柱，柱高 9m，柱断面为 400mm×400mm，柱面采用混合砂浆一般抹灰，计算柱面抹灰的清单工程量。

解　柱面抹灰工程量＝柱断面周长×高度＝0.4×0.4×9×8＝11.52（m^2）

3. 零星抹灰（编码：011203）

按设计图示尺寸以面积计算。

零星抹灰包括零星项目一般抹灰、零星项目装饰抹灰、零星项目砂浆找平。

4. 墙面块料面层（编码：011204）

按镶贴表面积计算。

墙面镶贴块料包括石材墙面、碎拼石材墙面、块料墙面、干挂石材钢骨架。

5. 柱（梁）面镶贴块料（编码：011205）

按镶贴表面积计算。

柱面镶贴块料包括石材柱面、拼碎块柱面、块料柱面、石材梁面、块料梁面。

【例 6-9】　某建筑物内一根钢筋混凝土柱，柱构造如图 6-5 所示，柱面挂贴花岗岩面板，计算挂贴花岗岩面板的清单工程量。

解　柱身工程量＝(0.6＋0.02×2)×4×3.75＝9.6(m^2)

柱帽工程量＝(0.64＋0.74)×0.158÷2×4＝0.44(m^2)

面积小计＝9.6＋0.44＝10.04(m^2)

6. 零星镶贴块料（编码：011206）

按镶贴表面积计算。

零星镶贴块料包括石材零星项目、拼碎块料零星项目、块料零星项目。

7. 墙饰面（编码：011207）

按设计图示墙净长乘以净高以面积计算。扣除门窗洞口及单个 0.3m^2 以上的孔洞所占的面积。

8. 柱（梁）饰面（编码：011208）

柱（梁）面装饰按设计图示饰面外围尺寸以面积计算。柱帽、柱墩并入相应柱饰面工程量内。

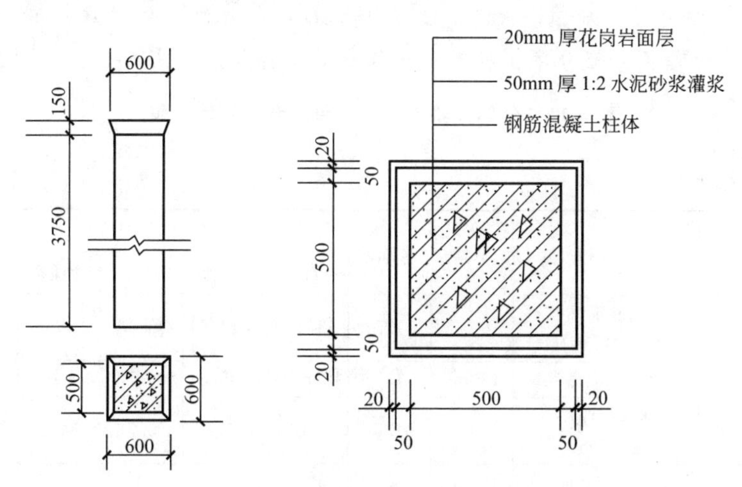

图 6-5 钢筋混凝土柱构造图

成品装饰柱以根计量，按设计数量计算；以米计量，按设计长度计算。

9. 幕墙工程（编码：011209）

幕墙包括带骨架幕墙、全玻幕墙。其中，带骨架幕墙按设计图示框外围尺寸以面积计算，与幕墙同种材质的窗所占面积不扣除；全玻幕墙按设计图示尺寸以面积计算。带肋全玻幕墙按展开面积计算。

10. 隔断（编码：011210）

按设计图示框外围尺寸以面积计算。不扣除单个小于等于 0.3m² 的孔洞所占面积；浴厕门的材质与隔断相同时，门的面积并入隔断面积内。

隔断包括木隔断、金属隔断、玻璃隔断、塑料隔断、成品隔断、其他隔断。

二、墙柱面工程清单综合单价的确定

【例 6-10】 某六层住宅楼梯间外墙，粘贴面砖面积 150m²，外墙墙面构造如下。15mm 厚 1∶3 水泥砂浆打底；5mm 厚 1∶2 水泥砂浆结合层；粘贴 240mm×60mm 面砖；面砖灰缝 10mm 以内。工程量清单见表 6-10，计算该分部分项工程清单项目的综合单价。

表 6-10 分部分项工程量清单与计价表

序号	项目编码	项目名称	项目特征描述	计量单位	工程量	金额/元	
						综合单价	合价
1	011204003001	块料墙面	1. 15mm 厚 1∶3 水泥砂浆打底 2. 6mm 厚 1∶2 水泥砂浆结合层 3. 粘贴 240mm×60mm 面砖 4. 面砖灰缝 10mm 以内	m²	150.00		

(1) 核算清单工程量　根据施工图纸核算，清单工程量为 150m²。

(2) 计算计价工程量

① 主体项目：水泥砂浆粘贴面砖 150m²。

② 辅助项目：15 厚 1∶3 水泥砂浆打底 150m²；抹灰层厚度减少 5mm；光面变麻面。

(3) 综合单价的确定　人材机消耗量按《消耗量定额》确定，人材机市场信息价假定与定额取定价相同；管理费、利润的取费基数为人工费＋机械费，管理费率为13.47%；利润率15.80%。计算过程见分部分项工程量清单综合单价计算表（表6-11）。

表6-11　分部分项工程量清单综合单价计算表

项目编码：011204003001　　工程数量：150m²

项目名称：块料墙面　　综合单价：98.14元/m²

序号	定额编码	工程内容	单位	数量	综合单价组成/元					小计
					人工费	材料费	机械费	管理费	利润	
1	A14-168	水泥砂浆粘贴240×60面砖	100m²	1.5	5378.7	4813.64	23.19			
2	A14-21	1∶3水泥砂浆	100m²	1.5	1856.64	1095.87	64.59			
3	扣减A14-58	抹灰层厚度减少5mm	100m²	1.5	231	267.23	16.58			
4	扣减A14-71	光面变麻面	100m²	1.5	52.2	0	0			
		合计			6952.14	5642.28	71.2	946.04	1109.69	14721.35

综合单价：14721.35÷150＝98.14（元/m²）

第三节　天棚工程

天棚工程工程量清单项目分天棚抹灰、天棚吊顶、采光天棚、天棚其他装饰4节，共10个项目。

一、天棚装饰工程清单工程量计算规则及举例

1. 天棚抹灰（编码：011301001）

按设计图示尺寸以水平投影面积计算。不扣除间壁墙、垛、柱、附墙烟囱、检查口和管道所占的面积。带梁天棚，梁两侧抹灰面积并入天棚面积内，板式楼梯底面抹灰按斜面积计算，锯齿形楼梯底板抹灰按展开面积计算。

【例6-11】 某建筑平面如图6-6所示，墙厚240mm，天棚基层为混凝土现浇板，混合砂浆天棚抹灰，柱断面尺寸400mm×400mm，天棚梁两侧抹灰面积共35m²，计算天棚抹灰的清单工程量。

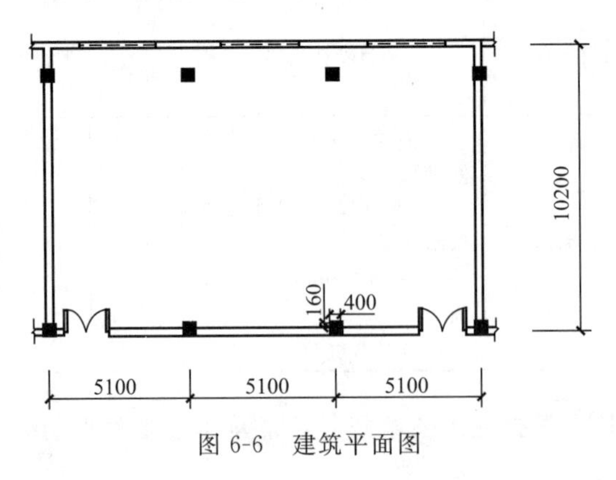

图6-6　建筑平面图

解　天棚抹灰工程量＝(5.1×3－0.24)×(10.2－0.24)＋35＝15.06×9.96＋35＝185(m²)

2. 天棚吊顶（编码：011302）

天棚吊顶包括：天棚、格栅、吊筒、藤条造型悬挂、织物软雕、网架（装饰）等吊顶

项目。

天棚吊顶按设计图示尺寸以水平投影面积计算。天棚面中的灯槽及跌级、锯齿形、吊挂式、藻井式天棚面积不展开计算。不扣除间壁墙、检查口、附墙烟囱、柱垛和管道所占面积，扣除单个 0.3m^2以上的孔洞、独立柱及与天棚相连的窗帘盒所占的面积。

其他吊顶按设计图示尺寸以水平投影面积计算。

【例 6-12】 某客厅天棚尺寸如图 6-7 所示，天棚为不上人型钢龙骨石膏板吊顶，计算吊顶的清单工程量。

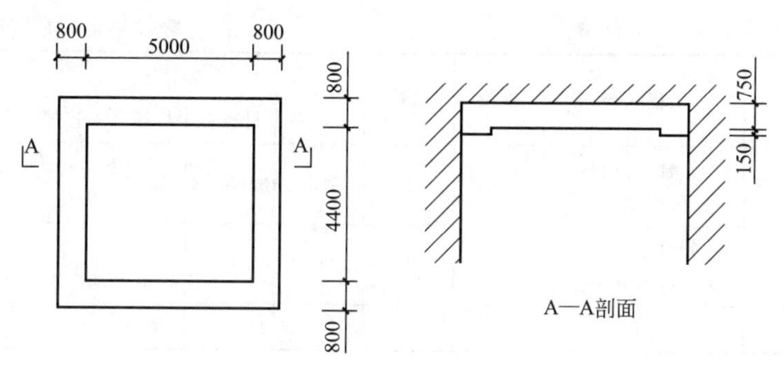

图 6-7　某客厅天棚

解　天棚吊顶清单工程量＝(0.8×2＋5)×(0.8×2＋4.4)＝39.6(m^2)

【例 6-13】 如图 6-7 所示，若天棚采用格栅吊顶，计算格栅吊顶的清单工程量。

解　格栅吊顶工程量＝(5.1×3－0.24)×(10.2－0.24)－0.4×0.4×2－0.4×0.16×2－0.4×0.08×2－0.16×0.08×2＝150－0.54＝149.46(m^2)

3. 采光天棚（编码：011303）

采光天棚按框外围展开面积计算。

4. 天棚其他装饰（编码：011304）

天棚其他装饰包括：灯带，送风口、回风口项目。

灯带按设计图示尺寸以框外围面积计算。

送风口、回风口按设计图示数量计算。

二、天棚工程清单综合单价的确定

【例 6-14】 某会议室天棚装饰工程，天棚面积 100m^2，平面天棚构造如下。铝合金方板天棚龙骨（不上人型）；铝合金方板嵌入式平板 500mm×500mm 面层。工程量清单见表 6-12，计算该分部分项工程项目清单项目的综合单价。

表 6-12　分部分项工程量清单与计价表

序号	项目编码	项目名称	项目特征描述	计量单位	工程量	金额/元	
						综合单价	合价
1	011302001001	天棚吊顶	1. 一级平面吊顶 2. 铝合金方板天棚龙骨(不上人型) 3. 铝合金方板嵌入式平板 500mm×500mm 面层	m^2	100		

(1) 核算清单工程量　根据施工图纸核算，清单工程量 100m^2。

(2) 计算计价工程量

① 主体项目：天棚面层 $100m^2$。

② 辅助项目：天棚龙骨 $100m^2$。

(3) 综合单价的确定　人材机消耗量按《消耗量定额》A6-71、A16-133 确定，人材机市场信息价假定与定额取定价相同；管理费、利润的取费基数为人工费＋机械费，管理费率为 13.47%；利润率 15.80%。计算过程见分部分项工程量清单综合单价计算表（表 6-13）。

表 6-13　分部分项工程量清单综合单价计算表

项目编码：011302001001　　　　　　工程数量：$100m^2$

项目名称：天棚吊顶　　　　　　综合单价：175.291 元/m^2

序号	定额编码	工程内容	单位	数量	综合单价/元					小计
					人工费	材料费	机械费	管理费	利润	
1	A16-71	铝合金方板天棚龙骨	$100m^2$	1	1315.2	3568.82	18.95			
2	A16-133	铝合金方板天棚嵌入式平板	$100m^2$	1	789.12	11215.78				
		合计			2104.32	14784.6	18.95	286	335.48	17529.35

综合单价：17529.35 元÷$100m^2$＝175.29 元/m^2

第四节　门窗装饰工程

门窗装饰工程工程量清单项目分木门、金属门、金属卷帘（闸）门、厂库房大门、特种门、其他门、木窗、金属窗、门窗套、窗台板、窗帘、窗帘盒（轨）10 节，共 55 个项目。

一、门窗装饰工程清单工程量计算规则及举例

1. 木门（编码：010801）

按设计图示数量或设计图示洞口尺寸以面积计算，单位：樘/m^2。

包括木质门、木质门带套、木质连窗门、木质防火门、木门框、门锁安装 6 个项目。

【例 6-15】 某住宅户型共 12 套，如图 6-8 所示，门窗表见表 6-14，计算该工程的门窗清单工程量。

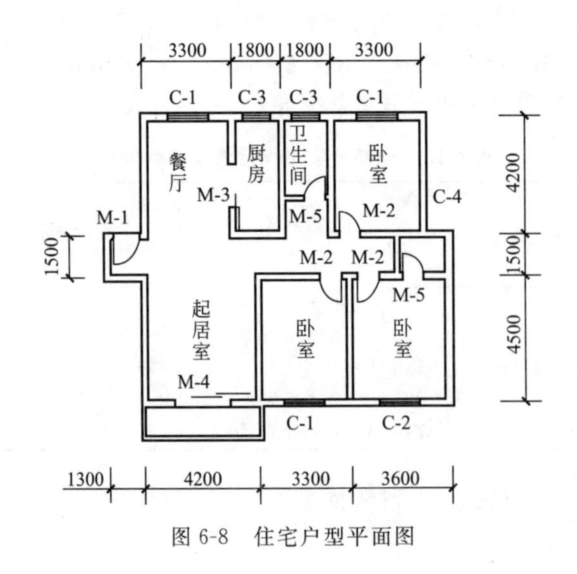

图 6-8　住宅户型平面图

表 6-14　门窗表

	编号	类型	洞口尺寸/mm×mm	数量
门	M-1	防盗门	1000×2100	1
	M-2	普通木质门	900×2100	3
	M-3	半截玻璃门	1200×2100	1
	M-4	半截玻璃门	1800×2100	1
	M-5	普通木质门	800×2100	2
窗	C-1	铝合金推拉窗	1500×1500	3
	C-2	铝合金推拉窗	1800×1500	1
	C-3	铝合金推拉窗	1000×1500	2
	C-4	铝合金固定窗	500×1500	1

解　方法一　按设计图示数量计算

防盗门：M-1＝1×12＝12（樘）

普通木质门：

M-2＝3×12＝36（樘）；M-5＝2×12＝24（樘）

半截玻璃门：

M-3＝1×12＝12（樘）；M-4＝1×12＝12（樘）

铝合金推拉窗：

C-1＝3×12＝36（樘）；C-2＝1×12＝12（樘）；C-3＝2×12＝24（樘）

铝合金固定窗：C-4＝1×12＝12（樘）

方法二　按设计图示洞口尺寸计算

防盗门：1.0×2.1×12＝25.2（m^2）

普通木质门：(0.9×2.1×3＋0.8×2.1×2）×12＝108.36（m^2）

半截玻璃门：(1.2×2.1＋1.8×2.1）×12＝75.6（m^2）

铝合金推拉窗：(1.5×1.5×3＋1.8×1.5＋1.0×1.5×2）×12＝149.4（m^2）

铝合金固定窗：0.5×1.5×12＝9（m^2）

2. 金属门（编码：010802）

按设计图示数量或设计图示洞口尺寸以面积计算，单位：樘/m^2。

包括金属平开门、金属推拉门、金属地弹门、彩板门、塑钢门、防盗门、钢质防火门 7 个项目。

3. 金属卷帘（闸）门（编码：010803）

按设计图示数量或设计图示洞口尺寸以面积计算，单位：樘/m^2。

包括金属卷闸门、金属格栅门、防火卷帘门 3 个项目。

4. 厂库房大门、特种门（010804）

木质大门、钢木大门、全钢板大门、金属格栅门、特种门按设计图示数量计算或按设计图示洞口尺寸以面积计算，单位：樘/m^2。

防护铁丝门、钢质花饰大门按设计图示数量或按设计图示门框或扇以面积计算，单位：樘/m^2。

5. 其他门（编码：010805）

按设计图示数量或设计图示洞口尺寸以面积计算，单位：樘/m^2。

包括电子感应门、旋转门、电子对讲门、电动伸缩门、全玻自由门、镜面不锈钢饰面门、复合材料门 7 个项目。

6. 木窗（编码：010806）

木质窗、木纱窗按设计图示数量或设计图示洞口尺寸以面积计算，单位：樘/m^2。

木飘（凸）窗、木橱窗按设计图示数量或设计图示尺寸以框外围展开面积计算，单位：樘/m^2。

7. 金属窗（编码：010807）

金属（塑钢、断桥）窗、金属防火窗、金属百叶窗、金属格栅窗按设计图示数量或设计图示洞口尺寸以面积计算，单位：樘/m^2。

金属纱窗按设计图示数量或框外围尺寸以面积计算，单位：樘/m^2。

金属（塑钢、断桥）橱窗、金属（塑钢、断桥）飘（凸）窗设计图示数量或设计图示尺寸以框外围展开面积计算，单位：樘/m^2。

彩板窗、复合材料窗按设计图示数量或设计图示洞口尺寸或框外围以面积计算，单位：樘/m^2。

8. 门窗套（编码：020407）

木门窗套、木筒子板、饰面夹板筒子板、金属门窗套、石材门窗套、成品木门窗套按设计图示数量或设计图示尺寸以展开面积或按设计图示中心以延长米计算。

门窗木贴脸按设计图示数量樘或按设计图示尺寸以延长米计算。

【例 6-16】 某门洞如图 6-9 所示，设计做门套装饰，筒子板厚 30mm，宽 300mm，贴脸宽 80mm。计算筒子板、贴脸的清单工程量。

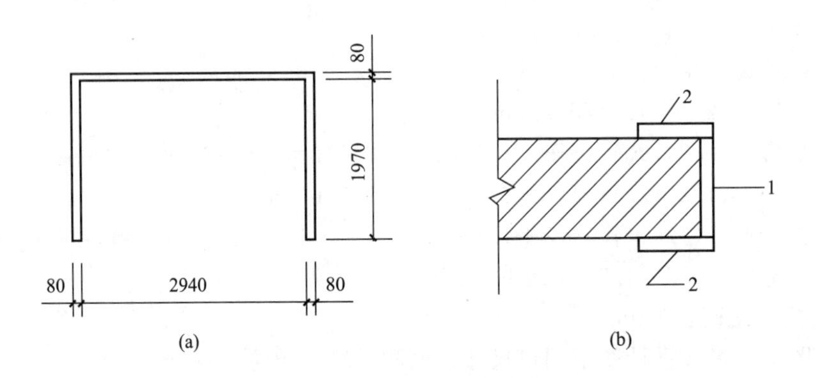

图 6-9 门洞装饰示意图

1—筒子板；2—贴脸

解 筒子板工程量＝(1.97×2＋2.94)×0.3＝6.88×0.3＝2.06(m^2)

贴脸工程量＝(1.97×2＋2.94＋0.08×2)＝7.04(m)

9. 窗台板（编码：010809）

按设计图示尺寸以长度计算。

包括木窗台板、铝塑窗台板、石材窗台板、金属窗台板 4 个项目。

10. 窗帘、窗帘盒、窗帘轨（编码：010810）

窗帘按设计图示尺寸以成活后长度或以成活后展开面积计算。

木窗帘盒、饰面夹板塑料窗帘盒、铝合金窗帘盒以及窗帘轨按设计图示尺寸以长度计算。

二、门窗装饰工程清单综合单价的确定

【例 6-17】 某一套住宅室内门装饰工程，见例 6-15，M-2、M-5 为普通木质门，门构造：单扇无亮木质门，框断面 60mm×60mm，单扇尺寸分别为 900mm×2100mm、800mm×2100mm，安装门锁一把，刮腻子、刷底漆一遍、调和漆二遍。工程量清单见表 6-15，计算该分部分项工程清单项目的综合单价。

表 6-15 分部分项工程量清单与计价表

序号	项目编码	项目名称	项目特征描述	计量单位	工程量	金额/元	
						综合单价	合价
1	010801001001	木质门	1. 单扇无亮普通木质门 2. 框断面 60mm×60mm、单扇尺寸 900mm×2100mm 3. 安装门锁	樘	3		
2	010801001002	木质门	1. 单扇无亮木质门 2. 框断面 60mm×60mm、单扇尺寸 800mm×2100mm 3. 安装门锁	樘	2		

解 (1) 核算清单工程量 根据施工图纸核算，单扇无亮 900mm×2100mm 木质门 3 樘，单扇无亮 800mm×2100mm 木质门 2 樘。

(2) 计算计价工程量

① 单扇无亮 900mm×2100mm 木质门。

主体项目：木质门安装＝0.9×2.1×3＝5.67 (m^2)

辅助项目：门锁安装＝3（套）

② 单扇无亮 800mm×2100mm 镶板门。

主体项目：木质门安装＝0.8×2.1×2＝3.36 (m^2)

辅助项目：门锁安装＝2（套）

(3) 综合单价的确定 人材机消耗量按《消耗量定额》A17-7、A17-195 确定，人材机市场信息价假定与定额取定价相同；管理费、利润的取费基数为人工费＋机械费，管理费率为 13.47%；利润率 15.80%。计算过程见分部分项工程量清单综合单价计算表（表 6-16、表 6-17）。

表 6-16 分部分项工程量清单综合单价计算表（一）

项目编码：010801001001　　　　工程数量：3 樘

项目名称：木质门　　　　综合单价：1128.61 元/樘

序号	定额编号	工程内容	单位	数量	综合单价/元					小计
					人工费	材料费	机械费	管理费	利润	
1	A17-7	单扇无亮木门安装	$100m^2$	0.0567	133.17	3154.54	0.10			
2	A17-195	门锁安装	10 把	0.3	20.44	32.60	0			
		合计			153.61	3187.14	0.1	20.70	24.28	3385.83

综合单价：3385.83÷3＝1128.61（元/樘）

表 6-17　分部分项工程量清单综合单价计算表（二）

项目编码：010801001002　　　　工程数量：2 樘

项目名称：木质门　　　　综合单价：1005.4 元/樘

序号	定额编号	工程内容	单位	数量	综合单价/元					小计
					人工费	材料费	机械费	管理费	利润	
1	A17-7	单扇无亮木门安装	$100m^2$	0.0336	78.92	1869.36	0.06			
2	A17-195	门锁安装	10 把	0.2	13.62	21.74	0			
		合计			92.54	1891.10	0.06	12.47	14.63	2010.8

综合单价：2010.8÷2=1005.4（元/樘）

【例 6-18】 已知条件与例 6-17 相同。工程量清单见表 6-18，计算该分部分项工程清单项目的综合单价。

表 6-18　分部分项工程量清单与计价表

序号	项目编码	项目名称	项目特征描述	计量单位	工程量	金额/元	
						综合单价	合价
1	010801001001	木质门	1. 单扇无亮木质门 2. 框断面 60mm×60mm、单扇尺寸 900mm×2100mm、800mm×2100mm 3. 安装门锁	m^2	9.03		

解　(1) 核算清单工程量　根据施工图纸核算，单扇无亮 900mm×2100mm 木质门 3 樘，单扇无亮 800mm×2100mm 木质门 2 樘。

$$0.9\times2.1\times3+0.8\times2.1\times2=9.03(m^2)$$

(2) 计算计价工程量

主体项目：木质门安装=0.9×2.1×3+0.8×2.1×2=9.03（m^2）

辅助项目：门锁安装=5（套）

(3) 综合单价的确定　人材机消耗量按《消耗量定额》A17-7、A17-195 确定，人材机市场信息价假定与定额取定价相同；管理费、利润的取费基数为人工费+机械费，管理费率为 13.47%；利润率 15.80%。计算过程见分部分项工程量清单综合单价计算表（表 6-19）。

表 6-19　分部分项工程量清单综合单价计算表

项目编码：010801001001　　　　工程数量：9.03m^2

项目名称：木质门　　　　综合单价：597.64 元/m^2

序号	定额编号	工程内容	单位	数量	综合单价/元					小计
					人工费	材料费	机械费	管理费	利润	
1	A17-7	单扇无亮木门安装	$100m^2$	0.0903	212.09	5023.90	0.16			
2	A17-195	门锁安装	10 把	0.5	34.06	54.34	0			
		合计			246.15	5078.24	0.16	33.18	38.92	5396.65

综合单价：5396.65÷9.03=597.64（元/m^2）

提示：从例 6-17、例 6-18 可知，清单项目的计算单位不同，综合单价组价的定额项目相同，但计算结果不同，一个清单项目根据不同的计量单位有不同的综合单价。

第五节　油漆、涂料、裱糊工程

油漆、涂料、裱糊工程工程量清单项目分门油漆、窗油漆、木扶手及其他板条线条油漆、木材面油漆、金属面油漆、抹灰面油漆、喷刷涂料、裱糊8节，共36个项目。

一、油漆、涂料、裱糊工程清单工程量计算规则及举例

1. 门油漆（编码：011401）

按设计图示数量或设计图示洞口尺寸以面积计算，单位：樘/m^2。

2. 窗油漆（编码：011402）

按设计图示数量或设计图示洞口尺寸以面积计算，单位：樘/m^2。

3. 木扶手及其他板条线条油漆（编码：011403）

按设计图示尺寸以长度计算。

木扶手及其他板条线条油漆包括木扶手、窗帘盒、封檐板、顺水板、挂衣板、黑板框、挂镜线、窗帘棍、单独木线等油漆项目。

4. 木材面油漆（编码：011404）

木护墙、木墙裙油漆，窗台板、筒子板、盖板、门窗套、踢脚线油漆，清水板条天棚、檐口油漆，木方格吊顶天棚油漆，吸音板墙面、天棚面油漆，暖气罩油漆、其他木材面项目，按设计图示尺寸以面积计算。

木间壁、木隔断油漆，玻璃间壁露明墙筋油漆，木栅栏、木栏杆（带扶手）油漆项目，按设计图示尺寸以单面外围面积计算；

衣柜、壁柜油漆，梁柱饰面油漆，零星木装修油漆项目，按设计图示尺寸以油漆部分展开面积计算；

木地板油漆，木地板烫硬蜡面项目，按设计图示尺寸以面积计算。空洞、空圈、暖气包槽、壁龛的开口部分并入相应的工程量内。

5. 金属面油漆（编码：011405）

按设计图示尺寸以质量或按设计展开面积计算。

6. 抹灰面油漆（编码：011406）

抹灰面油漆、满刮腻子项目，按设计图示尺寸以面积计算；

抹灰线条油漆项目，按设计图示尺寸以长度计算。

【例6-19】 某建筑如图6-10所示，外墙抹灰面刷过氯乙烯漆，连窗门、推拉窗居中立樘，框厚80mm，墙厚240mm，计算外墙油漆的清单工程量。

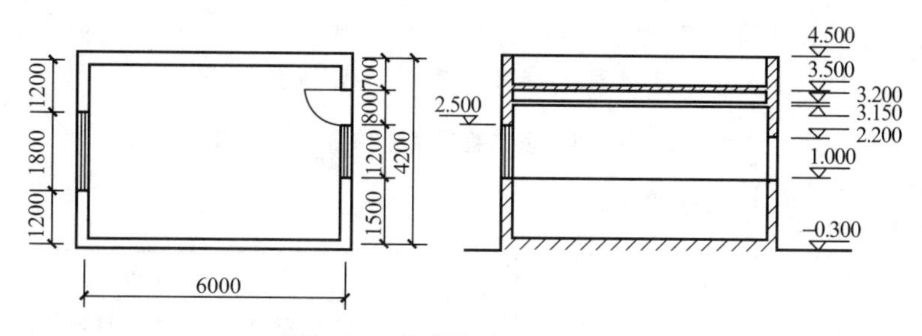

图6-10　某建筑平面、立面图

解　外墙油漆清单工程量=(6+0.24+4.2+0.24)×2×(4.5+0.3)-(0.8×2.2+1.2×1.2+1.8×1.5)+(2.2×2+2.0+1.2+1.8×2+1.5×2)×(0.24-0.08)÷2=(6.24+4.44)×2×4.8-(1.76+1.44+2.7)+(7.6+6.6)×0.08=102.53-5.9+1.14=97.77(m^2)

7. 喷刷、涂料（编码：011407）

墙面喷刷涂料、天棚喷刷涂料按设计图示尺寸以面积计算。

空花格、栏杆刷涂料按设计图示尺寸以面积外围面积计算。

线条刷涂料，按设计图示尺寸以长度计算。

8. 裱糊（编码：011408）

按设计图示尺寸以面积计算。

裱糊包括墙纸裱糊、织锦缎裱糊。

【例 6-20】 如图 6-10 所示，室内部分装饰：木墙裙高 1000mm，刷清漆四遍；内墙面贴对花墙纸；挂镜线 25mm×50mm，刷调和漆一遍，挂镜线以上及顶棚刷乳胶漆，计算墙纸裱糊、挂镜线及乳胶漆的清单工程量。

解 (1) 墙纸裱糊工程量＝内墙净长×裱糊高度－门窗洞口＋洞口侧面＝(6－0.24＋4.2－0.24)×2×(3.15－1)－(0.8＋1.2)×1.2－1.8×1.5＋(1.5＋1.8)×2×(0.24-0.08)÷2＋(1.2×4＋0.8)×(0.24-0.08)÷2＝(5.76＋3.96)×2×2.15－2×1.2－2.7＋0.98＝41.8－2.4－2.7＋0.98＝37.68(m^2)

(2) 挂镜线工程量＝(6－0.24)×2＋(4.2－0.24)×2＝(5.76＋3.96)×2＝19.44(m)

(3) 仿瓷涂料工程量＝天棚涂料面＋墙面涂料面＝(6－0.24)×(4.2－0.24)＋(6－0.24＋4.2－0.24)×2×(3.5－3.2)＝5.76×3.96＋(5.76＋3.96)×2×0.3＝22.81＋9.72×0.6＝28.64(m^2)

二、油漆、涂料、裱糊工程清单综合单价的确定

【例 6-21】 某单元住宅室内墙面油漆工程，内墙面面积 350m^2，内墙油漆构造：混合砂浆墙面清扫，刮腻子两遍，白色乳胶漆两遍。工程量清单见表 6-20，计算该分部分项工程清单项目的综合单价。

表 6-20　分部分项工程量清单与计价表

序号	项目编码	项目名称	项目特征描述	计量单位	工程量	金额/元	
						综合单价	合价
1	011406001001	抹灰面油漆	1. 混合砂浆抹灰面 2. 刮腻子两遍 3. 白色乳胶漆两遍	m^2	350.0		

解 (1) 核算清单工程量　根据施工图纸核算，清单工程量为 350m^2。

(2) 计算计价工程量　计价工程量同清单工程量为 350m^2。

(3) 综合单价的确定　人材机消耗量按《消耗量定额》A18-270 确定，人材机市场信息价假定与定额取定价相同；管理费、利润的取费基数为人工费＋机械费，管理费率为 13.47%；利润率 15.80%。计算过程见分部分项工程量清单综合单价计算表（表 6-21）。

表 6-21　分部分项工程量清单综合单价计算表

项目编码：011406001001　　工程数量：350m^2

项目名称：抹灰面油漆　　综合单价：20.58 元/m^2

序号	定额编号	工程内容	单位	数量	综合单价/元					小计
					人工费	材料费	机械费	管理费	利润	
1	A18-270	抹灰面乳胶漆二遍	100m^2	3.5	3801.7	2288.86				
		合计			3801.7	2288.86		512.09	600.67	7203.32

综合单价 7203.32÷350＝20.58（元/m^2）

第六节　其他工程

其他工程工程量清单项目分柜类、货架，压条、装饰线，扶手、栏杆、栏板，暖气罩，浴厕配件，雨篷、旗杆，招牌、灯箱，美术字 8 节，共 62 个项目。

一、其他工程清单工程量计算规则及举例

1. 柜类、货架（编码：011501）

按设计图示数量、按设计图示尺寸以延长米或按设计图示尺寸以体积计算。

柜类、货架包括柜台、酒柜、衣柜、存包柜、鞋柜、书柜、厨房壁柜、木壁柜、厨房低柜、厨房吊柜、矮柜、吧台背柜、酒吧吊柜、酒吧台、展台、收银台、试衣间、货架、书架、服务台共 20 个项目。

2. 压条、装饰线（编码：011502）

按设计图示尺寸以长度计算。

压条、装饰线包括金属、木质、石材、石膏、镜面、铝塑、塑料、GRC 装饰线 8 个项目。

3. 扶手、栏杆、栏板装饰（编码：011503）

按设计图示尺寸以扶手中心线长度（包括弯头长度）计算。

扶手、栏杆、栏板装饰包括金属、硬木、塑料、GRC 扶手带栏杆、栏板，金属、硬木、塑料靠墙扶手，玻璃栏板。

【例 6-22】 某建筑物内楼梯如图 6-11 所示，计算栏杆、扶手的清单工程量。

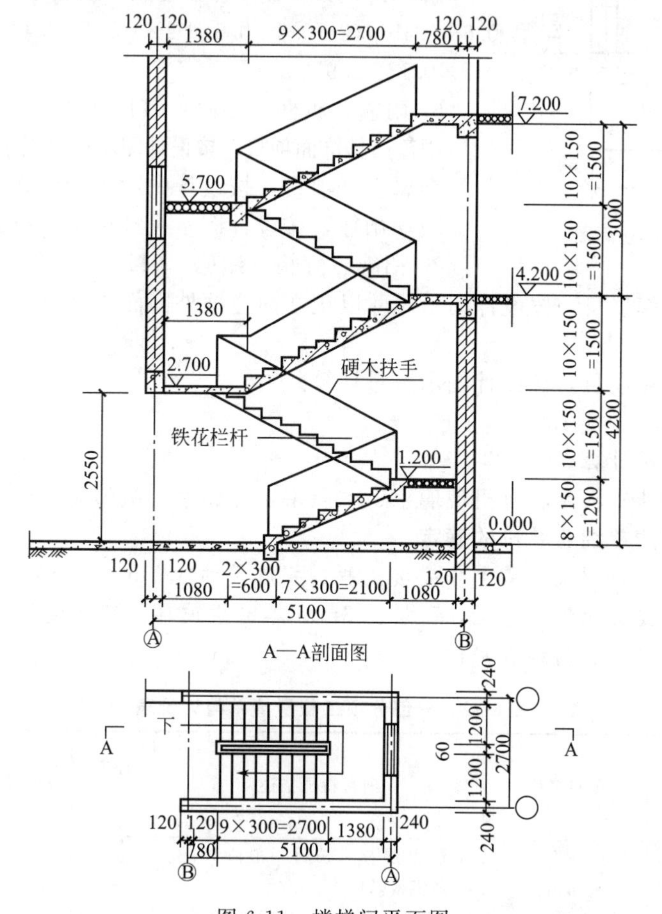

图 6-11　楼梯间平面图

解 栏杆、扶手长度＝第一、二、三、四、五跑斜长＋第三、五跑水平长＋弯头水平长

$$斜长系数=\frac{\sqrt{0.15^2+0.30^2}}{0.3}=1.118$$

清单工程量＝(2.1＋3.0＋2.7＋3×2)×1.118＋0.6＋(1.2＋0.06)＋0.06×4
＝15.43＋0.6＋1.26＋0.24
＝17.53(m)

4. 暖气罩（编码：011504）

按设计图示尺寸以垂直投影面积（不展开）计算。

暖气罩包括饰面板、塑料板及金属暖气罩3个项目。

5. 浴厕配件（编码：011505）

洗漱台项目，按设计图示尺寸以台面外接矩形面积计算。不扣除孔洞、挖弯、削角所占面积，挡板、吊沿板面积并入台面面积内；或按设计图示数量计算。

晒衣架、帘子杆、浴缸拉手、卫生间扶手、毛巾杆、毛巾环、卫生纸盒、肥皂盒项目，按设计图示数量计算。

镜面玻璃项目，按设计图示尺寸以边框外围面积计算。

镜箱项目，按设计图示数量计算。

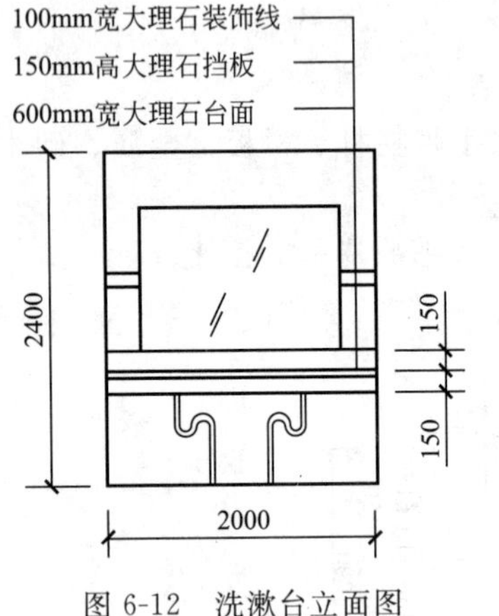

图6-12 洗漱台立面图

【例6-23】 某卫生间洗漱台立面如图6-12所示，20mm厚大理石台面，计算大理石洗漱台的清单工程量。

解 清单工程量＝台面面积＋挡板面积＋吊沿面积＝2×0.6＋0.15×(2＋0.6＋0.6)＋2×(0.15－0.02)＝1.2＋0.15×3.2＋2×0.13＝1.94(m^2)

6. 雨篷、旗杆（编码：011506）

雨篷吊挂饰面项目，按设计图示尺寸以水平投影面积计算。

金属旗杆项目，按设计图示数量计算。

玻璃雨篷，按设计图示尺寸以水平投影面积计算。

7. 招牌、灯箱（编码：011507）

平面、箱式招牌项目，按设计图示尺寸以正立面边框外围面积计算。复杂形的凸凹造型部分不增加面积；

竖式标箱、灯箱项目，按设计图示数量计算。

8. 美术字（编码：011508）

按设计图示数量计算。

美术字包括泡沫塑料字、有机玻璃字、木质字、金属字、吸塑字5个项目。

二、其他工程清单综合单价的确定

【例6-24】 某商铺平面招牌制作安装工程，招牌尺寸3.5m×0.8m。招牌构造如下：杉木枋材一般骨架，镀锌薄钢板基层，面层粘3mm厚有机玻璃。工程量清单见表6-22，计算该分部分项工程清单项目的综合单价。

表6-22 分部分项工程量清单与计价表

序号	项目编码	项目名称	项目特征描述	计量单位	工程量	金额/元	
						综合单价	合价
1	011507001001	平面招牌	1. 基层杉木枋材一般骨架，镀锌薄钢板基层 2. 面层粘3mm厚有机玻璃	m^2	2.8		

解 (1) 核算招标工程量清单工程量 根据施工图纸核算，清单工程量=3.5×0.8=2.8 (m^2)

(2) 计算计价工程量

主体项目：有机玻璃面层=3.5×0.8=2.8 (m^2)

辅助项目：一般木结构基层=3.5×0.8=2.8 (m^2)

(3) 综合单价的确定 人材消耗量按《消耗量定额》A19-36、A19-52确定，人材机市场信息价假定与定额取定价相同；管理费、利润的取费基数为人工费+机械费，管理费率为13.47%；利润率15.80%。计算过程见分部分项工程量清单综合单价计算表（表6-23）。

表6-23 分部分项工程量清单综合单价计算表

项目编码：011507001001　　　　工程数量：2.8m^2

项目名称：平面招牌　　　　综合单价：257.55元/m^2

序号	定额编号	工程内容	单位	数量	综合单价/元					小计
					人工费	材料费	机械费	管理费	利润	
1	A19-36	一般木结构平面招牌	10m^2	0.28	119.78	248.58	5.46			
2	A19-52	有机玻璃灯箱面层	10m^2	0.28	46.28	250.85				
		合计			166.06	499.43	5.46	23.10	27.10	721.15

综合单价 721.15÷2.8=257.55 (元/m^2)

第七节 措施项目

一、措施项目的编制内容

装饰装修工程措施项目是与实体项目相对应的，是为完成装饰工程项目的施工，发生于装饰工程施工前和施工过程中技术、生活、安全等方面的非工程实体项目。按照《建设工程工程量清单计价规范》(GB 50500—2013) 的规定，装饰工程措施项目包括单价措施项目和总价措施项目。

总价措施项目，如安全文明施工、夜间施工、二次搬运、冬雨季施工等。

单价措施项目，如脚手架、垂直运输机械、大型机械设备进出场及安拆、施工排水、施工降水、已完工程及设备保护等。

根据装饰工程措施项目的工程量计算方法和清单编制方式的不同，其措施项目可分为两类：一是单价措施项目；二是总价措施项目。

1. 单价措施项目

装饰工程措施项目中的单价措施项目，如脚手架、垂直运输机械、已完工程及设备保护等，在《房屋建筑与装饰工程量计算规范》(GB 50854—2013) 中列出了项目编码、项目名称、项目特征、计量单位和工程量计算规则，工程量清单的编制人（招标人）应按分部分项工程的规定执行。

2. 总价措施项目

装饰工程中的安全文明施工、夜间施工、冬雨季施工、生产工具用具使用等，在“计量规范”中仅列出了项目编码、项目名称，未列出项目特征、计量单位和工程量计算规则。编制工程量清单时，应按“计量规范”的规定确定。

【例6-25】 某高层住宅楼门厅装饰工程，地面铺设600mm×600mm宝金米黄花岗岩，面积158.8 m^2，墙面部分贴600mm×600mm浅啡网纹花岗岩167m^2，部分为樱桃木索色饰面板装饰墙面50m^2，编制该工程措施项目清单。

解 本题措施项目仅列举安全文明施工、夜间施工及已完工程成品保护三项，其余省略未列。

分析 工程措施项目分为两类，安全文明施工、夜间施工、已完工程保护三项均为总价措施项目费编制措施项目清单（见表6-24）。

表6-24 总价措施项目清单与计价表

序号	项目名称	计算基础	费率/%	金额/元
1	安全文明施工			
2	夜间施工			
3	已完工程成品保护			
	合计			

二、措施项目费的计算

1. 单价措施项目费计算

单价措施项目，应按分部分项工程项目的方式采用综合单价计价，按本章前六节确定综合单价的方法，计算出措施项目的综合单价，再乘以措施项目的工程量，即等于措施项目费。

【例6-26】 设某装饰工程的单价措施项目见表6-25，试计算该单价措施项目费的综合单价，并填写措施项目清单与计价表。

表6-25 单价措施项目清单与计价表

序号	项目编码	项目名称	项目特征描述	计量单位	工程量	金额/元	
						综合单价	合价
1	011703001001	垂直运输	1. 框架结构住宅 2. 檐高18.6m,6层	m^2	1200		

解 参考湖北省《装饰工程消耗量定额》、《建筑安装工程费用定额（2013）》。

（1）核算措施项目工程量 建筑物垂直运输工程量为$1200m^2$。

（2）综合单价的确定 人材消耗量按《装饰装修工程消耗量定额》A22-1，人材机市场信息价假定与定额取定价相同；管理费、利润的取费基数为人工费＋机械费，管理费率为13.47%；利润率15.80%。计算过程见分部分项工程量清单综合单价计算表（表6-26、表6-27）。

表6-26 单价措施项目清单综合单价计算表

项目编码：011703001001　　　　工程数量：$1200m^2$

项目名称：垂直运输　　　　综合单价：5.36元/m^2

序号	定额编号	工程内容	单位	数量	综合单价/元					小计
					人工费	材料费	机械费	管理费	利润	
1	A22-1	建筑物垂直运输	$100m^2$	12	0	0	5392.08	726.31	341.27	6432.66
		合计			0	0	5392.08	726.31	341.27	6432.66

综合单价 6432.66÷1200＝5.36（元/m^2）

表 6-27　单价措施项目清单与计价表

序号	项目编码	项目名称	项目特征描述	计量单位	工程量	金额/元	
						综合单价	合价
1	011703001001	垂直运输	1. 框架结构住宅 2. 檐高 18.6m，6 层	m^2	1200	5.36	6432
	合计						6432

2. 总价措施项目费计算

总价措施项目费应包括除规费、税金以外的全部费用。常采用按装饰工程某一项费用为基数，以基数乘以规定费率的方法来计价。

如湖北省规定：计算安全文明施工、夜间施工等措施项目费，采用“装饰工程分部分项工程和单价措施项目中的人工费＋机械费”为基数，乘以费用定额规定的相应费率。

【例 6-27】 经计算，门厅装饰工程分部分项工程费和单价措施项目费之和为 11.12 万元，其中人工费 3.2 万元，材料费 7.02 万元，机械费 0.9 万元。试计算该装饰工程安全文明施工、夜间施工两项措施项目费，并填写总价措施项目清单与计价表。

解　参考湖北省《建筑安装工程费用定额（2013）》。

（1）计算取费基数　按规定，计算装饰工程上述两项措施项目费的基数为“分部分项工程费和单价措施项目费的人工费＋机械费”，即 3.2＋0.9＝4.1（万元）。

（2）确定取费费率

安全文明施工费：5.81％；夜间施工费：0.15％。

（3）计算总价措施项目费

安全文明施工费：4.1×5.81％＝2382.10（元）

夜间施工费：4.1×0.15％＝61.50（元）

以上合计：2382.1＋61.5＝2443.6（元）

（4）填写总价措施项目清单与计价表　见表 6-28。

表 6-28　总价措施项目清单与计价表

序号	项目名称	计算基础	费率/%	金额/元
1	安全文明施工	人工费＋机械费	5.81	2382.1
2	夜间施工	人工费＋机械费	0.15	61.5
	合计			2443.6

小　　结

装饰装修工程工程量清单项目分为两部分，第一部分为实体项目，即分部分项工程项目；第二部分为措施项目。实体项目分为六个分部工程，即楼地面工程、墙柱面工程、天棚工程、门窗装饰工程、油漆、涂料、裱糊工程、其他工程及拆除工程。措施项目可分为两类：一是单价措施项目；二是总价措施项目。清单项目按照国家标准《房屋建筑与装饰工程工程量计算规范》(GB 50854—2013) 附录装饰装修工程的要求进行设置。

清单项目按《房屋建筑与装饰工程工程量计算规范》(GB 50854—2013) 附录规定的计量单位和工程量计算规则进行计算，清单工程量计算规则与定额工程量计算规则是有区别的。清单工程量，是按工程实体净尺寸计算；计价工程量（也称定额工程量），是在净值的基础上，加上施工操作（或定额）规定的预留量。采用清单计价，工程量计算主要有两部分内容：一是核算招标工程量清单所提供的清单项目的清单工程量是否准确；二是计算每一个清单主体项目及所组合的辅助项目的计价工程量，以便分析综合单价。

1. 综合单价的计算方法

清单项目的综合单价按《房屋建筑与装饰工程工程量计算规范》(GB 50854—2013) 附录规定的项目特征采用定额组价来确定。定额组价是采用辅助项目随主体项目计算，将不同工程内容的辅助项目组合在一起，计算出主体项目的综合单价。

2. 综合单价的计算步骤

①核算清单工程量；②计算计价工程量；③选套定额、确定人材机单价、计算人材机费用；④确定费率，计算管理费、利润；⑤计算风险费用；⑥计算综合单价。

3. 综合单价中三类费用的计算

综合单价包含的费用：人工费、材料费、机械费、企业管理费、利润以及一定范围内的风险费用，六项费用可分为三类。一类费用：人工费、材料费、机械费。二类费用：企业管理费、利润。三类费用：一定范围内的风险费用。

① 一类费用可分解为：工程量×（人、材、机）消耗量×（人、材、机）单价。人材机消耗量主要通过消耗量定额来确定，人材机单价主要通过市场价格或工程造价管理机构发布的工程造价信息来确定。

② 二类费用的企业管理费、利润主要采用一类费用乘以费率的方法来确定，这个费率常采用或参照工程造价管理部门发布的《建筑安装工程费用定额》来确定。

③ 三类费用的风险计取可采用两种方法：一是整体乘系数；二是分项乘系数。

4. 招标控制价与投标报价的区别

两者的编制依据不同，投标报价应低于招标控制价，招标控制价是对招标工程限定的最高工程造价。

能力训练题

一、选择题

1. (2013 年造价工程师考试真题) 综合脚手架的项目特征必须要描述（　　）。

   A. 建筑面积　　B. 檐口高度　　C. 场内外材料搬运　　D. 脚手架的材质

2. (2013 年造价工程师考试真题) 根据《房屋建筑与装饰工程工程量计算规范》(GB 50854—2013)，关于油漆工程量计算的说法，正确的是（　　）。

   A. 金属门油漆按设计图示洞口尺寸以面积计算

   B. 封檐板油漆按设计图示尺寸以面积计算

   C. 门窗套油漆按设计图示尺寸以面积计算

D. 木隔断油漆设计图示尺寸以单面外围面积计算

E. 窗帘盒油漆设计图示尺寸以面积计算

3. (2013 年造价工程师考试真题) 招标控制价综合单价的组价包括如下工作：①根据政策规定或造价信息确定工料单价；②根据工程所在地的定额规定计算工程量；③将定额项目的合价除以清单项目的工程量；④根据费率和利率计算出组价定额项目的合价。则正确的工作顺序是（　　）。

A. ①④②③　　B. ①③②④　　C. ②①③④　　D. ②①④③

4. (2013 年造价工程师考试真题) 根据《房屋建筑与装饰工程量计算规范》(GB 50854—2013)，编制工程量清单补充项目时，编制人应报备案的单位是（　　）。

A. 企业技术管理部门　　B. 工程所在地造价管理部门

C. 省级或行业工程造价管理机构　　D. 住房和城乡建设部标准定额研究所

5. (2013 年造价工程师考试真题) 根据《房屋建筑与装饰工程工程量计算规范》(GB 50854—2013)，下列脚手架中以 m^2 为计算单位的有（　　）。

A. 整体提升架　　B. 外装饰吊篮

C. 挑脚手架　　D. 悬空脚手架

E. 满堂脚手架

二、问答题

1. 清单工程量与计价工程量的主要区别是什么?

2. 综合单价的计算步骤包括哪些内容?

3. 清单项目综合单价的计算依据最主要是什么?

4. 采用定额组价计算综合单价时，是否可以先采用人工、材料、机械的定额取定价进入综合单价，再最后统一计取价差，汇总计算工程总造价? 其与采用人工、材料、机械的市场信息价进入综合单价，汇总计算工程总造价方式的区别在哪里?

5. 在楼地面工程分部中，计算踢脚线的工程量时，清单工程量与计价工程量的计算规则区别在哪里?

三、计算题

1. 某七层办公楼走道地面装饰工程，走道地面构造如下。25mm 厚 1∶3 水泥砂浆找平；20mm 厚 1∶3 水泥砂浆（素水泥浆）结合层；600mm×600mm 诺贝尔米黄玻化砖，铺贴面积 $540m^2$，因场地狭小，发生材料二次转运，转运费用为 3000 元，工程量清单见表 6-29。风险费用按材料价格的 5%以内、机械使用费的 10%以内考虑，按招标控制价计算该分部分项工程清单项目的综合单价。(人材机的市场信息价均假定与定额取定价相同)

表 6-29　分部分项工程量清单与计价表

序号	项目编码	项目名称	项目特征描述	计量单位	工程量	金额/元	
						综合单价	合价
1	020102002001	块料楼地面	1. 25mm 厚 1∶3 水泥砂浆找平层 2. 20mm 厚 1∶3 水泥砂浆（素水泥浆）结合层 3. 600mm×600mm 诺贝尔米黄玻化砖 4. 材料运输	m^2	540		

2.（2013年造价工程师考试真题）某小高层住宅楼建筑部分设计如图6-13、图6-14所示，共12层。每层层高均为3m，电梯机房与楼梯间部分凸出屋面。墙体除注明者外均为200mm厚加气混凝土墙，轴线位于墙中。外墙采用50mm厚聚苯板保温。楼面做法为20mm厚水泥砂浆抹面压光。楼层钢筋混凝土板厚100mm，内墙做法为20mm厚混合砂浆抹面压光。为简化计算首层建筑面积按标准层建筑面积计算。阳台为全封闭阳台，⑤和⑦轴上混凝土柱超过墙体宽度部分建筑面积忽略不计，门窗洞口尺寸见表6-30，工程做法见表6-31。

表6-30　门窗表

名称	洞口尺寸/mm×mm	名称	洞口尺寸/mm×mm
M-1	900×2100	C-3	900×1600
M-2	800×2100	C-4	1500×1700
HM-1	1200×2100	C-5	1300×1700
GJM-1	900×2100	C-6	2250×1700
YTM-1	2400×2400	C-7	1200×1700
C-1	1800×2000	C-8	1200×1600
C-2	1800×1700		

表6-31　工程做法

序号	名称	工程做法
1	水泥砂浆楼面	20mm厚1∶2水泥砂浆抹面压光 素水泥浆结合层一道 钢筋混凝土楼板
2	混合砂浆墙面	15mm厚1∶1∶6水泥石灰砂浆 5mm厚1∶0.5∶3水泥石灰砂浆
3	水泥砂浆踢脚线(150mm高)	6mm厚1∶3水泥砂浆 6mm厚1∶2水泥砂浆抹面压光
4	混合砂浆天棚	钢筋混凝土板底面清理干净 7mm厚1∶1∶4水泥石灰砂浆 5mm厚1∶0.5∶3水泥石灰砂浆
5	聚苯板外墙外保温	砌块墙体 50mm厚钢丝网架聚苯板 20mm厚聚合物抗裂砂浆
6	80系列单框中空玻璃 塑钢推拉窗 洞口1800×2000	80系列,单框中空玻璃推拉窗 中空玻璃空气间层12mm厚,玻璃为5mm厚玻璃 拉手,风撑

问题：

(1) 计算小高层住宅楼的建筑面积。

(2) 计算小高层住宅楼二层卧室1、卧室2、主卫的楼面工程量以及墙面工程量。

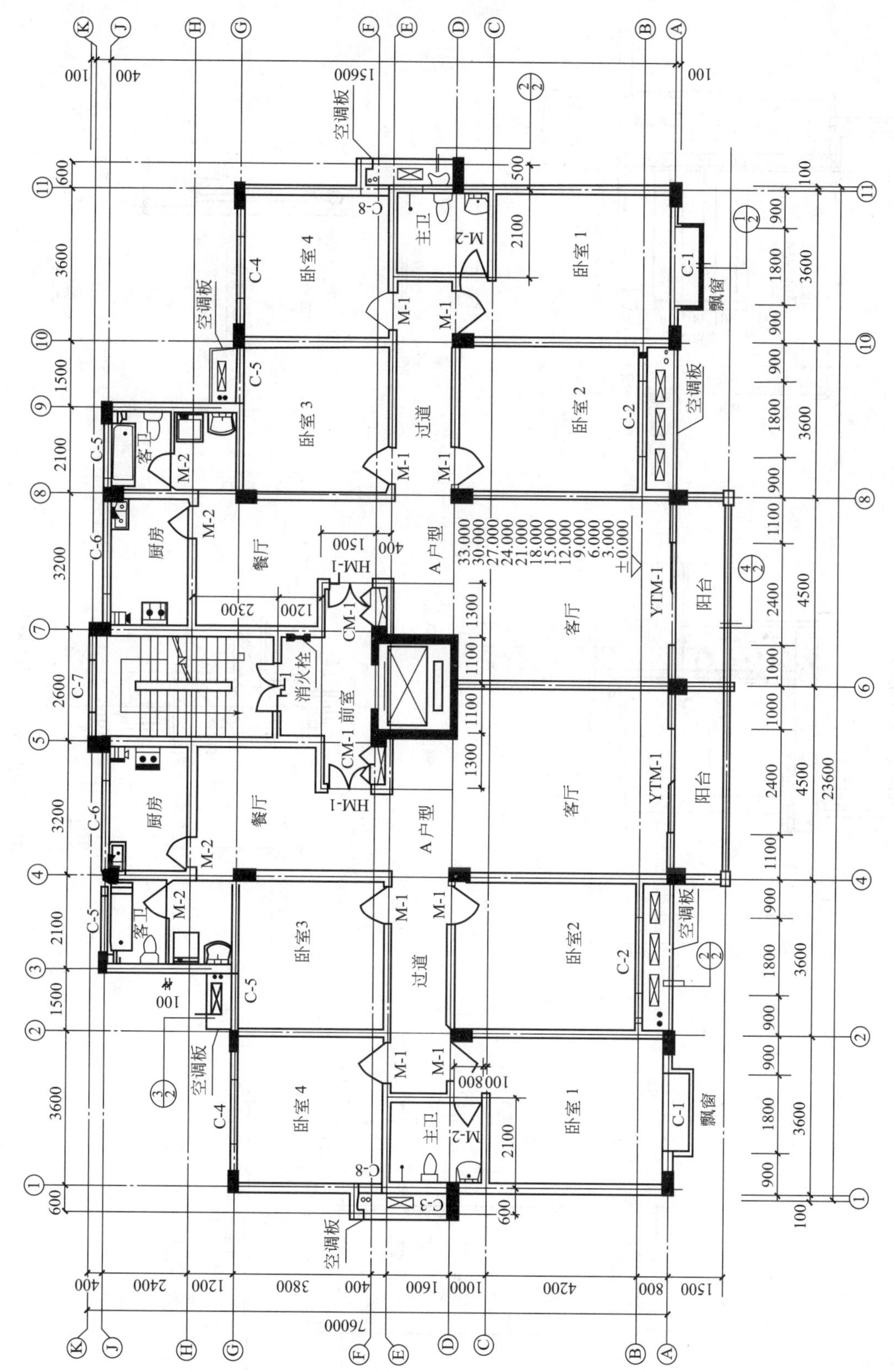
卧室1
卧室2
卧室3
卧室4
主卫
客卫
厨房
餐厅
客厅
阳台
过道
前室
消火栓
飘窗
空调板
A户型
76000
23600
15600

图6-13 标准层平面图

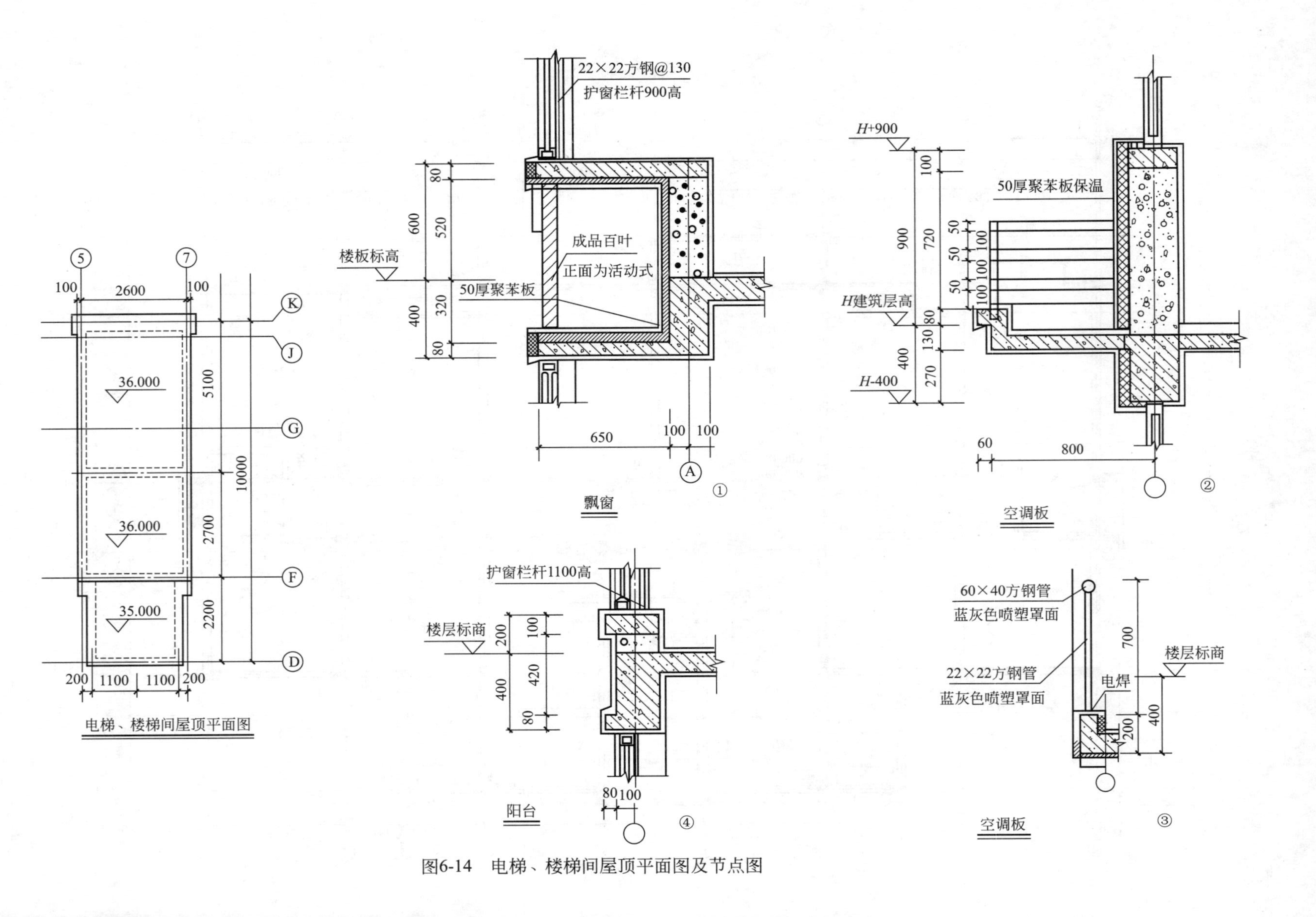

图6-14　电梯、楼梯间屋顶平面图及节点图

第七章

装饰装修工程施工图预算编制

【知识目标】

- 了解施工图预算的基本概念，施工图预算包含的内容和编制依据
- 理解施工图预算在工程造价中的作用和所涵盖的范畴
- 掌握定额计价法和清单计价法编制施工图预算的方法和步骤

【能力目标】

- 能够解释定额计价法和清单计价法在实际应用中的不同特点
- 能够应用定额计价法编制装饰工程预算书，能够进行定额换算
- 能够应用清单计价法编制装饰工程工程量清单，编制装饰工程投标报价书，能够进行清单项目的综合单价分析

第一节 概　　述

一、装饰装修工程施工图预算的概念

从设计角度理解，施工图预算是由设计单位在施工图设计完成后，根据设计图纸、现行预算定额、费用定额以及地区设备、材料、人工、机械台班等预算价格编制和确定的单位工程或单项工程预算造价的技术经济文件，施工图预算是施工图设计文件的重要组成部分。

从建设工程招投标角度理解，招标控制价、投标报价等均属于施工图预算范畴；从施工单位角度理解，工程预算造价、工程结算、确定工程合同价款等，也属于施工图预算范畴，都可以采用施工图预算的编制方法确定其预算价格。

施工图预算一般以单位工程为确定工程造价的基本单元，各单位工程预算汇总为单项工程预算，最后汇总为建设项目总预算。装饰装修工程施工图预算属于单位工程预算，可以是建设项目总预算的组成部分，也可以作为独立的工程造价文件，用于工程招投标或工程发包与承包。编制装饰装修工程施工图预算的计价方式包括定额计价法和清单计价法两种。

施工图预算在建设工程造价管理上具有极其重要的作用。对建设单位而言，施工图预算是控制工程造价及合理使用资金的依据；是确定工程招标控制价或工程合同价款的依据；是施工过程中进度款拨付及工程结算的依据。对施工单位而言，施工图预算是确定工程预算造价或投标报价的依据；是施工前准备及施工中劳动力、材料、施工机械组织等方面的依据；是控制工程施工成本的依据。对政府机关而言，施工图预算是工程造价管理部门监督检查定额执行情况、测算造价指数、审核工程造价的重要依据。

二、装饰装修工程施工图预算编制依据

由于编制施工图预算的主体或采取的计价方式不同，装饰装修工程施工图预算编制的依据也有所差别，但总的要求基本是一致的。例如以施工单位为编制主体，其施工图预算（以投标报价为例）编制依据主要包括以下几点。

（1）国家或省级、行业建设主管部门颁发的计价定额和计价办法　计价定额主要包括现

行的预算定额或单位估价表，计价办法主要包括现行的费用定额中规定的计价程序及取费标准。装饰装修工程有单独的预算定额或单位估价表。采用清单计价法编制装饰装修工程施工图预算，应执行《建设工程工程量清单计价规范》(GB 50500—2013）以及《房屋建筑与装饰工程工程量计算规范》(GB 50854—2013）的具体要求。

(2) 施工图纸、设计说明及标准图集　施工图纸应经过相关部门会审批准通过，其中“图纸会审纪要”也应作为装饰装修工程施工图预算编制的依据。通过对施工图纸、设计说明及标准图集分析解读，可以熟悉装饰工程的设计要点、施工内容、工艺结构等装饰装修工程的基本情况。

(3) 施工组织设计或施工方案　通过施工组织设计或施工方案，可以充分了解装饰装修工程中各分部分项工程的施工方法、材料组成及应用、施工进度计划、施工机械选择、采取的措施项目（包括单价措施项目，即技术措施，总价措施项目，即组织措施）等内容，是确定预算项目或清单项目、计算工程量、计算措施项目费的重要依据。

(4) 招标文件　施工单位在编制投标报价时，必须严格执行招标文件中有关报价方式、取费标准、造价构成、报价格式等方面的要求，对招标文件给予积极的响应，招投标过程中的“补充通知、答疑纪要”等也应作为装饰装修工程施工图预算编制的依据。以清单计价方式编制投标报价时，招标文件中的工程量清单及有关要求由甲方负责编制，是投标报价最重要的依据。

(5) 企业定额　自从国家颁布《建设工程工程量清单计价规范》以来，企业定额作为编制装饰装修工程施工图预算的依据，越来越得到企业的重视。装饰企业应组织专业技术人员，参照省级、行业建设主管部门颁发的预算定额，编制与本企业技术水平和管理水平相适应的企业定额。企业定额应以确定人、材、机消耗量为核心，以综合单价为企业定额的计价方式，以达到快速准确编制装饰装修工程施工图预算的目的。

(6) 市场价格信息　一般情况下，编制装饰装修工程施工图预算时，应以工程造价管理机构发布的工程造价信息为依据。由于装饰装修工程涉及材料品种、规格、花色较多，新材料新工艺层出不穷，更新换代频繁，所以更多情况下，编制装饰装修工程施工图预算以市场价格信息为依据。装饰企业应建立并完善企业市场询价体系，随时关注了解市场价格信息变化，为编制装饰装修工程施工图预算提供及时准确的市场参考价格。

(7) 其他的相关资料　主要包括技术性资料和工具性资料，如与装饰装修工程相关的标准、规范等技术资料，装饰材料手册，装饰五金手册等。这些资料包含有各种装饰装修工程技术数据、常用计算公式、材料品种规格及物理参数、装饰五金种类及应用等，是编制装饰装修工程施工图预算必备的基础数据和应用工具，可以大大加快施工图预算编制的速度。

三、装饰装修工程施工图预算编制内容

(一) 装饰装修工程施工图预算内容

装饰装修工程施工图预算属于单位工程预算，其编制内容包括确定分部分项工程费用；确定措施项目费用，其中包括单价措施项目费用，即技术措施费用，总价措施项目费用，即组织措施费用；确定企业管理费、规费、利润、税金等；然后汇总为单位工程预算造价；最后按照一定的文本格式要求，编制成装饰装修工程预算书或投标报价书。为准确确定各项费用，装饰装修工程施工图预算同时还涉及分项工程划分（预算项目或清单项目）、工程量计算、计价参照基数、费用计算程序等各方面内容。另外采取不同的计价方式，上述各项费用的确定程序、计算公式、取费标准有很大的区别，本章以定额计价法和清单计价法两种计价方式分别进行叙述。

(二) 装饰装修工程施工图预算编制方法

目前装饰装修工程施工图预算的编制方法，有定额计价法和清单计价法两种。其中定额

计价法又包括工料单价法和实物法，清单计价法又包括综合单价法和全费用单价法。

1. 定额计价法

定额计价法中的工料单价法，是根据装饰装修工程预算定额，按分部分项工程的顺序确定预算项目，先计算出各分项工程工程量，然后再乘以对应定额子目的基价和人工费、材料费、机械费单价，求出各分项工程的费用和人工费、材料费、机械费；汇总即为单位工程的分部分项工程费及其中的人工费、材料费、机械费；最后按照规定的计价规则，计算措施项目费（其中单价措施费与分部分项工程费计算方法一样，总价措施项目费按计价基数乘以费率计算）、企业管理费、规费、利润、税金等，从而生成单位工程施工图预算，即装饰装修工程施工图预算。

应用工料单价法编制装饰装修工程施工图预算时，应保证分项工程的名称、工作内容、施工方法、使用材料、计量单位等均应与预算定额相应子目所列的内容一致，避免重项、错项、漏项的现象发生。若施工图纸的某些设计要求与预算定额的规定不完全符合时，应根据预算定额的使用说明，对分项工程定额基价进行调整或换算。若人工工日单价、材料市场价格、机械台班市场价格等与预算定额的预算价格不一致时，也应对分项工程定额基价进行调整或换算，套定额时应套用换算后的定额，这样才可保证以工料单价法编制的装饰装修工程施工图预算更准确，更接近装饰装修工程造价的实际情况。

定额计价法中的实物法，同样根据建筑装饰工程预算定额，按分部分项工程的顺序确定预算项目，先计算出各分项工程工程量，套定额子目时不是套定额子目的基价或人工费、材料费、机械费单价，而是套用相应的人工、材料、机械台班的定额消耗量，再分别乘以工程所在地当时的人工、材料、机械台班的实际价格，从而求出各分项工程的费用和人工费、材料费、机械费；汇总即得到单位工程的分部分项工程费及其中的人工费、材料费、机械费；其他费用的计算程序及方法与工料单价法一样，最后生成装饰装修工程施工图预算。

实物法以当时当地人工、材料、机械台班的价格为计算依据，得出的各项费用与市场情况更接近，更具有实际意义。应用实物法编制装饰装修工程施工图预算时应注意，若套用定额子目中所有材料的消耗量和市场价格，预算工作量太大，其实也没有多大意义。因为装饰工程中大多数辅助材料对预算造价的影响不大，所以在应用实物法时可以只考虑套用预算定额子目中主要材料的消耗量和市场价格，大多数辅助材料的价格还是以预算定额为准。这样既可以保证足够的预算准确度，又可以大大减少预算工作量，加快预算编制速度。另外应用实物法计算分项工程的费用和人工费、材料费、机械费的过程，还可以理解为是先进行定额换算后，再对上述费用的计算。

2. 清单计价法

清单计价法包括工程量清单编制和工程量清单计价两个环节。其中工程量清单由甲方负责编制，或甲方委托造价咨询公司编制，是招标文件的重要组成部分，工程量清单计价由乙方负责编制。清单计价法实际上是由甲方负责“量”，乙方负责“价”来共同完成的，这也体现了清单计价法“各负其责量价分离”的特点。

清单计价法中的综合单价法，是根据《建设工程工程量清单计价规范》(GB 50500—2013）和《房屋建筑与装饰工程工程量计算规范》(GB 50854—2013）的规定，参照企业定额和装饰装修工程预算定额，确定清单项目；再以市场人工工日单价、材料价格、机械台班价格为依据，对清单项目的综合单价进行分析，综合单价中包括人工费、材料费、机械费、管理费、利润、风险因素等；然后以综合单价乘以各清单项目工程量，求出各清单项目的费用和人工费、材料费、机械费、管理费、利润；汇总即得到单位工程的分部分项工程费及其中的人工费、材料费、机械费、管理费、利润；最后按照规定的计价规则，计算措施项目费（其中单价措施费与分部分项工程费计算方法一样，总价措施项目费按计价基数乘以费率计算）、其他项目费、规费、税金等，从而生成单位工程施工图预算，即装饰装修工程施工图预算。

应用综合单价法编制装饰装修工程施工图预算时，应保证清单项目的项目编码、项目名称、计量单位、工程量计算规则四个统一，即严格执行《房屋建筑与装饰工程工程量计算规范》(GB 50854—2013）的要求。项目特征和工程内容应按施工图纸和工程实际情况确定，《房屋建筑与装饰工程工程量计算规范》(GB 50854—2013）的内容主要作为提示和参考。为保证预算造价与工程实际造价更接近，同时便于施工过程中工程造价管理，在进行综合单价分析时，主要材料的价格应列为暂估单价在综合单价分析表中标明。

清单计价法中的全费用单价法，是在分析清单项目单价时，将所有的价格影响因素全部考虑进去，得出清单项目的全费用单价，全费用单价包括了清单项目的人工费、材料费、机械费、管理费、利润或酬金、措施费、规费、税金等，同时还包括合同约定的所有工料价格变化风险等一切费用，以全费用单价乘以各清单项目工程量，汇总即生成单位工程施工图预算。

应用全费用单价法编制单位工程施工图预算的程序非常简单，但在确定全费用单价时必须细致分析所有价格影响因素，特别是对市场价格变化带来的风险因素应有充分的考虑，具体应用中对工程造价人员的综合素质有很高的要求。全费用单价法是一种国际上比较通行的工程造价计价方式，目前在我国的应用还不很普及。

（三）装饰装修工程施工图预算文本格式

1. 定额计价法文本格式

定额计价法目前还没有规定统一的文本格式，装饰企业可以根据装饰装修工程实际情况，编制适合的装饰装修工程预算文本格式。下面以编制装饰装修工程预算书为例，叙述定额计价法的文本格式，作为编制装饰装修工程施工图预算的参考。文本格式中的应用表格还可以参照本章第二节“一、定额计价模式下装饰装修工程预算编制实例”的表格。

（1）封面　内容包括建设单位名称，工程名称，工程总造价，编制单位名称，编制人员及其证章，审核人员及其证章，编制单位盖章，编制日期等内容。

（2）编制说明　主要内容包括工程概况、编制概况、依据的预算定额、取费标准、材料价格、图纸、工程量计算等方面的文字说明。

（3）单位工程造价汇总表　按照定额计价规则规定的程序、计算方法、费率标准计算单位工程预算，包括分部分项工程费、措施项目费、企业管理费、规费、利润、税金等的计算。

（4）分部分项工程费表　套预算定额子目，计算分部分项工程费，其中单价措施项目费也应用此表计算。

（5）工程量计算表　分项工程工程量的单位、数量和计算过程。

（6）定额换算明细表　对分项工程的定额基价及其中的人、材、机费用单价进行调整或换算，套定额计算分部分项工程费时，应套用换算后的定额。

（7）甲供主材明细表　甲方提供的主要材料品种、规格、数量、单价、合价等。

2. 清单计价法中工程量清单的文本格式

清单计价法中工程量清单由甲方负责编制，或由甲方委托的工程造价咨询企业编制，其文本格式在《建设工程工程量清单计价规范》(GB 50500—2013）中，给出了标准参考样表，甲方在编制装饰装修工程工程量清单时可酌情参照执行。

清单计价规范中规定工程量清单文本格式包括 14 张表格，在编制装饰装修工程工程量清单时，根据装饰装修工程的实际情况，可以省略其中的一些表格。标准参考样表的使用应遵照《建设工程工程量清单计价规范》(GB 50500—2013）第 16 章“工程计价表格”的要求，以工程招标工程量清单为例，从清单计价规范的附录中摘录的标准参考样表目录如下，其中表格编号均遵照清单计价规范中的表格编号。

封-1　招标工程量清单

扉-1　招标工程量清单

表-01　工程计价总说明

表-08　分部分项工程和单价措施项目清单

表-11　总价措施项目清单

表-12　其他项目清单汇总表

表-12-1　暂列金额明细表

表-12-2　材料（工程设备）暂估单价表

表-12-3　专业工程暂估价表

表-12-4　计日工表

表-12-5　总承包服务费计价表

表-13　规费、税金项目计价表

表-20　发包人提供材料和工程设备一览表

表-21　承包人提供主要材料和工程设备一览表

还可参照本章第二节“二、清单计价模式下装饰装修工程工程量清单编制实例”的表格。

3. 清单计价法中工程量清单计价的文本格式

清单计价法中工程量清单计价的文本格式在《建设工程工程量清单计价规范》中，针对不同的工程造价管理和计价活动的要求，也给出了标准参考样表，在编制装饰装修工程工程量清单计价时可酌情参照执行。

以装饰装修工程投标报价书为例，清单计价规范中规定投标报价文本格式包括19张表格，在编制装饰装修工程投标报价时，根据装饰装修工程的实际情况，可以省略其中的一些表格。标准参考样表的使用应遵照《建设工程工程量清单计价规范》(GB 50500—2013) 第16章“工程计价表格”的要求，从清单计价规范的附录中摘录的标准参考样表目录如下，其中表格编号均遵照清单计价规范中的表格编号。

封-3　投标总价

扉-3　投标总价

表-01　工程计价总说明

表-02　建设项目投标报价汇总表

表-03　单项工程投标报价汇总表

表-04　单位工程投标报价汇总表

表-08　分部分项工程和单价措施项目清单与计价表

表-09　综合单价分析表

表-11　总价措施项目清单与计价表

表-12　其他项目清单与计价汇总表

表-12-1　暂列金额明细表

表-12-2　材料（工程设备）暂估单价表

表-12-3　专业工程暂估价表

表-12-4　计日工表

表-12-5　总承包服务费计价表

表-13　规费、税金项目计价表

表-16　总价项目进度款支付分解表

表-20　发包人提供材料和工程设备一览表

表-21　承包人提供主要材料和工程设备一览表

还可参照本章第二节“三、清单计价模式下装饰装修工程投标报价书编制实例”的表格。

四、装饰装修工程施工图预算编制步骤

（一）定额计价法施工图预算编制步骤

以编制“装饰装修工程预算书”为例。

（1）准备资料　熟悉施工图纸、施工组织设计、预算定额、工程量计算规则、取费标准、地区材料预算价格、市场价格信息、招标文件等，另外还要准备一些装饰装修工程技术规范和一些工具性手册。

（2）列预算项目　根据设计图纸及装饰装修工程工艺特点和工作内容，参照预算定额的项目组成，列出分项工程预算项目。定额计价法一般以装饰装修工程施工工艺特点、施工工序、材料种类及规格等因素，来确定分项工程预算项目。

（3）工程量计算　根据装饰装修工程各大分部说明中规定的工程量计算规则，按照一定的计算顺序和方法，计算出所列分项工程预算项目的工程量，汇总整理计算数据，编制工程量计算表。

（4）定额换算　当定额项目的工作内容或价格，与设计的实际工作内容或价格不一致时，或材料的市场价格与预算价格不一致时，应对定额项目中的人、材、机费用单价以及定额基价进行调整，从而得到一个符合实际情况的新定额，换算后的定额编号前或后加“换”字或加“H”，汇总编制定额换算明细表。

（5）套定额　根据分项工程预算项目，在预算定额中找出相对应的子目，套用子目中的基价和人工费、材料费、机械费单价，乘以工程量，计算出各分项工程费（合价）和其中的人工费、材料费、机械费，汇总即为单位工程的分部分项工程费和其中的人工费、材料费、机械费。

分部分项工程费 ＝ Σ（分项工程量×基价表中项目基价）

人工费 ＝ Σ（分项工程量×基价表中人工费单价）

材料费 ＝ Σ（分项工程量×基价表中材料费单价）

机械费 ＝ Σ（分项工程量×基价表中机械费单价）

注意套预算定额子目时工程量的单位应换算为定额单位，也称数量级单位。当实际情况与设计内容不一致时，应套换算后的定额。汇总整理计算数据，编制分部分项工程费表。

（6）计算工程造价　将上面计算的数据导入单位工程造价汇总表，按照规定的计价基数、取费标准、计算程序，分别计算措施项目费（其中单价措施项目费与分部分项工程费计算方法一样，总价措施项目费按计价基数乘以费率计算）、企业管理费、利润、规费、税金等，得出单位工程预算造价。装饰装修工程中总价措施项目费、企业管理费、利润、规费等，均以人工费＋机械费为计价基数，税金以不含税工程造价为计价基数。汇总整理计算数据，编制单位工程造价汇总表。

（7）审核复核　对分项工程预算项目设置、计量单位（定额单位换算）、计算方法和公式、计算结果、取费标准、数据间相互逻辑关系、数字的精确度等进行认真核对，避免项目设置中出现重项、漏项、错项的情况，避免计算过程中计算程序、取费标准、计算方法、数据应用等错误的发生。

（8）编预算书　填写封面和编制说明，按照合适的文本格式打印装订成施工图预算书，编制单位盖章，编制人（审核人）签字盖章。

定额计价法施工图预算编制的步骤，可简单归纳为图 7-1 的流程图。

（二）清单计价法工程量清单编制步骤

以编制招标文件中“装饰装修工程工程量清单”为例。

（1）准备资料　熟悉施工图纸、预算定额、清单计价规范、工程量计算规则等，同时要熟悉《房屋建筑与装饰工程工程量计算规范》(GB 50854—2013）内容，掌握工程量清单编制程序及应遵循的原则。另外还要准备一些装饰装修工程技术规范和一些工具性手册。

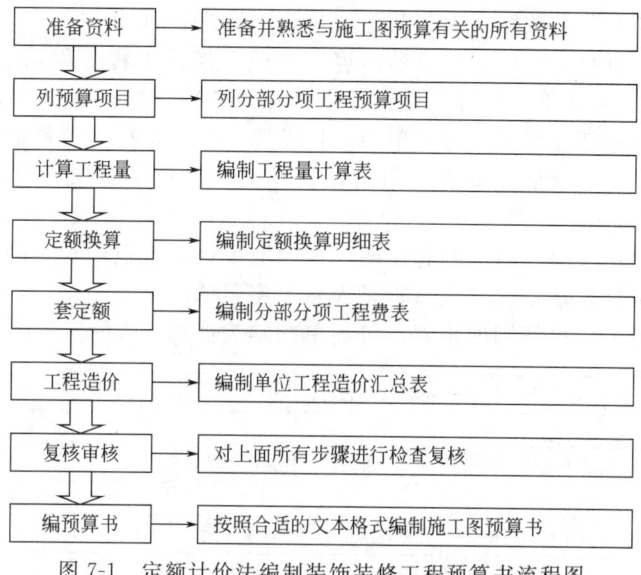

图 7-1 定额计价法编制装饰装修工程预算书流程图

(2) 列清单项目 根据设计图纸及装饰装修工程工艺特点和工作内容，按照《房屋建筑与装饰工程工程量计算规范》(GB 50854—2013) 中清单项目设置的要求，参考预算定额的项目组成，列出清单项目。清单项目设置是以完成工程实体为基本要素，这与定额计价的预算项目设置有本质不同。清单项目设置时应细致分析其项目特征和工作内容，按装饰装修工程施工工艺特点和施工工序的要求，将项目特征及工作内容分解细化，必须达到能分析其综合单价构成的程度。

(3) 计算工程量 根据《房屋建筑与装饰工程工程量计算规范》(GB 50854—2013) 中规定的清单项目工程量计算规则，按照一定的计算顺序和方法，计算出所列清单项目的工程量，汇总整理计算数据。

(4) 分部分项工程量清单 分部分项工程量清单应根据《房屋建筑与装饰工程工程量计算规范》(GB 50854—2013) 规定的项目编码、项目名称、项目特征、计量单位和工程量计算规则进行编制。其中项目特征应根据装饰装修工程的实际情况，参照《房屋建筑与装饰工程工程量计算规范》(GB 50854—2013) 中的项目特征和工作内容，同时做到四个统一，即统一项目编码、统一项目名称、统一计量单位和统一工程量计算规则。

(5) 措施项目清单 装饰装修工程单价措施项目（技术措施）包括垂直运输、脚手架和成品保护三项。总价措施项目（组织措施）包括安全文明施工（安全施工、文明施工、环境保护、临时设施）、夜间施工、二次搬运、冬雨季施工、工程定位复测费等，装饰装修工程可增加室内空气污染测试内容，应根据装饰装修工程的实际情况编制。

(6) 其他项目清单 先分别列出其他项目的各个分表，包括暂列金额明细表、材料（工程设备）暂估单价表、专业工程暂估价表、计日工表、总承包服务费计价表，这些分表中的内容应根据装饰装修工程的实际情况明确，如果只是具体的金额，可以省略分表。

暂列金额主要考虑不可预见和不确定因素；材料（工程设备）暂估单价一般指主要材料和工程设备价格，编制时主要材料和工程设备价格招标人可以事先规定，也可以由投标单位根据市场信息确定；专业工程暂估价主要考虑工程分包因素，甲购主要材料部分可以视为专业工程暂估价，编制时专业工程暂估价招标人可以事先规定，也可以由投标单位根据市场信息确定；计日工表中人工、材料、机械均为估算的消耗量；总承包服务费主要考虑招标人进行工程分包和自购材料时需要投标单位提供相关的协助，应根据工作内容和复杂程度确定具体金额。汇总整理各个分表数据，编制其他项目清单汇总表。

（7）复核审核　对每一个项目清单的内容，参照《建设工程工程量清单计价规范》(GB 50500—2013）和《房屋建筑与装饰工程工程量计算规范》(GB 50500—2013）的要求进行认真复核审核。特别对分部分项工程量清单中项目设置、项目特征、计量单位、工程量计算方法和公式、计算结果、数字的精确度等进行认真核对，避免清单项目设置中出现重项、漏项、错项的情况发生。

（8）编工程量清单　填写封面和总说明，参照清单计价规范中规定的文本格式打印装订工程量清单，编制单位盖章，编制人（审核人）签字盖章。

清单计价法工程量清单编制的步骤，可简单归纳为如图 7-2 的流程图。

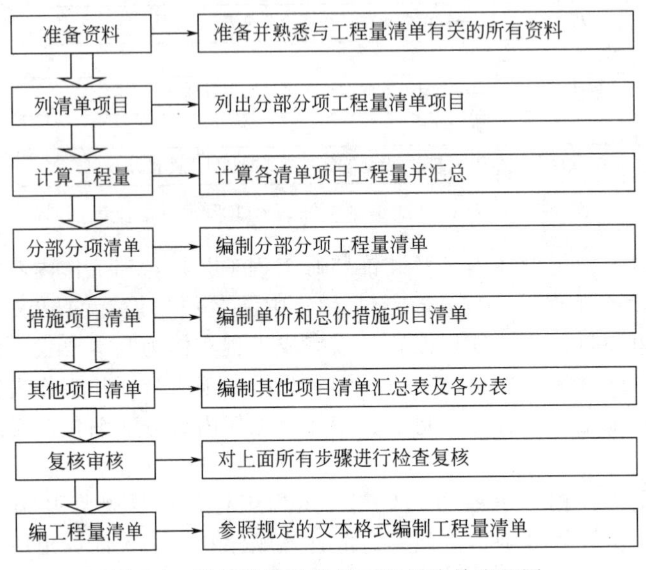

图 7-2　清单计价法编制工程量清单流程图

（三）清单计价法投标报价书编制步骤

以编制“装饰装修工程投标报价书”为例。

（1）准备资料　熟悉施工图纸、施工组织设计、预算定额、企业定额、工程量计算规则、取费标准、地区材料预算价格、市场价格信息、招标文件等，同时要了解《房屋建筑与装饰工程工程量计算规范》(GB 50854—2013）内容，掌握工程量清单计价程序及应遵循的原则。另外还要准备一些装饰装修工程技术规范和一些工具性手册。其中招标人提供的工程量清单为编制装饰装修工程投标报价书最重要的依据，必须透彻研究分析。

（2）核对清单项目　根据设计图纸及装饰装修工程工艺特点和工作内容，按照《房屋建筑与装饰工程工程量计算规范》(GB 50854—2013）中清单项目设置的要求，逐项核对工程量清单中的清单项目设置，发现不符合工程量计算规范要求的重项、漏项、错项等问题，及时向甲方质疑。

（3）核对工程量　根据《房屋建筑与装饰工程工程量计算规范》(GB 50854—2013）中规定的清单项目工程量计算规则，对工程量清单中的工程量数据逐项进行核对，发现计算程序错误、数据误差较大等问题，及时向甲方质疑。

（4）综合单价分析　参照企业定额、预算定额、费用定额、市场价格等，对各清单项目的人工费、材料费、机械费、企业管理费、利润、风险因素等进行费用分析，得出该清单项目的综合单价，主要材料价格以暂估单价在分析表中标明。

综合单价＝人工费＋材料费＋机械费＋企业管理费＋利润＋风险因素

综合单价分析时企业管理费、利润应参照费用定额规定的计价基数、取费标准、计算程序进行计算。当出现一个清单项目中几个工序的单位不一致时，应调整为与工程量清单的单位一致。

每一个清单项目都需使用一张综合单价分析表，所以分析的工作量比较大，综合单价分析是清单计价的核心环节。为后续整理和应用计算数据更加方便，可增加一张“综合单价分析汇总表”，也可以在“分部分项工程清单与计价表”中体现综合单价分析的结果。

(5) 清单项目计价　根据前面分析得出的清单项目综合单价，乘以工程量，计算出每一个清单项目的计价及其中的人工费、材料费、机械费，管理费、利润，汇总即为分部分项工程费。

$$分部分项工程费 = \sum(清单项目工程量 \times 综合单价)$$

$$人工费 = \sum(清单项目工程量 \times 综合单价中人工费单价)$$

$$材料费 = \sum(清单项目工程量 \times 综合单价中材料费单价)$$

$$机械费 = \sum(清单项目工程量 \times 综合单价中机械费单价)$$

$$管理费 = \sum(清单项目工程量 \times 综合单价中管理费单价)$$

$$利润 = \sum(清单项目工程量 \times 综合单价中利润单价)$$

汇总整理计算数据，编制分部分项工程清单与计价表

(6) 措施项目计价　单价措施项目（技术措施费）计价与清单项目计价完全一样，总价措施项目（组织措施费）计价以人工费＋机械费为计价基数，按规定的费率计算。措施项目作为投标报价的竞争项目，计价时可以根据装饰装修工程的实际情况，在招标人提供的措施项目清单基础上适当增减，但注意安全文明施工项目不能作为竞争项目。汇总整理计算数据，编制措施项目清单计价表。

(7) 其他项目计价　按照招标人提供的其他项目清单进行计价，先就各个分表分别计价，对于暂列金额和总承包服务费，招标人一般已经确定了具体的金额，可直接填入其他项目清单计价汇总表。材料（工程设备）暂估单价在综合单价分析表中标明。专业工程暂估价根据分包工程的具体情况估价，其中甲购主要材料部分的计价，可以根据市场价格信息确定。计日工表中人工、材料、机械单价全部采用综合单价进行计价。然后汇总整理计算数据，编制其他项目清单计价汇总表。

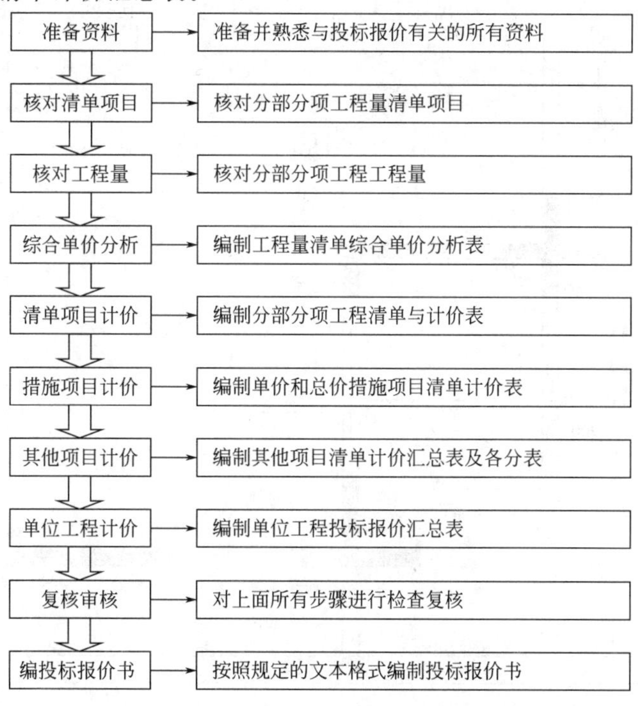

图 7-3　清单计价法编制投标报价书流程图

（8）单位工程计价　将上面分析计算的数据导入单位工程投标报价汇总表，按照费用定额规定的计价基数、取费标准、计算程序，分别计算规费和税金，得出单位工程预算造价。汇总整理计算数据，编制单位工程投标报价汇总表。

（9）复核审核　对以上每一个步骤内容进行认真复核审核，主要对每个表格中的计量单位、计算方法和公式、计算结果、取费标准、数据间相互逻辑关系、数字的精确度等进行核对，避免计算过程中计算程序、取费标准、计算方法、数据应用等错误的发生。

（10）编投标报价书　填写封面和总说明，参照清单计价规范中规定的文本格式打印装订成投标报价书，投标单位盖章，编制人（审核人）签字盖章。

清单计价法工程量清单计价编制的步骤，可简单归纳为如图7-3的流程图。

第二节　装饰装修工程施工图预算编制实例

一、定额计价模式下装饰装修工程预算编制实例

某房地产开发商在其开发的住宅小区做样板房，选择A户型，详细设计方案见施工图纸（图7-4～图7-17）。房地产开发商以洽谈协商方式发包该装饰装修工程，要求某装饰公司

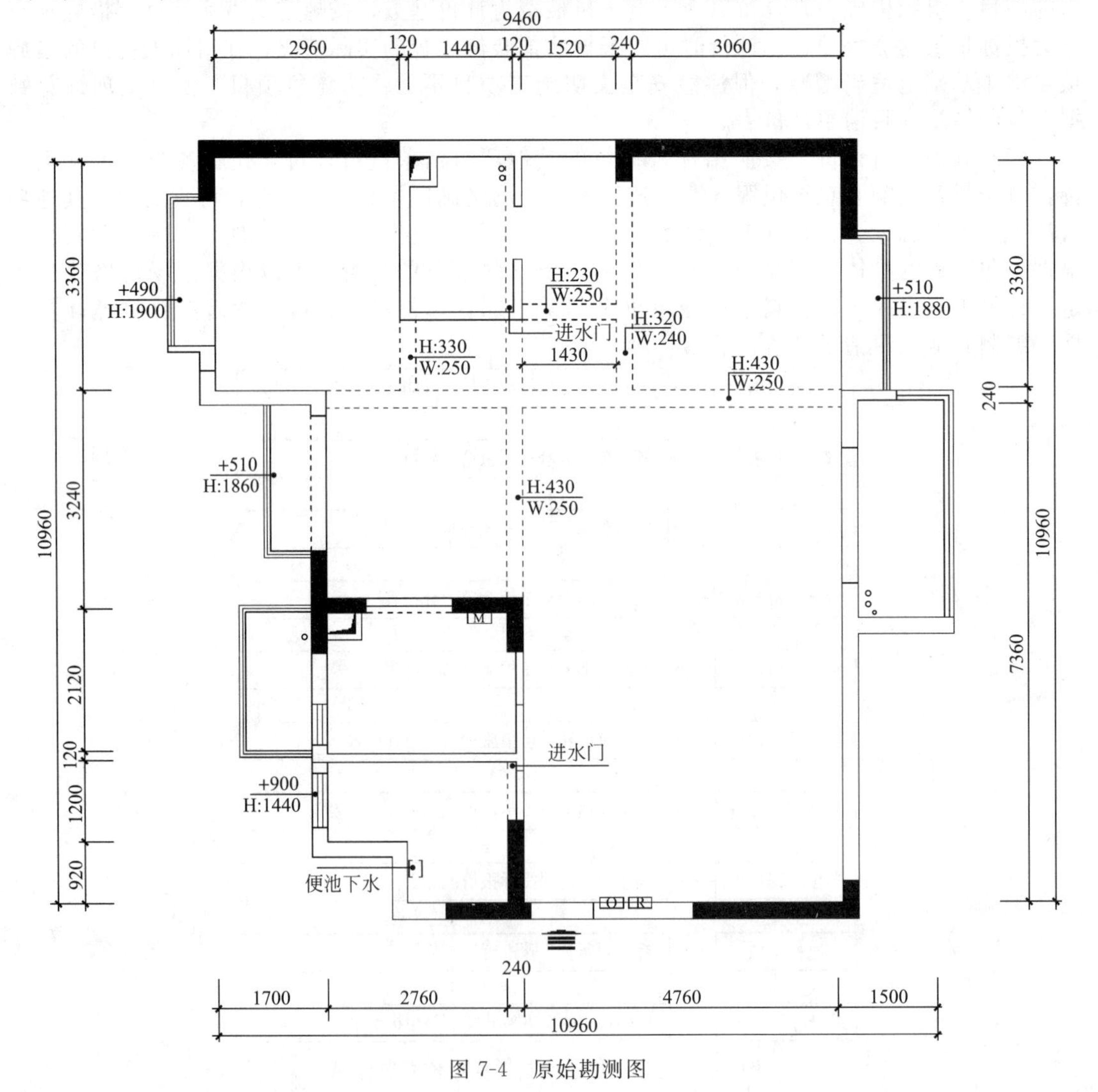

图7-4　原始勘测图

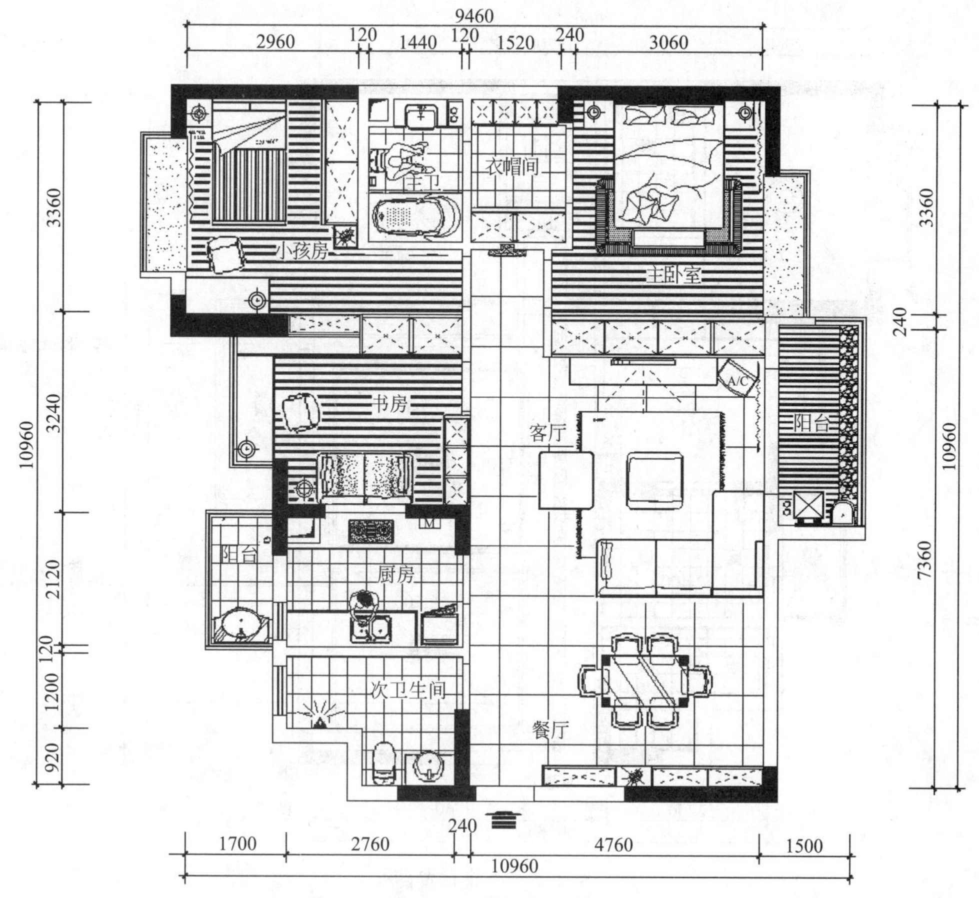

图 7-5　平面布置图

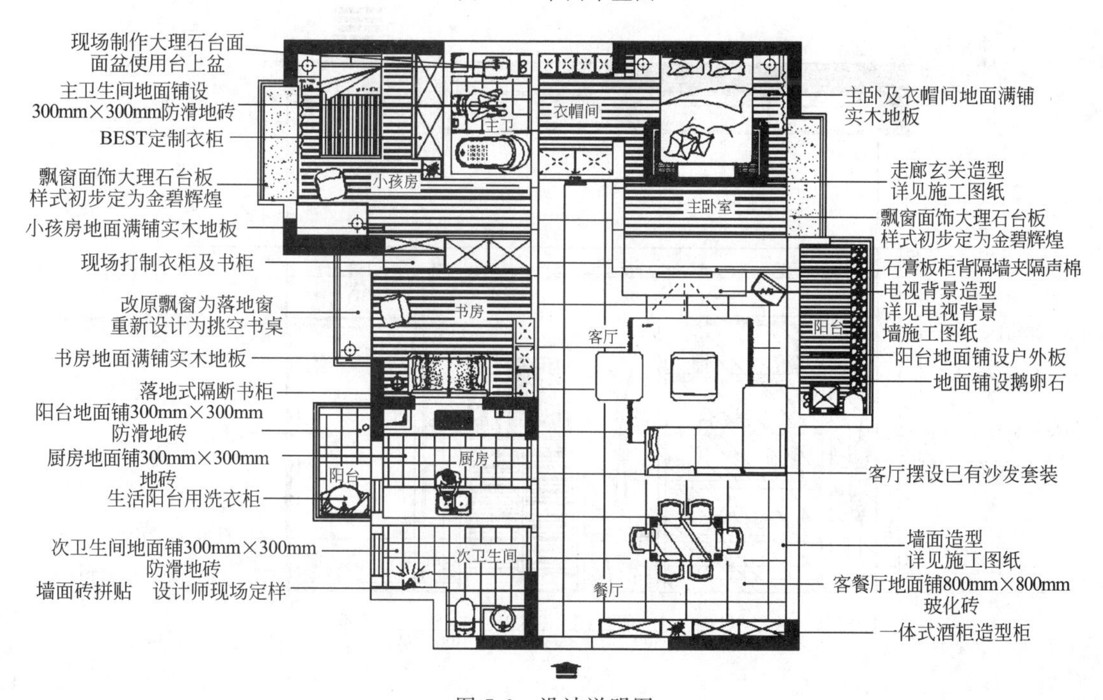

图 7-6　设计说明图

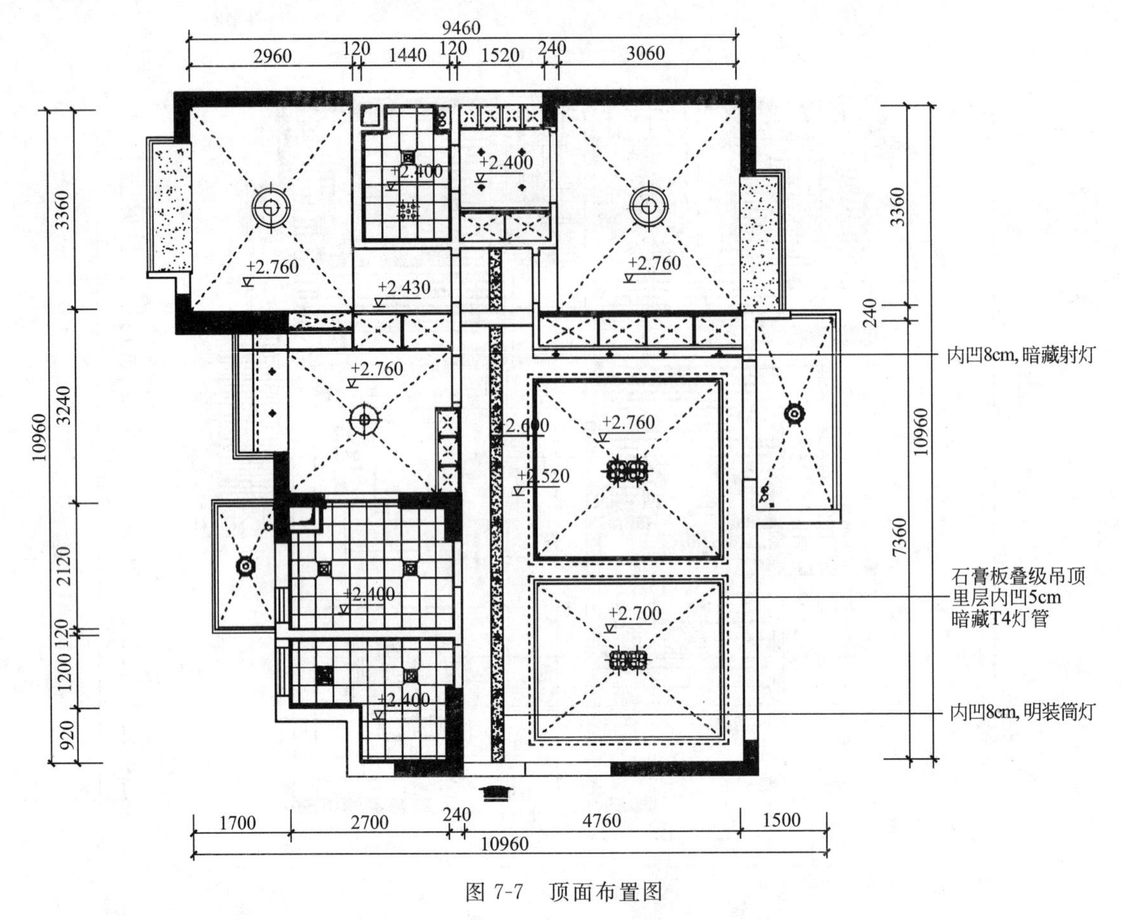

图 7-7　顶面布置图

暗藏射灯
6cm酒柜层板
暗藏T4灯管
灰镜贴面
随意座
包单面门套，面板饰清漆
大门
鞋柜，百叶门板
15cm挑空，暗藏T4灯管

图 7-8　餐厅立面图

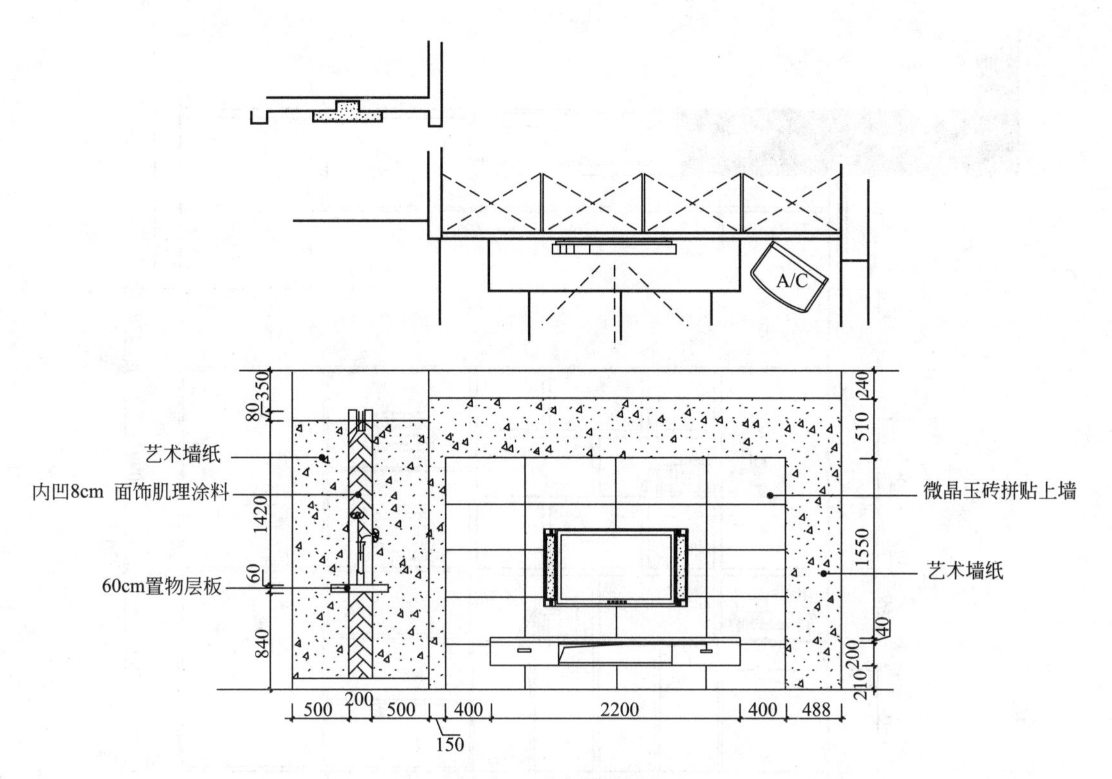

图 7-9 电视背景图

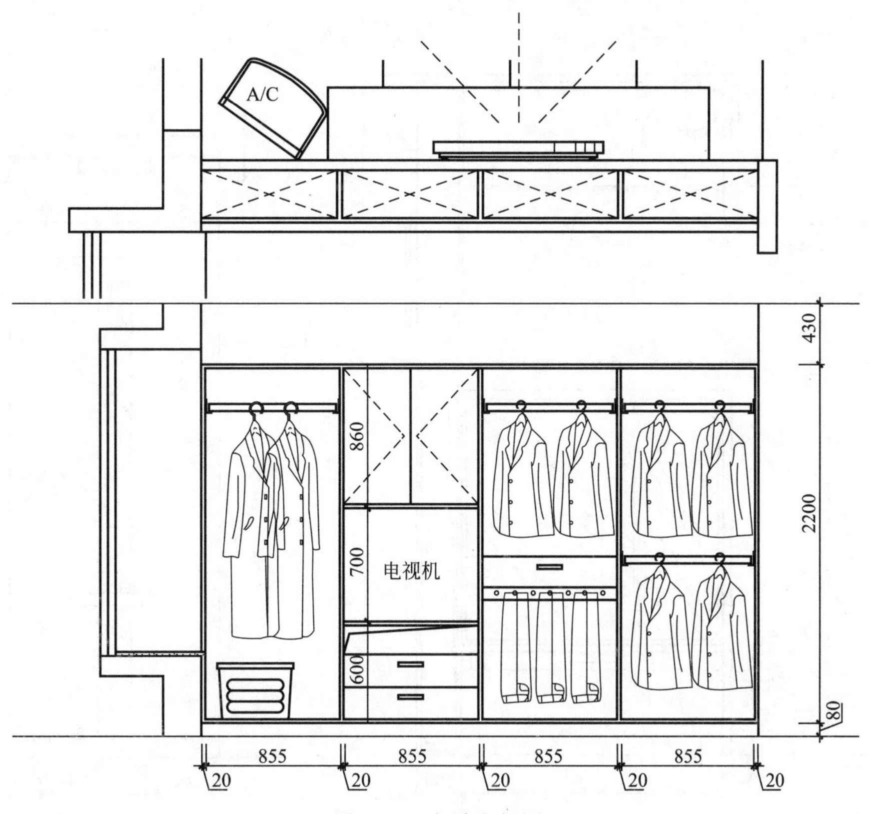

图 7-10 主卧衣柜图

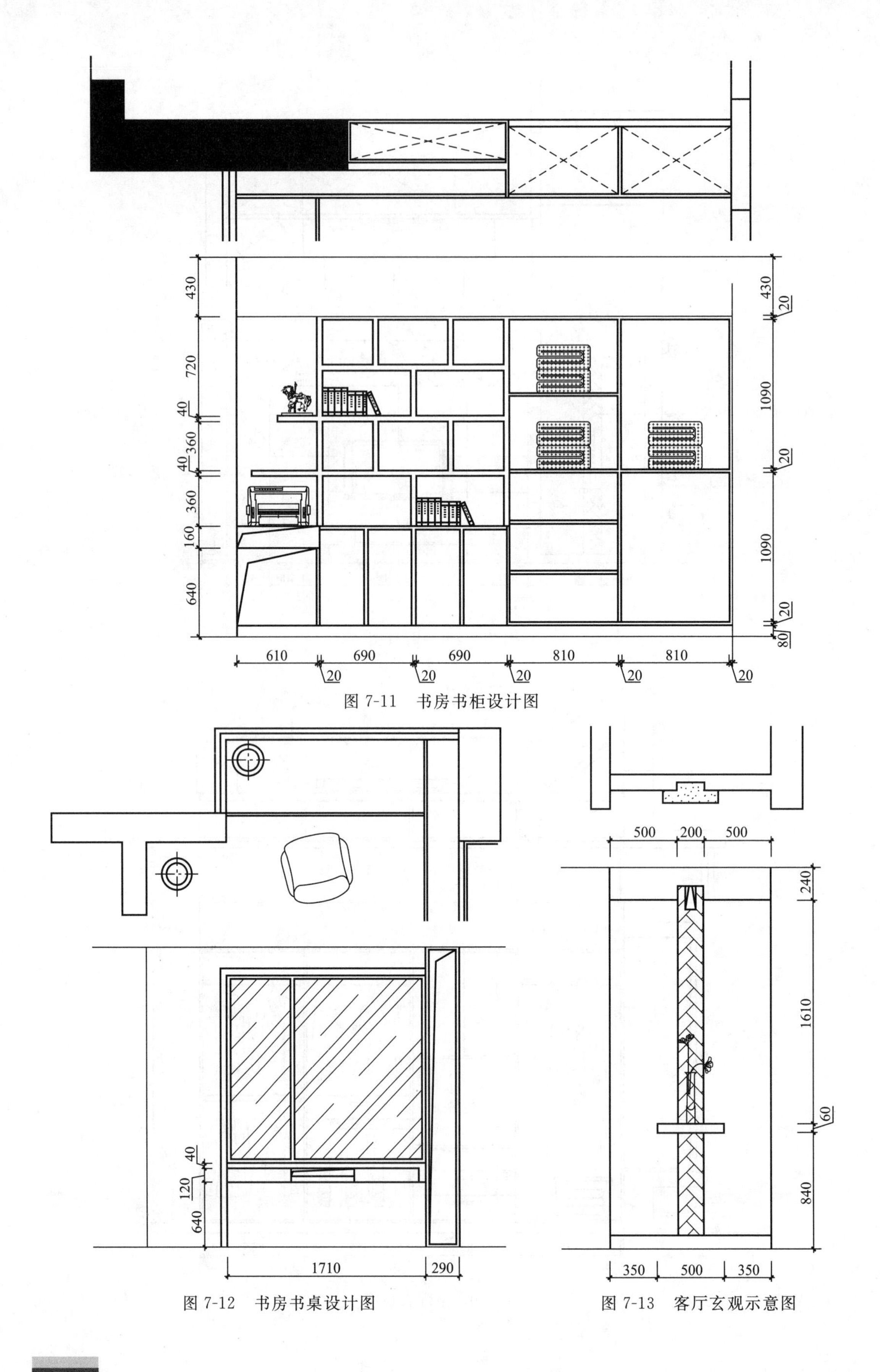

图 7-11　书房书柜设计图

图 7-12　书房书桌设计图

图 7-13　客厅玄观示意图

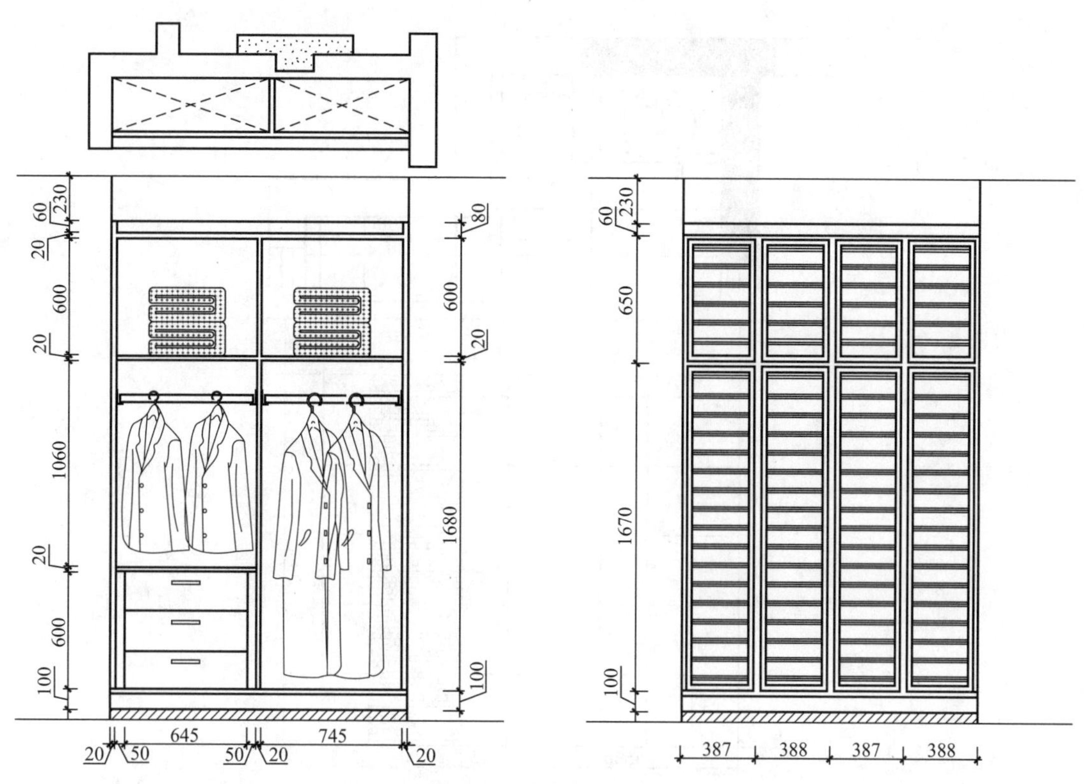

图 7-14　衣帽间衣柜图

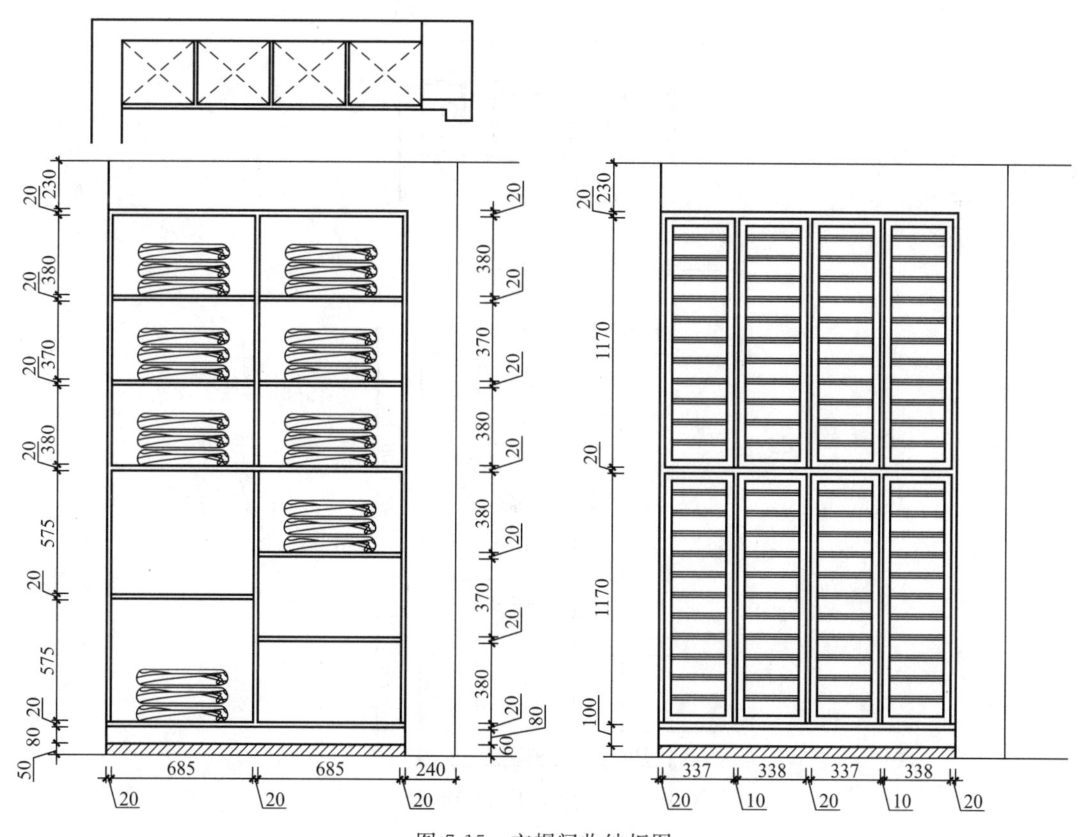

图 7-15　衣帽间收纳柜图

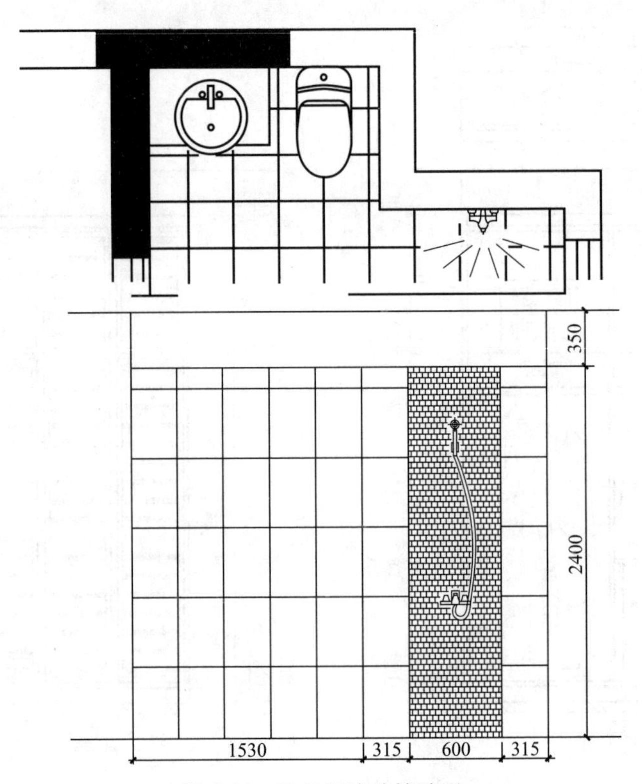

图 7-16　卫生间墙砖铺贴图

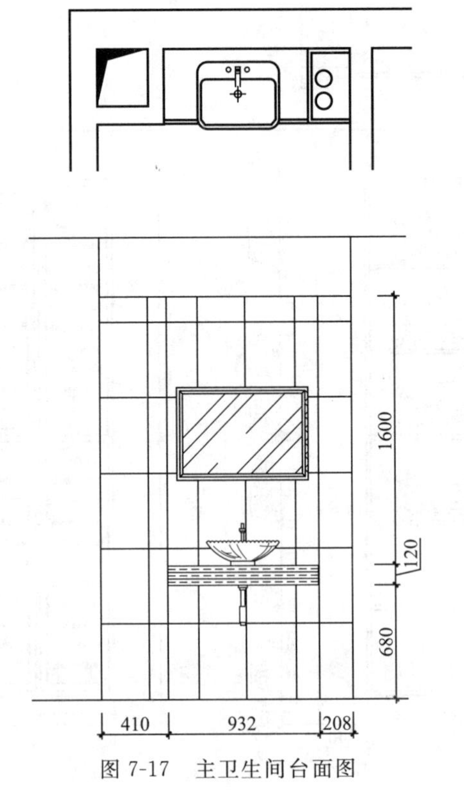

图 7-17　主卫生间台面图

按定额计价法编制施工图预算书，主要材料参考市场材料价格，其中开发商已提供了“甲供主材明细”。某装饰公司在施工方案中为保证泥工施工项目达到优良标准，在编制预算时提出铺贴墙地砖的施工项目中，泥工的工日单价全部按160元/工日计算，并征得甲方同意。某装饰公司造价人员编制的某住宅小区样板房装饰装修工程预算书如表7-1～表7-7所示。(以下所有表格中的计算数据均为电子表格软件计算，小数点后面数据可能存在一定的误差)

表7-1　装饰装修工程预算书封面

××小区样板房装饰装修工程预算书

工程名称：××小区样板房装饰工程

建设单位：××房地产开发有限公司

工程造价(小写)：165938元

(大写)：壹拾陆万伍仟玖佰叁拾捌元整

施工单位：××装饰有限公司(盖章)

编 制 人：×××(签字)

审 核 人：×××(签字)

编制时间：××××年××月××日

表7-2　编制说明

编 制 说 明

一、本预算分部分项工程费依据《湖北省建筑工程消耗量定额及统一基价表》(装饰 装修分册，2013版)进行编制。

二、本预算各项取费标准依据《湖北省建筑安装工程费用定额》(2013版)，其中总价措施项目费率：6.46%；企业管理费率：13.47%；利润率：15.80%；规费费率：10.95%，计价基数为人工费＋施工机具使用费。综合税率3.48%，计价基数为不含税造价。

三、预算项目设置以甲方提供的施工图纸为准，工程量计算遵照预算定额的规定。

四、铺贴墙地砖的施工项目中，泥工的工日单价全部按160元/工日计算，主要材料按当前市场价格计算，具体主材市场价格在定额换算明细表中注明。

五、甲乙双方协商，拆除原砖墙费用400元计入人工费，垃圾外运按6t载货汽车1.5台班计入机械费，以上费用并入到分部分项工程费中。

六、甲方提供的“甲供主材明细”按市场信息询价，只作为暂估价供甲方参考。

表7-3　单位工程造价汇总表

工程名称：××小区样板房装饰工程

序号	费用项目		计算方法	金额/元
(1)	分部分项工程费			94606.38
(2)	其中	人工费		23879.76
(3)		施工机具使用费		1062.99
(4)	单价措施项目费			4566.31
(5)	其中	人工费		2480.66
(6)		施工机具使用费		1337.00
(7)	总价措施项目费		[(2)+(3)+(5)+(6)]×6.46%	1857.92
(8)	甲供主材费			47760.00
(9)	企业管理费		[(2)+(3)+(5)+(6)]×13.47%	3874.03
(10)	利润		[(2)+(3)+(5)+(6)]×15.80%	4544.14
(11)	规费		[(2)+(3)+(5)+(6)]×10.95%	3149.26
(12)	不含税工程造价		(1)+(4)+(7)+(8)+(9)+(10)+(11)	160358.05
(13)	税金		(12)×3.48%	5580.46
(14)	含税工程造价		(12)+(13)	165938.51

表 7-4　分部分项工程费表

工程名称：××小区样板房装饰工程

序号	定额编号	项目名称	单位	工程量	基价/元	其中/元			合价/元	其中/元		
						人工费	材料费	机械费		人工费	材料费	机械费
		一、楼地面工程										
1	A13-9	垫层 碎砖 灌浆	$10m^3$	0.242	1581.50	737.40	798.00	46.10	382.72	178.45	193.12	11.16
2	A13-76H	零星项目 过门石 窗台板 大理石	$100m^2$	0.0452	28189.56	8016.00	20133.82	39.74	1274.17	362.32	910.05	1.80
3	A13-76H	零星项目 鹅卵石 水泥砂浆	$100m^2$	0.0121	15469.56	8016.00	7413.82	39.74	187.18	96.99	89.71	0.48
4	A13-102H	陶瓷地砖 楼地面 300mm×300mm 防滑地砖	$100m^2$	0.1603	12436.70	4571.20	7826.86	38.64	1993.60	732.76	1254.65	6.19
5	A13-106H	陶瓷地砖 楼地面 800mm×800mm 玻化砖	$100m^2$	0.3612	27175.30	4644.80	22491.86	38.64	9815.72	1677.70	8124.06	13.96
6	A13-158	木龙骨 单向单层 @300	$100m^2$	0.3391	2733.38	872.62	1851.95	8.81	926.89	295.91	628.00	2.99
7	A13-161	毛地板 铺在木龙骨上 九夹板	$100m^2$	0.3391	3554.93	1126.54	2363.42	64.97	1205.48	382.01	801.44	22.03
8	A13-167H	木地板 铺在毛地板上 企口	$100m^2$	0.3391	33558.05	1762.26	31795.79	0.00	11379.53	597.58	10781.95	0.00
9	A13-172	成品木踢脚线	100m	0.6885	5028.35	383.64	4643.24	1.47	3462.02	264.14	3196.87	1.01
10	A13-165H	铺在水泥地面上 杉木防腐木 薄板	$100m^2$	0.0287	10510.40	1714.88	8748.54	46.98	301.65	49.22	251.08	1.35
		二、墙柱面工程										
1	A14-151H	镶贴块料面层 陶瓷锦砖 水泥砂浆粘贴 零星项目	$100m^2$	0.0144	17153.57	11644.80	5502.15	6.62	247.01	167.69	79.23	0.10
2	A14-167H	面砖 240mm×60mm 外墙砖 水泥砂浆粘贴 面砖灰缝 5mm 内	$100m^2$	0.0913	12191.49	7059.20	5117.94	14.35	1113.08	644.50	467.27	1.31
3	A14-172H	镶贴块料面层 面砖 200mm×400mm 内墙砖 水泥砂浆粘贴	$100m^2$	0.5984	12287.61	5568.00	6707.47	12.14	7352.91	3331.89	4013.75	7.26
4	A14-200	墙龙骨断面 $13cm^2$ 以内 木龙骨间距 40cm 以内	$100m^2$	0.2494	4044.87	887.34	3151.36	6.17	1008.79	221.30	785.95	1.54

续表

序号	定额编号	项目名称	单位	工程量	基价/元	其中/元			合价/元	其中/元		
						人工费	材料费	机械费		人工费	材料费	机械费
		二、墙柱面工程										
5	A14-219	墙基层 石膏板基层	$100m^2$	0.2494	1780.79	592.68	1188.11	0.00	444.13	147.81	296.31	0.00
6	A14-201	墙龙骨断面 $13cm^2$ 以内 木龙骨间距45cm以内	$100m^2$	0.0331	3776.61	887.34	2883.99	5.28	125.01	29.37	95.46	0.17
7	A14-221	墙基层 胶合板基层 9mm	$100m^2$	0.0331	3427.09	625.22	2347.03	454.84	113.44	20.69	77.69	15.06
8	A14-136H	墙面干挂大理石	$100m^2$	0.0440	30538.32	8597.56	21940.76	0.00	1343.69	378.29	965.39	0.00
		三、天棚工程										
1	A16-25	天棚木龙骨 不上人型 40mm×40mm 次龙骨中距 305mm×305mm 平面	$100m^2$	0.0451	6565.78	970.74	5589.17	5.87	296.12	43.78	252.07	0.26
2	A16-26	天棚木龙骨 不上人型 40mm×40mm 次龙骨中距 305mm×305mm 跌级	$100m^2$	0.1438	8720.72	1850.90	6862.48	7.34	1254.04	266.16	986.82	1.06
3	A16-92	天棚基层 纸面石膏板	$100m^2$	0.1889	2022.48	964.48	1058.00	0.00	382.05	182.19	199.86	0.00
4	A16-39	天棚装配式U形轻钢龙骨 不上人型 面层规格 300mm×300mm 平面	$100m^2$	0.1402	6049.05	1869.54	4179.51	0.00	848.08	262.11	585.97	0.00
5	A16-146H	天棚面层 高级覆膜方扣板 300mm×300mm	$100m^2$	0.1402	9484.61	1315.20	8169.41	0.00	1329.74	184.39	1145.35	0.00
6	A16-148	天棚面层 铝扣板收边线	100m	0.288	1030.36	438.40	591.96	0.00	296.74	126.26	170.48	0.00
7	A16-155	天棚灯槽 悬挑式灯槽 直型 胶合板面	100m	0.265	1325.83	964.48	361.35	0.00	351.34	255.59	95.76	0.00
8	A16-160	天棚灯槽 天棚吊顶开洞 筒灯孔	10个	1.6	24.24	17.72	6.52	0.00	38.78	28.35	10.43	0.00
9	A16-271	铝合金 送风口	10个	0.3	917.94	113.64	804.30	0.00	275.38	34.09	241.29	0.00
		四、门窗工程										
1	A17-30	实木装饰门安装	$100m^2$	0.1323	57293.10	3616.88	53676.22	0.00	7579.88	478.51	7101.36	0.00
2	A17-163	门窗贴脸 宽 80～100mm	100m	0.708	2123.25	350.72	1772.53	0.00	1503.26	248.31	1254.95	0.00

续表

序号	定额编号	项目名称	单位	工程量	基价/元	其中/元			合价/元	其中/元		
						人工费	材料费	机械费		人工费	材料费	机械费
		四、门窗工程										
3	A17-167	门窗筒子板 贴装饰面板 木芯板基层	100m²	0.0428	11414.60	2788.04	8626.56	0.00	488.54	119.33	369.22	0.00
4	A17-176	窗帘盒 木芯板基层 双轨 明式	100m	0.1273	12716.08	3366.82	8290.31	1058.95	1618.76	428.60	1055.36	134.80
5	A17-181	铝合金窗帘轨 双轨	100m	0.1233	5127.59	555.26	4572.33	0.00	632.23	68.46	563.77	0.00
6	A17-194H	门锁安装 执手锁	10把	0.7	1171.47	161.46	1010.01	0.00	820.03	113.02	707.00	0.00
7	A17-198H	特殊五金安装 门磁吸	10套	0.7	475.36	175.36	300.00	0.00	332.75	122.75	210.00	0.00
		五、油漆涂料裱糊工程										
1	A18-68	聚氨酯色漆 三遍 其他木材面	100m²	1.85	2519.65	1649.76	869.89	0.00	4661.35	3052.06	1609.30	0.00
2	A18-272H	都芳 D100 乳胶漆 三遍 刮腻子三遍	100m²	2.6557	2498.19	1319.30	1178.89	0.00	6634.44	3503.67	3130.78	0.00
3	A5-136	聚氨酯防水涂膜 单组分 厚 2mm	100m²	0.0807	5424.48	554.40	4870.08	0.00	437.76	44.74	393.02	0.00
4	A18-366H	樱花 PVC 高级墙纸 对花	100m²	0.0692	5916.15	1863.62	4052.53	0.00	409.40	128.96	280.44	0.00
		六、其他工程										
1	A19-19	嵌入式木壁柜	10m²	0.161	5225.65	1575.55	3424.12	225.98	841.33	253.66	551.28	36.38
2	A19-20	附墙矮柜	10m²	0.137	5784.44	2014.98	3483.22	286.24	792.47	276.05	477.20	39.21
3	A19-22H	厨房地柜 人造大理石台面	10m²	0.388	7348.12	3170.27	4176.72	1.13	2851.07	1230.06	1620.57	0.44
4	A19-24	吊橱	10m²	0.147	6061.51	3463.29	2494.56	103.66	891.04	509.10	366.70	15.24
5	A19-26	家具 柜子背板 九夹板	100m²	0.3107	3644.17	1178.98	2435.83	29.36	1132.24	366.31	756.81	9.12
6	A19-27	家具 柜子侧板 木芯板	100m²	0.2758	7819.15	1714.88	6074.91	29.36	2156.52	472.96	1675.46	8.10
7	A19-28	家具 柜子顶板 木芯板	100m²	0.0703	7390.43	1286.16	6074.91	29.36	519.55	90.42	427.07	2.06
8	A19-29	家具 柜子底板 木芯板	100m²	0.0703	7390.43	1286.16	6074.91	29.36	519.55	90.42	427.07	2.06
9	A19-30	家具 柜子搁板 木芯板	100m²	0.2014	7497.61	1393.34	6074.91	29.36	1510.02	280.62	1223.49	5.91
10	A19-34	家具 成品平开门	100m²	0.2055	26857.44	857.44	26000.00	0.00	5519.20	176.20	5343.00	0.00

续表

序号	定额编号	项目名称	单位	工程量	基价/元	其中/元			合价/元	其中/元		
						人工费	材料费	机械费		人工费	材料费	机械费
		六、其他工程										
11	A19-35	家具 成品推拉玻璃门	100m^2	0.0292	55874.60	874.60	55000.00	0.00	1631.54	25.54	1606.00	0.00
12	A19-279	零星项目 大理石洗漱台 1m^2 以内	100m^2	0.0064	49419.14	20666.24	25298.00	3454.90	316.28	132.26	161.91	22.11
13	A19-269	窗帘制作安装 豪华垂幕窗帘安装	100m^2	0.3259	4691.97	558.44	4133.53	0.00	1529.11	182.00	1347.12	0.00
14	A19-263	镜面玻璃 1m^2 以外 不带框	100m^2	0.012	14659.77	2926.98	11603.68	129.11	175.92	35.12	139.24	1.55
15	A19-272	零星项目 卫生纸盒	10只	0.2	294.51	36.34	258.17	0.00	58.90	7.27	51.63	0.00
16	A19-274	零星项目 肥皂盒 嵌入式	10只	0.2	449.33	347.30	102.03	0.00	89.87	69.46	20.41	0.00
17	A19-276	零星项目 浴缸拉手	10付	0.1	539.54	31.28	508.26	0.00	53.95	3.13	50.83	0.00
18	A19-277	零星项目 毛巾杆 不锈钢	10付	0.2	259.34	46.00	213.34	0.00	51.87	9.20	42.67	0.00
19		拆除原砖墙	项	1	400.00	400.00	0.00	0.00	400.00	400.00	0.00	0.00
20		垃圾外运 6t 货运汽车	台班	1.5	465.51	0.00	0.00	465.51	698.27	0.00	0.00	698.27
		分部分项工程费合计							94606.38	23879.76	69663.64	1062.99
		七、单价措施项目										
1	A21-8	满堂脚手架 基本层 3.6m 高	100m^2	0.8606	1420.09	706.40	609.25	104.44	1222.13	607.93	524.32	89.88
2	A22-1	建筑物垂直运输 20m(6层)以内	100m^2	1.05	449.34	0.00	0.00	449.34	471.81	0.00	0.00	471.81
3	A22-3	高层建筑垂直运输及增加费 9～12层 檐高 40m 以内	100m^2	1.05	2407.99	1669.60	0.00	738.39	2528.39	1753.08	0.00	775.31
4	A23-3	成品保护 地砖 楼地面	100m^2	0.5215	140.00	30.00	110.00	0.00	73.01	15.65	57.37	0.00
5	A23-4	成品保护 木地板楼地面	100m^2	0.3391	357.00	42.00	315.00	0.00	121.06	14.24	106.82	0.00
6	A23-8	成品保护 墙面	100m^2	1.2467	120.25	72.00	48.25	0.00	149.92	89.76	60.15	0.00
		单价措施项目费合计							4566.31	2480.66	748.66	1337.00

表 7-5 工程量计算表

工程名称：××小区样板房装饰工程

序号	项目名称	单位	数量	项目所在部位
	一、楼地面工程			
1	实木地板	m^2	33.91	儿童房＋衣帽间＋主卧＋书房
2	地面玻化砖	m^2	36.12	客厅＋餐厅
3	成品踢脚板	m	68.85	儿童房＋衣帽间＋主卧＋书房＋厨房阳台＋客厅阳台＋客厅
4	过门石 大理石	m^2	2.24	儿童房＋主卫＋衣帽间＋主卧＋书房＋厨房＋客厅
5	飘窗台面 大理石	m^2	2.28	儿童房＋主卧
6	回填层	m^3	2.42	主卫＋次卫
7	防滑地砖	m^2	16.03	主卫＋次卫＋厨房＋厨房阳台
8	户外板	m^2	2.87	客厅阳台
9	鹅卵石	m^2	1.21	客厅阳台
	二、墙柱面工程			
1	内墙面砖	m^2	59.84	主卫＋次卫＋厨房
2	外墙面砖	m^2	9.13	厨房阳台＋客厅阳台
3	墙面马赛克	m^2	1.44	卫生间
4	走廊玄观造型	m^2	3.31	客厅
5	石膏板隔音墙	m^2	24.94	客厅
6	干挂石材	m^2	4.4	客厅电视背景墙
	三、天棚工程			
1	方形铝扣板	m^2	14.02	主卫＋次卫＋厨房
2	烤漆铝角线	m	28.8	主卫＋次卫＋厨房
3	木龙骨造型顶	m^2	14.38	客厅＋餐厅
4	木龙骨平顶	m^2	4.51	衣帽间＋儿童房
5	灯槽/灯带	m	26.5	客厅＋餐厅
6	天棚灯槽 筒灯孔	个	16	客厅＋餐厅
7	铝合金 送风口	个	3	主卫＋次卫＋厨房
	四、门窗工程			
1	实木装饰门	m^2	13.23	儿童房＋主卫＋衣帽间＋主卧＋书房＋厨房＋客厅
2	门套贴脸板	m	70.80	儿童房＋主卫＋衣帽间＋主卧＋书房＋厨房＋客厅
3	门套筒子板	m^2	4.28	儿童房＋主卫＋衣帽间＋主卧＋书房＋厨房＋客厅
4	执手锁	套	7	儿童房＋主卫＋衣帽间＋主卧＋书房＋厨房＋客厅
5	门吸	套	7	儿童房＋主卫＋衣帽间＋主卧＋书房＋厨房＋客厅
6	窗帘	m^2	32.59	儿童房＋主卧＋书房＋客厅
7	窗帘盒	m	12.73	儿童房＋主卧＋书房＋客厅
8	窗帘轨	m	12.33	儿童房＋主卧＋书房＋客厅

续表

序号	项目名称	单位	数量	项目所在部位
	五、油漆涂料裱糊工程			
1	家具油漆	m^2	185	儿童房＋衣帽间＋主卧＋书柜＋酒柜（展开面积）
2	墙面和顶面乳胶漆	m^2	265.57	儿童房＋衣帽间＋主卧＋厨房阳台＋客厅阳台＋客厅
3	贴墙纸	m^2	6.92	客厅电视背景墙
4	地面防水涂料	m^2	8.07	主卫＋次卫
	六、其他工程			
1	家具顶板	m^2	7.03	儿童房＋衣帽间＋主卧＋书柜＋酒柜
2	家具底板	m^2	7.03	儿童房＋衣帽间＋主卧＋书柜＋酒柜
3	家具侧板	m^2	27.58	儿童房＋衣帽间＋主卧＋书柜＋酒柜
4	家具搁板	m^2	20.14	儿童房＋衣帽间＋主卧＋书柜＋酒柜
5	家具背板	m^2	31.07	儿童房＋衣帽间＋主卧＋书柜＋酒柜
6	家具成品 平开门	m^2	20.55	衣帽间＋主卧＋书柜＋酒柜
7	成品推拉玻璃门	m^2	2.92	儿童房
8	飘窗改书桌	m^2	1.37	书房
9	厨房吊柜	m^2	1.47	厨房
10	厨房地柜	m^2	3.88	厨房
11	玻璃镜子	m^2	1.2	主卫＋次卫
12	洗漱台	m^2	0.64	厨房阳台
13	鞋柜	m^2	1.61	客厅
14	卫生纸盒	只	2	主卫＋次卫
15	肥皂盒	只	2	主卫＋次卫
16	浴缸拉手	付	1	主卫
17	不锈钢毛巾杆	付	2	主卫＋次卫
18	拆除原砖墙	项	1	双方协商
19	垃圾外运 6t 货车	台班	1.5	双方协商
	七、单价措施项目			
1	满堂脚手架	m^2	86.06	
2	垂直运输	m^2	105	
3	成品保护木地板	m^2	33.91	
4	成品保护地砖	m^2	52.15	
5	成品保护墙面	m^2	124.67	

表 7-6 定额换算明细表

工程名称：××小区样板房装饰工程

序号	定额编号	项目名称	单位	基价/元	其中/元			换算内容
					人工费	材料费	机械费	
1	A13-76	零星项目 大理石 水泥砂浆	100m²	16091.80	4080.24	11971.82	39.74	人工工日单价为 160 元/工日，大理石市场价 180 元/m²
	A13-76H	零星项目 过门石 窗台板 大理石 水泥砂浆	100m²	28189.56	8016.00	20133.82	39.74	
2	A13-76	零星项目 大理石 水泥砂浆	100m²	16091.80	4080.24	11971.82	39.74	人工工日单价为 160 元/工日，鹅卵石市场价 60 元/m²
	A13-76H	零星项目 鹅卵石 水泥砂浆	100m²	15469.56	8016.00	7413.82	39.74	
3	A13-102	陶瓷地砖 楼地面 周长 1200mm 以内	100m²	7244.28	2326.68	4878.96	38.64	人工工日单价为 160 元/工日，防滑地砖市场价为 70 元/m²
	A13-102H	陶瓷地砖 楼地面 300mm×300mm 防滑地砖	100m²	12436.70	4571.20	7826.86	38.64	
4	A13-106	陶瓷地砖 楼地面 周长 3200mm 以内	100m²	21670.70	2364.20	19267.86	38.64	人工工日单价为 160 元/工日，玻化砖市场价为 210 元/m²
	A13-106H	陶瓷地砖 楼地面 800mm×800mm 玻化砖	100m²	27175.30	4644.80	22491.86	38.64	
5	A13-167	木地板 铺在毛地板上 企口	100m²	39858.05	1762.26	38095.79	0.00	实木地板市场价为 300 元/m²
	A13-167H	木地板 铺在毛地板上 企口	100m²	33558.05	1762.26	31795.79	0.00	
6	A13-165	铺在水泥地面上 薄板	100m²	7356.90	1714.88	5595.04	46.98	杉木防腐木市场价为 5000 元/m³
	A13-165H	铺在水泥地面上 杉木防腐木 薄板	100m²	10510.40	1714.88	8748.54	46.98	
7	A14-151	镶贴块料面层 陶瓷锦砖 水泥砂浆粘贴 零星项目	100m²	7416.29	5927.12	1482.55	6.62	人工工日单价为 160 元/工日，陶瓷锦砖市场价为 50 元/m²
	A14-151H	镶贴块料面层 陶瓷锦砖 水泥砂浆粘贴 零星项目	100m²	17153.57	11644.80	5502.15	6.62	
8	A14-167	面砖 周长 600mm 内 水泥砂浆粘贴 面砖灰缝 5mm 内	100m²	6902.87	3593.12	3295.40	14.35	人工工日单价为 160 元/工日，外墙砖市场价为 50 元/m²
	A14-167H	面砖 240mm×60mm 外墙砖 水泥砂浆粘贴 面砖灰缝 5mm 内	100m²	12191.49	7059.20	5117.94	14.35	

续表

序号	定额编号	项目名称	单位	基价/元	其中/元			换算内容
					人工费	材料费	机械费	
9	A14-172	镶贴块料面层 面砖 周长在 1600mm 以内水泥砂浆粘贴	100m²	7456.17	2834.24	4609.79	12.14	人工工日单价为 160 元/工日，内墙砖市场价为 60 元/m²
	A14-172H	镶贴块料面层 面砖 200mm×400mm 内墙砖 水泥砂浆粘贴	100m²	12287.61	5568.00	6707.47	12.14	
10	A14-136	墙面干挂大理石	100m²	22915.32	8597.56	14317.76	0.00	大理石市场价 180 元/m²
	A14-136H	墙面干挂大理石	100m²	30538.32	8597.56	21940.76	0.00	
11	A16-146	天棚面层 铝合金方扣板 300mm×300mm	100m²	5243.45	1315.20	3928.25	0.00	高级覆膜方扣板市场价 80 元/m²
	A16-146H	天棚面层 高级覆膜方扣板 300mm×300mm	100m²	9484.61	1315.20	8169.41	0.00	
12	A17-194	门锁安装 执手锁	10 把	487.19	161.46	325.73	0.00	执手锁市场价 100 元/把
	A17-194H	门锁安装 执手锁	10 把	1171.47	161.46	1010.01	0.00	
13	A17-198	特殊五金安装 门磁吸	10 套	192.66	175.36	17.30	0.00	高级门吸市场价 30 元/套
	A17-198H	特殊五金安装 门磁吸	10 套	475.36	175.36	300.00	0.00	
14	A18-272	抹灰面乳胶漆 三遍 刮腻子三遍	100m²	2162.06	1319.30	842.76	0.00	都芳乳胶漆市场价 18 元/kg
	A18-272H	都芳 D100 乳胶漆 三遍 刮腻子三遍	100m²	2498.19	1319.30	1178.89	0.00	
15	A18-366	墙面贴装饰纸 墙纸 对花	100m²	3296.98	1863.62	1433.36	0.00	樱花高级墙纸市场价 30 元/m²
	A18-366H	樱花 PVC 高级墙纸 对花	100m²	5916.15	1863.62	4052.53	0.00	
16	A19-22	厨房矮橱 大理石台面	10m²	6735.97	3170.27	3564.57	1.13	人造大理石市场价 180 元/m²
	A19-22H	厨房地柜 人造大理石台面	10m²	7348.12	3170.27	4176.72	1.13	
17		拆除原砖墙	项	400.00	400.00	0.00	0.00	
18		垃圾外运 6t 货运汽车	台班	465.51	0.00	0.00	465.51	

表 7-7　甲供主材明细表

工程名称：××小区样板房装饰工程

序号	主材名称	型号规格	单位	数量	单价/元	合价/元	备注
1	书桌	阳光美居 1250mm×600mm×800mm	张	1	800	800	儿童房
2	椅子	阳光美居 转椅	把	1	240	240	儿童房
3	单人床	阳光美居 单人床 1280mm×2055mm	张	1	3800	3800	儿童房
4	床头柜	阳光美居 床头柜 480mm×395mm×455mm	个	2	350	700	儿童房
5	双人床	孔雀王 双人床 1820mm×2020mm	张	1	4400	4400	主卧
6	床头柜	孔雀王 床头柜 500mm×400mm×420mm	个	2	400	800	主卧
7	落地书柜	孔雀王 三门书柜	套	1	3900	3900	书房
8	沙发	金玉田 布艺沙发组合	套	1	2300	2300	书房
9	椅子	孔雀王 SY702 转椅	把	1	700	700	书房
10	沙发	金玉田 布艺转角沙发组合	套	1	4550	4550	客厅
11	茶几	金品 茶几	个	1	900	900	客厅
12	电视柜	品尚 精品系列	个	1	1700	1700	客厅
13	餐桌	金品 餐桌	张	1	2700	2700	餐厅
14	椅子	金品 餐桌椅	把	6	180	1080	餐厅
15	油烟机/灶具	帅康烟机灶具两件套	套	1	3600	3600	厨房
16	菜盆	弗兰卡水槽套餐	个	1	1160	1160	厨房
17	冰箱	海尔 三开门	台	1	2300	2300	厨房
18	热水器	美的燃电组合	套	1	2580	2580	厨房
19	面盆	欧波朗 台上盆	个	1	380	380	阳台
20	坐便器	乐家吉拉达连体坐便器	套	1	1590	1590	主卫
21	浴缸	欧波朗 1600mm×850mm×450mm	套	1	3100	3100	主卫
22	面盆	乐家米兰洗脸盆	个	1	580	580	主卫
23	坐便器	鹰牌连体坐便器	套	1	1860	1860	次卫
24	淋浴器	摩恩热带雨林淋浴套餐	套	1	980	980	次卫
25	面盆	乐家米兰洗脸盆	个	1	580	580	次卫
26	排风扇	TCL 300mm×300mm	台	3	160	480	
		合　计				47760	

（一）样板房装饰装修工程预算书编制过程

1. 准备工作

首先熟悉施工图纸，本例是一套住宅的室内装饰工程，先熟悉平面布置图（图 7-5），了解整个房间的总体布局和各房间的平面布置，本套住宅为三室两厅一厨两卫，外加两个阳台，通过平面布置图还可以了解地面的装饰构造，主卧、书房、儿童房地面为实木地板，客厅和餐厅地面为玻化砖，厨房、卫生间、阳台地面为防滑砖等；再熟悉顶面布置图（图 7-7），了解各房间顶面装饰结构、标高数据、吊顶形式等，厨房和卫生间为铝合金方扣板吊顶，客厅和餐厅为造型吊顶，并带有灯槽，局部还有平顶，其他房间顶面均为刷乳胶漆；本例还附加了设计说明图（图 7-6），该图对各部位的装饰构造介绍得很清楚。然后熟悉各房间立面图（图 7-8），了解各房间墙面装饰结构，包括装饰点缀构造、装饰背景构造和家具详细尺寸等。总之，应对整套施工图纸认真解读，把握住宅室内装饰工程所涉及的全部内容。一般情况下，在做预算前，造价人员应对照施工图纸到现场进行实地勘察。

其次准备并熟悉定额手册，本例依据《湖北省建筑工程消耗量定额及统一基价表》（装饰装修 分册，2013 版）和《湖北省建筑安装工程费用定额》（2013 版），应配备这两个手册。

通过定额手册基价表可以了解装饰装修工程8大分部和各子目内容，即楼地面工程、墙柱面工程、幕墙工程（本例未涉及到）、天棚工程、油漆涂料裱糊工程、其他工程、拆除工程等，同时还包括单价措施项目（技术措施项目）内容，即脚手架、垂直运输、成品保护。

通过定额手册基价表还可以了解各分部分项工程的工程量计算规则。熟悉定额手册基价表内容对快速准确列预算项目、计算工程量、套定额子目，都有很大的帮助。通过费用定额可以了解各种费率标准和计价基数，本例即根据《湖北省建筑安装工程费用定额》(2013版）的规定，费率标准分别为总价措施项目费率6.46%、企业管理费率13.47%、利润率15.80%、规费费率10.95%，计价基数为人工费+施工机具使用费。综合税率3.48%，计价基数为不含税造价。通过费用定额还可以了解工程造价的计算程序和计算规则，把握各项费用之间的逻辑关系。

最后收集材料市场价格信息，本例中许多材料，如实木地板、玻化砖、大理石、防滑砖、内墙面砖、乳胶漆、铝扣板等，其预算价格与市场实际价格存在非常大的差异，另外甲供材料的市场价格信息也应收集，在进行定额换算和编制“甲供主材明细表”时，都要应用这些数据，这样可保证工程预算造价更接近市场的实际情况。如果装饰装修工程编制有施工组织设计，准备工作时一定要熟悉施工组织设计的内容，这对于分析预算项目的工艺工序构成、人工工日单价标准、措施项目内容（技术措施和组织措施）等，都非常重要。本例中要求泥工施工项目中，泥工的工日单价全部按160元/工日计算，实际属于施工组织设计中的要求。同时还要准备一些装饰装修工程技术规范和一些工具性手册。

2. 列预算项目

根据住宅室内装饰工程的特点，先一个房间一个房间来分析有哪些预算项目，即分项工程，然后将相同的预算项目合并，再按照装饰装修工程各大分部的顺序汇总列表，这样列预算项目的方法同时也有利于后续的工程量计算工作。

例如，主卫生间有防滑地砖、墙面砖、铝扣板吊顶、成品门等几个项目。根据装饰装修工程工艺和工序特点又细化为很多子目，包括地面回填、防水涂料、防滑地砖、墙面砖、轻钢龙骨、铝扣板吊顶、铝扣板收边条、送风口、实木装饰门、门贴脸、门套筒子板、门锁安装、门磁吸、过门大理石等，还有坐便器、浴缸、面盆等成品件。

再例如，儿童房有实木地板、墙面乳胶漆、顶面乳胶漆、局部平顶、窗台板、窗帘、衣柜、成品门等几个项目。根据装饰装修工程工艺和工序特点也细化为很多子目，包括地面木龙骨、九夹毛地板、实木地板、成品踢脚线、抹灰面乳胶漆、顶面木龙骨、石膏板吊顶、大理石窗台板、窗帘盒、窗帘杆、布艺窗帘、衣柜板（背/顶/底/侧/搁)、成品玻璃柜门、实木装饰门、门贴脸、门套筒子板、门锁安装、门磁吸、过门大理石等，还有书桌、椅子、单人床、床头柜等成品件。

定额计价法是以装饰装修工程施工工艺、工序、材料种类及规格等因素，来划分预算项目，即分项工程，所以预算项目子目拆解得很细，如果对装饰构造和施工工艺不了解，对预算定额不熟悉，很容易出现漏项、错项的情况，因此在列预算项目时，工作必须耐心细致。

3. 工程量计算

工程量计算规则按照装饰装修工程预算定额各大分部的要求进行。工程量计算顺序与列预算项目的方法一样，先一个房间一个房间计算每个预算项目的工程量，这样可以使计算数据单一化，每个预算项目的计算量也较小。注意一些子目的工程量是一样的，不需要重复计算，例如地面木龙骨、九夹毛地板、实木地板工程量都一样。每个房间都计算完后，合并相同预算项目的工程量，按照装饰装修工程各大分部的顺序汇总列表。本例中成品踢脚板以米为计算单位，家具按构造板（背/顶/底/侧/搁）以平方米计算展开面积，提醒特别注意。另外对于单价措施项目，也应计算其工程量。各预算项目工程量详细计算过程省略，具体数据见本例中“表7-5 工程量计算表”。

4. 定额换算

定额计价法中定额换算是保证施工图预算与市场实际情况相一致所必须进行的过程，也是定额计价法中的一个难点，后面将就定额换算的内容做专门讲述。具体数据见本例中“表7-6 定额换算明细表”。

5. 套定额

按照前面所列预算项目，套装饰装修工程预算定额子目或换算后的定额，一般有以下三种情况。

① 当所列预算项目与预算定额子目的施工工艺、工作内容等，以及材料的品种、规格、配合比等完全相同时，直接套用相应的预算定额子目及其单价。本例中绝大多数预算项目，采取直接套用预算定额子目及其单价的方法。

② 当所列预算项目的有关内容与预算定额子目不完全相同，但非常近似，也不需要对预算定额进行调整时，可以直接套用相应的预算定额子目及其单价。

③ 当所列预算项目的有关内容与预算定额子目不完全相同，但存在较大差异，在预算定额总说明、分部说明、工程量计算规则等中有明确规定允许换算调整时，或者主要材料的预算价格与市场价格不一致时，应套用换算后的定额子目及其单价。本例中许多预算项目套用的就是换算后的定额。

注意套预算定额子目时应保证工程量计量单位与定额单位一致，定额单位一般以“10”、“100”等数量级为计量单位，在套预算定额子目时前面计算的工程量应除以相应的数量级。套定额的具体数据见本例中“表7-4 分部分项工程费表”。

6. 计算工程造价

计算工程造价前应按照市场价格信息先计算出甲供材料的金额，具体数据见本例中“表7-7 甲供主材明细表”。另外在编制施工图预算时，一些情况下还要求列出单位工程人、材、机消耗分析表，本例省略了这方面内容。

将上面所有的计算数据导入单位工程造价汇总表，本例以人工费＋机械费为计价基数，按6.46%的费率计算总价措施项目费，按13.47%的费率计算企业管理费，按15.80%的费率计算利润，按10.95%的费率计算规费。以不含税工程造价为计价基数，按3.48%的费率计算税金，最后汇总得出单位工程预算造价。具体数据见本例中“表7-3 单位工程造价汇总表”。

7. 审核复核

对前面所有的过程进行复核，重点对预算项目设置是否合理，套用预算定额子目是否适合，各数据间的逻辑关系是否正确等内容进行复核，同时对计量单位、计算方法、取费标准、数字精确度等也要进行核对，避免错误发生。

8. 编施工图预算书

填写封面和编制说明，封面见本例中表7-1，编制说明见本例中“表7-2 编制说明”，选择合适的文本格式，最后打印装订成施工图预算书。施工图预算书上报前一般要求企业上级主管造价人员进行审核，要求编制单位盖章，编制人、审核人签字或盖章方为有效。

（二）定额换算过程分析

定额换算是为了保证定额项目的工作内容或价格，与设计的实际的工作内容或价格一致，对预算项目（子目）中的人、材、机定额单价以及定额基价进行调整，从而得到一个符合实际的新定额。

定额换算条件是当施工图纸设计的或实际的工程项目内容，与所套用的相应定额项目内容不完全一致，并且定额规定允许换算，则应按定额规定的换算范围、内容和方法进行定额换算。

定额换算针对的是一个分项工程或定额子目，是将工程造价的调整过程做在前面，表现为基价及其中人工费或材料费或机械费等费用单价的变化。换算后的新定额编号前或后加“换”字或加“H”。常见定额换算的内容有人、材、机市场价格变化换算、工程量换算、系数增减换算、材料品种/规格/数量变化换算、砂浆配比换算、机具更换换算等。

装饰装修工程一般针对人工工日单价变化和主要材料市场价格变化进行定额换算。其中人工费和材料费的换算公式如下。

换算后人工费＝原人工费＋∑定额工日消耗量×（市场工日单价-预算工日单价）

＝∑定额工日消耗量×市场工日单价

换算后材料费＝原材料费＋∑定额材料消耗量×（市场材料价格-预算材料价格）

（1）已知墙纸的市场价 30 元/m^2，求其换算后的定额。

① 查预算定额 A18-366，得数据如下（表 7-8）。

表 7-8　墙面贴装饰纸墙纸对花定额子目

定额编号	项目名称	单位	基价/元	其中/元		
				人工费	材料费	机械费
A18-366	墙面贴装饰纸 墙纸 对花	100m^2	3296.98	1863.62	1433.36	0.00

注：其中墙纸预算价格为 7.38 元/m^2，定额消耗量为 115.79m^2/100m^2。

② 计算换算数据。

换算后人工费＝1863.62（元），不变

换算后材料费＝1433.36＋115.79×（30-7.38）＝4052.53（元）

换算后机械费＝0

换算后基价＝1863.62＋4052.53＋0＝5916.15（元）

③ 列出换算后的定额基价组成。见表 7-9。

表 7-9　墙面贴装饰纸墙纸对花制片后定额子目

定额编号	项目名称	单位	基价/元	其中/元		
				人工费	材料费	机械费
A18-366H	樱花 PVC 高级墙纸 对花	100m^2	5916.15	1863.62	4052.53	0.00

（2）已知乳胶漆的市场价 18 元/kg，求其换算后的定额。

① 查预算定额 A18-272，得数据如下（表 7-10）。

表 7-10　抹灰面乳胶漆定额子目

定额编号	项目名称	单位	基价/元	其中/元		
				人工费	材料费	机械费
A18-272	抹灰面乳胶漆 三遍 刮腻子三遍	100m^2	2162.06	1319.30	842.76	0.00

注：其中乳胶漆预算价格为 10.23 元/kg，定额消耗量为 43.26kg/100m^2。

② 计算换算数据。

换算后人工费＝1319.30（元），不变

换算后材料费＝842.76＋43.26×（18-10.23）＝1178.89（元）

换算后机械费＝0

换算后基价 ＝1319.30＋1178.89＋0＝2498.19（元）

③ 列出换算后的定额基价组成。见表7-11。

表 7-11　抹灰面乳胶漆换算后定额子目

定额编号	项目名称	单位	基价/元	其中/元		
				人工费	材料费	机械费
A18-272H	都芳 D100 乳胶漆 三遍 刮腻子三遍	$100m^2$	2498.19	1319.30	1178.89	0.00

(3) 已知玻化砖市场价为210元/m^2，铺贴玻化砖泥工的工日单价为160元/工日，求其换算后的定额。

① 查预算定额A13-106，得数据如下（表7-12）。

表 7-12　陶瓷地砖定额子目

定额编号	项目名称	单位	基价/元	其中/元		
				人工费	材料费	机械费
A13-106	陶瓷地砖 楼地面 周长3200mm以内	$100m^2$	21670.70	2364.20	19267.86	38.64

注：其中普工消耗量9.58工日/$100m^2$，预算工日单价60元/工日，技工消耗量19.45工日/$100m^2$，预算工日单价92元/工日，玻化砖预算价格为179元/m^2，定额消耗量为$104m^2/100m^2$。

② 计算换算数据。

换算后人工费＝2364.20＋9.58×（160－60）＋19.45×（160－92）＝4644.80（元）

或者换算后人工费＝（9.58＋19.45）×160＝4644.80（元）

换算后材料费＝19267.86＋104×（210－179）＝22491.86（元）

换算后机械费＝38.64（元）

换算后基价 ＝4644.80＋22491.86＋38.64＝27175.30（元）

③ 列出换算后的定额基价组成。见表7-13。

表 7-13　陶瓷地砖换算后定额子目

定额编号	项目名称	单位	基价/元	其中/元		
				人工费	材料费	机械费
A13-106H	陶瓷地砖 楼地面 800mm×800mm 玻化砖	$100m^2$	27175.30	4644.80	22491.86	38.64

只要出现市场工日单价与预算工日单价不一致，或者市场材料价格与预算材料价格不一致，都应进行定额换算。套定额计算分部分项工程费时，应套用换算以后的定额。本例中所有定额换算数据见"表7-6　定额换算明细表"。

二、清单计价模式下装饰装修工程工程量清单编制实例

清单计价实例选择的工程项目与定额计价实例完全一样，可以通过两种计价方式的对比，体会两种计价方式的不同特点，领会两者间的本质区别。

某房地产开发商在其开发的住宅小区做样板房，选择A户型，设计方案见施工图纸（图7-4～图7-17）。房地产开发商采取公开招标形式选择装饰公司负责施工，其委托某工程造价咨询公司编制该样板房的工程量清单，工程量清单是招标文件的组成部分，与招标文件一起提供给投标单位。某工程造价咨询公司造价人员根据清单计价规范的要求，编制的某住宅小区样板房装饰工程工程量清单见表7-14～表7-21。

表 7-14 招标工程量清单封面

<table>
<tr><td>

××小区样板房装饰工程

招标工程量清单

招　标　人：__________________（单位盖章）

造价咨询人：__________________（单位盖章）

××××年××月××日

</td></tr>
</table>

表 7-15 招标工程量清单扉页

<table>
<tr><td>

××小区样板房装饰工程

招标工程量清单

招　标　人：__________________（单位盖章）　　造价咨询人：__________________（单位资质专用章）

法定代表人
或其授权人：__________________（签字或盖章）　　法定代表人
或其授权人：__________________（签字或盖章）

编制人：__________________（造价人员签字盖专用章）　　复核人：__________________（造价工程师签字盖专用章）

编制时间：××××年××月××日　　复核时间：××××年××月××日

</td></tr>
</table>

表 7-16 工程计价总说明

总说明

一、工程概况：××小区样板房为三室两厅一厨两卫框架结构住宅，建筑面积约 105m²，装修档次要求达到中档偏上，具体设计方案见施工图纸。施工现场水、电配置条件可满足装饰施工要求，可使用住宅电梯搬运装饰材料。

二、本招标工程量清单依据《建设工程工程量清单计价规范》(GB 50500—2013)及《房屋建筑与装饰工程工程量计算规范》(GB 50854—2013)，按照××小区样板房施工图纸编制。

三、计价时暂列金额为 3000 元，总承包服务费为 1000 元，投标人按要求直接填写，不得变更；材料暂估单价投标人应按市场价格信息确定，并在综合单价分析中标明；专业工程暂估价为"甲供主材明细"，投标人应按市场信息询价；计日工工作内容包括拆除砖墙、垃圾装袋下楼、垃圾外运、包排水管、零星砌体等。

四、取费标准可参照《湖北省建筑安装工程费用定额》(2013 版)的规定。

五、投标报价格式参照清单计价规范中工程计价表格的要求，所有要求签字、盖章的地方，必须由规定的单位和人员签字、盖章。

六、投标人的报价为完成工程量清单项目的全部费用，未填报项目的单价和合价，将视为此项费用已包含在工程量清单的其他单价和合价中。

七、本招标工程量清单及其计价格式中的任何内容不得随意删除或涂改。

八、投标报价金额(价格)均应以人民币表示。

表 7-17　分部分项工程和单价措施项目清单

工程名称：××小区样板房装饰工程

序号	项目编码	项目名称	项目特征描述	单位	工程量	金额/元		
						综合单价	合价	暂估单价
	一、楼地面工程							
1	011102003001	块料楼地面	主卫、次卫 碎砖回填深 300mm 防水涂料 水泥砂浆干铺防滑地砖 300mm×300mm	m^2	8.06			
2	011102003002	块料楼地面	厨房、阳台 水泥砂浆干铺防滑地砖 300mm×300mm	m^2	7.96			
3	011102003003	块料楼地面	客厅、餐厅 干铺玻化砖 800mm×800mm	m^2	36.12			
4	011104002001	木地板	儿童、主卧、书房 条形木龙骨 铺九夹板毛板 铺企口实木烤漆地板	m^2	33.91			
5	011104002002	木地板	阳台地面 铺杉木 户外防腐板	m^2	2.87			
6	011105005001	木质踢脚线	木质成品踢脚线	m	68.85			
7	011108001001	石材零星项目	水泥砂浆干铺大理石过门石	m^2	2.24			
8	011108003001	块料零星项目	阳台 水泥砂浆铺鹅卵石	m^2	1.21			
	二、墙柱面工程							
1	011204003001	块料墙面	卫生间、厨房 水泥砂浆湿贴内墙砖 200mm×400mm	m^2	59.84			
2	011204003002	块料墙面	阳台 水泥砂浆湿贴外墙砖 240mm×60mm 砖缝 5mm 内	m^2	9.13			
3	011206001001	石材零星项目	电视背景 干挂大理石	m^2	4.4			
4	011206002001	块料零星项目	卫生间 水泥砂浆湿贴马赛克	m^2	1.44			
5	011207001001	装饰板墙面	双面木龙骨 石膏板面层隔墙	m^2	24.94			
6	011207001002	装饰板墙面	单面木龙骨 胶合板玄关墙面	m^2	3.31			
	三、天棚工程							
1	011302001001	天棚吊顶	客厅、餐厅 木龙骨 40mm×40mm 二级造型顶 石膏板面层 带灯槽筒灯孔	m^2	14.38			
2	011302001002	天棚吊顶	过道、走廊 木龙骨 40mm×40mm 一级平顶 石膏板面层 带筒灯孔	m^2	4.51			
3	011302001003	天棚吊顶	厨、卫 轻钢龙骨 高级覆膜方形铝扣板 300mm×300mm	m^2	14.02			
4	011304002001	送风口	成品铝合金送风口	个	3			
	四、门窗工程							
1	010801001001	木质门	成品装饰木质门安装 执手锁及门五金安装 磁门吸	m^2	13.23			
2	010808006001	门窗木贴脸	100mm 宽槽板线条	m	70.8			
3	010808002001	木筒子板	木芯板基层 饰面板筒子板	m^2	4.28			
4	010810002001	木窗帘盒	木芯板 双轨 明式	m	12.73			
5	010810005001	窗帘轨	铝合金窗帘轨 双轨	m	12.33			
6	010810001001	窗帘	豪华垂幕窗帘	m^2	32.59			
7	010809004001	石材窗台板	水泥砂浆铺大理石窗台板	m^2	2.28			

续表

序号	项目编码	项目名称	项目特征描述	单位	工程量	金额/元		
						综合单价	合价	暂估单价
	五、油漆涂料裱糊工程							
1	011404011001	衣柜壁柜油漆	刮腻子 打磨 刷聚氨酯色漆 三遍	m^2	185			
2	011406001001	抹灰面油漆	刮腻子 打磨 刷都芳抗菌 D100 乳胶漆 三遍	m^2	265.57			
3	011408001001	墙纸裱糊	刮腻子 打磨 清漆封底 贴樱花 PVC 高级墙纸 对花	m^2	6.92			
	六、其他工程							
1	011501002001	酒柜	餐厅酒柜 木芯板 九夹板	个	1			
2	011501003001	衣柜	儿童房衣柜 木芯板九夹板 玻璃成品柜门	个	1			
3	011501003002	衣柜	主卧衣柜 木芯板 九夹板 木质成品柜门	个	1			
4	011501003003	衣柜	衣帽间衣柜 木芯板 九夹板 木质成品柜门	个	1			
5	011501005001	鞋柜	嵌入式 木芯板 九夹板	个	1			
6	011501006001	书柜	书房书柜 木芯板 九夹板	个	1			
7	011501009001	厨房低柜	防潮板 人造大理石台面	个	1			
8	011501010001	厨房吊柜	防潮板	个	1			
9	011501011001	矮柜	嵌入式 木芯板 九夹板	个	1			
10	011505001001	洗漱台	大理石洗漱台 $1m^2$ 以内	个	1			
11	011505008001	卫生纸盒	不锈钢成品安装	个	2			
12	011505009001	肥皂盒	陶瓷嵌入式成品安装	个	2			
13	011505004001	浴缸拉手	不锈钢成品安装	个	1			
14	011505006001	毛巾杆	不锈钢成品安装	套	2			
15	011505010001	镜面玻璃	镜面玻璃 $1m^2$ 以外 不带框	m^2	1.2			
		分部分项工程费合计						
	七、单价措施项目							
1	011701006001	满堂脚手架	基本层 3.6m 高	m^2	86.06			
2	011703001001	垂直运输	20m(6 层)以内	m^2	105			
3	011704001001	超高增加费	9～12 层 檐高 40m 以内	m^2	105			
4	011707007001	成品保护	楼地面地砖	m^2	52.15			
5	011707007002	成品保护	楼地面木地板	m^2	33.91			
6	011707007003	成品保护	墙面装饰	m^2	124.67			
		单价措施项目费合计						

表 7-18　总价措施项目清单

工程名称：××小区样板房装饰工程

序号	项目编码	项目名称	计算基础	费率/%	金额/元
1	011707001001	安全文明施工费			
2	011707002001	夜间施工费			
3	011707003001	非夜间施工照明费			
4	011707004001	二次搬运费			
5	011707005001	冬雨季施工费			
6		室内空气污染测试			
总价措施项目费合计					

表 7-19　其他项目清单汇总表

工程名称：××小区样板房装饰工程

序号	费用项目	计算方法	金额/元
1	暂列金额		3000
2	暂估价	材料暂估单价:综合单价标明 专业工程暂估价:甲供主材明细	
3	计日工	计日工表	
3.1	其中:人工费		
3.2	材料费		
3.3	机械费		
4	总承包服务费		1000
5	其他项目费合计	1+2+3+4	

表 7-20　专业工程暂估价表

工程名称：××小区样板房装饰工程

序号	主材名称	型号规格	单位	数量	暂估单价	暂估合价
1	书桌	阳光美居 1250mm×600mm×800mm	张	1		
2	椅子	阳光美居 转椅	把	1		
3	单人床	阳光美居 单人床 1280mm×2055mm	张	1		
4	床头柜	阳光美居 床头柜 480mm×395mm×455mm	个	2		
5	双人床	孔雀王 双人床 1820mm×2020mm	张	1		
6	床头柜	孔雀王 床头柜 500mm×400mm×420mm	个	2		
7	落地书柜	孔雀王 三门书柜	套	1		
8	沙发	金玉田 布艺沙发组合	套	1		
9	椅子	孔雀王 SY702 转椅	把	1		
10	沙发	金玉田 布艺转角沙发组合	套	1		
11	茶几	金品 茶几	个	1		
12	电视柜	品尚 精品系列	个	1		

续表

序号	主材名称	型号规格	单位	数量	暂估单价	暂估合价
13	餐桌	金品 餐桌	张	1		
14	椅子	金品 餐桌椅	把	6		
15	油烟机灶具	帅康烟机灶具两件套	套	1		
16	菜盆	弗兰卡水槽套餐	个	1		
17	冰箱	海尔 三开门	台	1		
18	热水器	美的燃电组合	套	1		
19	面盆	欧波朗 台上盆	个	1		
20	坐便器	乐家吉拉达连体坐便器	套	1		
21	浴缸	欧波朗 1600mm×850mm×450mm	套	1		
22	面盆	乐家米兰洗脸盆	个	1		
23	坐便器	鹰牌连体坐便器	套	1		
24	淋浴器	摩恩热带雨林淋浴套餐	套	1		
25	面盆	乐家米兰洗脸盆	个	1		
26	排风扇	TCL 300mm×300mm	台	3		
		合　计				

表 7-21　计日工表

工程名称：××小区样板房装饰工程

序号	项目名称	单位	暂定数量	单价/元	合价/元
一	人　　工				
1	拆除砖墙普工	工日	7.00		
2	垃圾装袋下楼普工	工日	8.00		
3	垃圾外运普工	工日	3.00		
4	包排水管普工	工日	1.00		
5	零星砌体普工	工日	1.00		
人工小计					
二	材　　料				
1	垃圾装袋编织袋	个	90.00		
2	包排水管水泥压力板	个	9.00		
3	零星砌体轻质砖	块	150.00		
4	零星砌体水泥砂浆	m^3	0.05		
材料小计					
三	施工机械				
1	垃圾外运 6t 汽车台班	台班	1.5		
2					
施工机械小计					
四	企业管理费和利润				
总计					

样板房装饰装修工程工程量清单编制过程如下。

1. 准备工作

与定额计价法中准备工作内容基本一样。与甲方充分沟通，准确了解甲方对样板房装修的具体要求，对装修档次和材料的要求，并进行现场勘察。详细解读施工图纸，了解装饰工程施工项目内容、施工工艺特点、材料应用要求等。对《建设工程工程量清单计价规范》(GB 50500—2013) 内容和要求要熟悉了解，编装饰装修工程工程量清单时应执行《房屋建筑与装饰工程工程量计算规范》(GB 50854—2013) 的具体要求，掌握工程量清单编制程序及应遵循的原则，掌握工程量计算规则。同时还要准备一些装饰装修工程技术规范和一些工具性手册。

2. 列清单项目

根据设计图纸及装饰装修工程工艺特点和工作内容，按照《房屋建筑与装饰工程工程量计算规范》(GB 50854—2013) 中清单项目设置的要求，参考预算定额的项目组成，列出清单项目。清单项目设置是以完成工程实体为基本要素，这与定额计价的预算项目设置有本质不同。清单项目设置时应细致分析其项目特征和工作内容，按装饰装修工程施工工艺特点和施工工序的要求，将项目特征及工作内容分解细化，必须达到能分析其综合单价构成的程度。

与定额计价法一样，根据住宅室内装饰工程的特点，按照《房屋建筑与装饰工程工程量计算规范》(GB 50854—2013) 中清单项目设置的要求，先一个房间一个房间分析有哪些清单项目。注意清单项目中的项目编码、项目名称、计量单位、工程量计算规则应与《房屋建筑与装饰工程工程量计算规范》(GB 50854—2013) 的要求完全一致，即四个统一。项目特征和工作内容，按装饰装修工程施工工艺特点和施工工序的要求，参考预算定额的子目，进行分解细化，应达到能分析其综合单价构成的程度。然后将相同的清单项目合并，再按照装饰装修工程各大分部的顺序汇总列表。

例如，主卫生间包括防滑地砖、墙面砖、铝扣板吊顶、送风口、实木门、门贴脸、门套筒子板、过门大理石等几个清单项目。其中防滑地砖的项目特征和工作内容包含地面回填、防水涂料、防滑地砖；铝扣板吊顶的项目特征和工作内容包含轻钢龙骨、铝扣板吊顶、铝扣板收边条；实木门的项目特征和工作内容包含实木装饰门安装、门锁安装、门磁吸安装等。

再例如，儿童房包括实木地板、成品踢脚线、抹灰面乳胶漆、局部平顶、窗台板、窗帘盒、窗帘杆、衣柜、实木门、门贴脸、门套筒子板、过门大理石等几个清单项目。其中实木地板的项目特征和工作内容包含地面木龙骨、九夹毛地板、实木地板；局部平顶的项目特征和工作内容包含顶面木龙骨、石膏板吊顶面层；衣柜的项目特征和工作内容包含衣柜板（背/顶/底/侧/搁)、成品玻璃柜门；实木门的项目特征和工作内容包含实木装饰门安装、门锁安装、门磁吸安装等。

清单计价法中的有些清单项目虽然项目名称一样，但所包含的项目特征和工作内容可能完全不一样，应分别列清单项目。例如本例中卫生间的防滑地砖与厨房的防滑地砖项目名称一样，但卫生间防滑地砖的项目特征和工作内容包含地面回填、防水涂料、防滑地砖三个内容，厨房的防滑地砖只包含一个内容，所以分别列清单项目。主卧、儿童房、衣帽间大衣柜的项目名称也一样，但其规格、尺寸以及柜门的形式都存在差异，也应分别列清单项目。

3. 计算工程量

根据前面所列的清单项目，对应《房屋建筑与装饰工程工程量计算规范》(GB 50854—2013) 中对每个清单项目规定的工程量计算规则，逐项计算每个清单项目的工程量。清单计价法计算工程量是以完成装饰工程实体为计算单元，若清单项目中只含一项施工内容，其计算方法与定额计价法工程量计算方法完全一样，例如本案例中厨房防滑地砖、墙面砖、乳胶漆等项目。若清单项目中含两项以上的施工内容，则只计算表现主要项目特征施工内容的工程量，例如本案例中实木地板清单项目，只计算实木地板面层的工程量，木龙骨、九夹毛地板等施工内容则不需要计算其工程量。再例如本案例中门套筒子板清单项目，只计算门套筒子板面层的工程量，门框基层板施工内容则不需要计算其工程量。另外对于单价措施项目，也应计算其工程量。本案例所有的工程量数据，基本参照定额计价法案例“表 7-5　工程量计算表”中的数据，具体计算过程省略。

4. 分部分项工程量清单

将前面所列清单项目内容和工程量计算数据进行整理汇总，参照《房屋建筑与装饰工程工程量计算规范》(GB 50854—2013) 中规定项目编码、项目名称、计量单位，根据装饰工程实际的项目特征，参照计价规范中的分部分项工程和单价措施项目清单表格样式，先列出空白表，再将工程量计算数据填入表格。具体数据见本例中“表 7-17　分部分项工程和单价措施项目清单”。

5. 总价措施项目清单

根据本样板房装饰工程特点，参照《房屋建筑与装饰工程工程量计算规范》(GB 50854—2013) 中所列总价措施项目内容，本例共列出 6 项总价措施项目，即安全文明施工（含环境保护、文明施工、安全施工、临时设施)、夜间施工、非夜间施工照明费、二次搬运、冬雨季施工、室内空气污染测试等。投标单位可根据装饰装修工程的实际情况和企业的技术管理水平，对所列总价措施项目内容进行增减，但安全文明施工项目不得作为竞争项目，即不得删减。具体内容见本例中“表 7-18　总价措施项目清单”。

6. 其他项目清单

先分别确定其他项目清单各个分表的内容。

本例样板房装饰工程项目明确，计价时暂列金额为 3000 元，总承包服务费为 1000 元，投标人按要求直接填写，不得变更。相应的“暂列金额明细表”和“总承包服务费计价表”省略。

本例主要材料暂估单价由投标单位根据市场价格信息确定，要求在综合单价分析表中标明，不再另外列“材料（工程设备）暂估单价表”。

本例专业工程暂估价中没有分包工程项目，将甲购主要材料部分并入专业工程暂估价，参照定额计价法案例中“表 7-7　甲供主材明细表”，其价格由投标单位根据市场价格信息确定。具体内容见本例中“表 7-20　专业工程暂估价表”。

本例计日工项目包括拆除砖墙、垃圾装袋下楼、垃圾外运、包排水管、零星砌体等，其中人工、材料、机械等均估算出其消耗量数量，投标单位应以综合单价进行计价，具体数据见本例中“表 7-21　计日工表”。

然后将其他项目各个分表的内容整理汇总到总表中，具体数据见本例中“表 7-19　其他项目清单汇总表”。

7. 复核审核

对以上所有内容参照清单计价规范中工程量清单编制的要求，和《房屋建筑与装饰工程工程量计算规范》(GB 50854—2013) 的要求，逐项进行认真复核审核。特别对分部分项清单中项目设置、项目特征、计量单位、工程量计算方法和公式、计算结果、数字的精确度等进行认真核对，避免清单项目设置中出现重项、漏项、错项和工程量计算错误等情况的发生。

8. 编工程量清单

填写封面、扉页和总说明，封面见本例中表7-14，扉页见本例中表7-15，总说明包括工程概况、工程范围、工程量清单编制依据、特殊项目的说明、投标报价的要求等，具体内容见本例中“表7-16 工程计价总说明”。本例省略了“规费、税金项目清单计价表”。最后按照清单计价规范中提供参考的工程计价表格格式打印装订工程量清单，编制单位盖章，编制人（审核人）签字盖章。

三、清单计价模式下装饰装修工程投标报价书编制实例

装饰装修工程投标报价书按照招标人提供的工程量清单的要求编制，也同样选用定额计价的实例。某房地产开发商在其开发的住宅小区做样板房，选择A户型，设计方案见施工图纸（图7-4～图7-17）。房地产开发商采取公开招标形式，在招标文件中提供了样板房工程的“招标工程量清单”，要求投标单位按清单计价法编制投标报价书。某装饰公司参与本次招投标活动，该装饰公司造价人员根据招标文件和房地产开发商提供的工程量清单的要求，编制的某住宅小区样板房装饰装修工程投标报价书见表7-22～表7-30。（以下所有表格中的计算数据均为电子表格软件计算，小数点后面数据可能存在一定的误差）

表7-22 投标总价封面

××小区样板房装饰工程

投 标 总 价

投 标 人：________________（单位盖章）

××××年××月××日

表7-23 投标总价扉页

投 标 总 价

招 标 人：××房地产开发有限公司

工程名称：××小区样板房装饰工程

投 标 总 价（小写）：171848 元

（大写）：壹拾柒万壹仟捌佰肆拾捌元整

投 标 人：××装饰有限公司（单位盖章）

法定代表人或其授权人：×××（签字或盖章）

编 制 人：×××（造价人员签字盖专用章）

编制时间：××××年××月××日

表 7-24 投标报价总说明

总说明

一、本投标报价书根据甲方提供的招标文件、工程量清单和施工图纸的要求编制。

二、进行清单项目综合单价分析时，主要参考《湖北省建筑工程消耗量定额及统一基价表》(装饰装修分册，2013 版)，同时参考企业定额和市场材料价格，其中市场材料价格均以暂估单价在综合单价分析表中标明。

三、综合单价分析和计算投标总价时，各项取费标准依据《湖北省建筑安装工程费用定额》(2013 版)，其中总价措施项目费率 6.46%；企业管理费率 13.47%；利润率 15.80%；规费费率 10.95%，计价基数为人工费＋施工机具使用费；综合税率 3.48%，计价基数为不含税造价；铺贴墙地砖的施工项目中，根据市场劳动力实际情况，泥工的工日单价全部调整为 160 元/工日。

四、计价时按甲方规定，暂列金额为 3000 元，总承包服务费为 1000 元。甲方提供的“甲供主材明细”按市场信息询价，作为专业工程暂估价供甲方参考。

五、计日工工作内容包括拆除砖墙、垃圾装袋下楼、垃圾外运、包排水管、零星砌体等。

六、投标报价金额(价格)均以人民币表示。

表 7-25 单位工程投标报价汇总表

工程名称：××小区样板房装饰工程

序号	费用项目		计算方法	金额/元
1	分部分项工程费			100550.52
1.1	其中	人工费		23314.16
1.2		施工机具使用费		360.51
2	单价措施项目费			5683.74
2.1	其中	人工费		2480.66
2.2		施工机具使用费		1337.00
3	总价措施项目费		(1.1＋1.2＋2.1＋2.2)×6.46%	1776.00
4	其他项目费			54847.44
4.1	其中	人工费		1200.00
4.2		施工机具使用费		633.54
5	规费		(1.1＋1.2＋2.1＋2.2＋4.1＋4.2)×10.95%	3211.18
6	税金		(1＋2＋3＋4＋5)×3.48%	5779.20
7	含税工程造价		1＋2＋3＋4＋5＋6	171848.08

表 7-26　分部分项工程和单价措施项目清单计价表

工程名称：××小区样板房装饰工程

序号	项目编码	项目名称	项目特征描述	单位	工程量	综合单价/元	合价/元	其中/元	
								人工费	机械费
	一、楼地面工程								
1	011102003001	块料楼地面	主卫、次卫 碎砖回填深 300mm 防水涂料 水泥砂浆干铺防滑地砖 300mm×300mm	m^2	8.06	248.17	2000.22	591.63	14.27
2	011102003002	块料楼地面	厨房、阳台 水泥砂浆干铺防滑地砖 300mm×300mm	m^2	7.96	137.86	1097.37	363.87	3.08
3	011102003003	块料楼地面	客厅、餐厅 干铺玻化砖 800mm×800mm	m^2	36.12	285.46	10310.87	1677.70	13.96
4	011104002001	木地板	儿童、主卧、书房 条形木龙骨 铺九夹板毛板 铺企口实木烤漆地板	m^2	33.91	409.69	13892.56	1275.50	25.02
5	011104002002	木地板	阳台地面 铺杉木户外防腐板	m^2	2.87	110.26	316.45	49.22	1.35
6	011105005001	木质踢脚线	木质成品踢脚线	m	68.85	51.41	3539.63	264.14	1.01
7	011108001001	石材零星项目	水泥砂浆干铺大理石过门石	m^2	2.24	305.47	684.26	179.56	0.89
8	011108003001	块料零星项目	阳台 水泥砂浆铺鹅卵石	m^2	1.21	178.27	215.71	96.99	0.48
	二、墙柱面工程								
1	011204003001	块料墙面	卫生间、厨房 水泥砂浆湿贴内墙砖 200mm×400mm	m^2	59.84	139.21	8330.28	3331.89	7.26
2	011204003002	块料墙面	阳台 水泥砂浆湿贴外墙砖 240mm×60mm 砖缝 5mm 内	m^2	9.13	142.62	1302.11	644.50	1.31
3	011206001001	石材零星项目	电视背景 干挂大理石	m^2	4.40	330.55	1454.41	378.29	0
4	011206002001	块料零星项目	卫生间 水泥砂浆湿贴马赛克	m^2	1.44	205.64	296.12	167.69	0.10
5	011207001001	装饰板墙面	双面木龙骨 石膏板面层隔墙	m^2	24.94	62.61	1561.41	369.12	1.54
6	011207001002	装饰板墙面	单面木龙骨 胶合板玄关墙面	m^2	3.31	77.81	257.55	50.07	15.23

续表

序号	项目编码	项目名称	项目特征描述	单位	工程量	综合单价/元	合价/元	其中/元	
								人工费	机械费
	三、天棚工程								
1	011302001001	天棚吊顶	客厅、餐厅 木龙骨 40mm×40mm 二级造型顶 石膏板面层 带灯槽筒灯孔	m^2	14.38	148.60	2136.92	688.79	1.06
2	011302001002	天棚吊顶	过道、走廊 木龙骨 40mm×40mm 一级平顶 石膏板面层 带筒灯孔	m^2	4.51	91.56	412.95	87.28	0.26
3	011302001003	天棚吊顶	厨、卫 轻钢龙骨 高级覆膜方形铝扣板 300mm×300mm	m^2	14.02	188.46	2642.21	572.76	0
4	011304002001	送风口	成品铝合金送风口	个	3	95.12	285.36	34.09	0
	四、门窗工程								
1	010801001001	木质门	成品装饰木质门安装 执手锁及门五金安装 磁门吸	m^2	13.23	675.87	8941.73	714.29	0
2	010808006001	门窗木贴脸	100mm 宽槽板线条	m	70	22.26	1575.94	248.31	0
3	010808002001	木筒子板	木芯板基层 饰面板筒子板	m^2	4.28	122.31	523.47	119.33	0
4	010810002001	木窗帘盒	木芯板 双轨 明式	m	12.73	140.12	1783.66	428.60	134.80
5	010810005001	窗帘轨	铝合金窗帘轨 双轨	m	12.33	52.90	652.27	68.46	0
6	010810001001	窗帘	豪华垂幕窗帘	m^2	32.59	48.55	1582.38	182.00	0
7	010809004001	石材窗台板	水泥砂浆铺大理石窗台板	m^2	2.28	305.47	696.48	182.76	0.91
	五、油漆涂料裱糊工程								
1	011404011001	衣柜壁柜油漆	刮腻子 打磨 刷聚氨酯色漆 三遍	m^2	185	30.03	5554.69	3052.06	0
2	011406001001	抹灰面油漆	刮腻子 打磨 刷都芳抗菌 D100 乳胶漆 三遍	m^2	265.57	28.84	7659.97	3503.67	0
3	011408001001	墙纸裱糊	刮腻子 打磨 清漆封底 贴樱花 PVC 高级墙纸 对花	m^2	6.92	64.62	447.14	128.96	0

续表

序号	项目编码	项目名称	项目特征描述	单位	工程量	综合单价/元	合价/元	其中/元	
								人工费	机械费
	六、其他工程								
1	011501002001	酒柜	餐厅酒柜 木芯板 九夹板	个	1	538.87	538.87	55.95	0.96
2	011501003001	衣柜	儿童房衣柜 木芯板 九夹板 玻璃成品柜门	个	1	2415.41	2415.41	186.29	3.24
3	011501003002	衣柜	主卧衣柜 木芯板 九夹板 木质成品柜门	个	1	3637.88	3637.88	377.73	6.50
4	011501003003	衣柜	衣帽间衣柜 木芯板 九夹板 木质成品柜门	个	1	3955.10	3955.10	410.67	7.07
5	011501005001	鞋柜	嵌入式 木芯板 九夹板	个	1	926.23	926.23	253.66	36.38
6	011501006001	书柜	书房书柜 木芯板 九夹板	个	1	2953.62	2953.62	306.68	5.28
7	011501009001	厨房低柜	防潮板 人造大理石台面	个	1	3211.24	3211.24	1230.06	0.44
8	011501010001	厨房吊柜	防潮板	个	1	1044.52	1044.52	509.10	15.24
9	011501011001	矮柜	嵌入式 木芯板 九夹板	个	1	884.75	884.75	276.05	39.21
10	011505001001	洗漱台	大理石洗漱台 $1m^2$ 以内	个	1	361.47	361.47	132.26	22.11
11	011505008001	卫生纸盒	不锈钢成品安装	个	2	30.51	61.03	7.27	0
12	011505009001	肥皂盒	陶瓷嵌入式成品安装	个	2	55.10	110.20	69.46	0
13	011505004001	浴缸拉手	不锈钢成品安装	个	1	54.87	54.87	3.13	0
14	011505006001	毛巾杆	不锈钢成品安装	套	2	27.28	54.56	9.20	0
15	011505010001	镜面玻璃	镜面玻璃 $1m^2$ 以外 不带框	m^2	1.2	155.54	186.65	35.12	1.55
		分部分项工程费合计					100550.52	23314.16	360.51
	七、单价措施项目								
1	011701006001	满堂脚手架	基本层 3.6m 高	m^2	86.06	16.57	1426.38	607.93	89.88
2	011703001001	垂直运输	20m(6 层)以内	m^2	105	5.81	609.90	0	471.81
3	011704001001	超高增加费	9～12 层 檐高 40m 以内	m^2	105	31.13	3268.45	1753.08	775.31
4	011707007001	成品保护	楼地面地砖	m^2	52.15	1.49	77.59	15.65	0
5	011707007002	成品保护	楼地面木地板	m^2	33.91	3.69	125.23	14.24	0
6	011707007003	成品保护	墙面装饰	m^2	124.67	1.41	176.19	89.76	0
		单价措施项目费合计					5683.74	2480.66	1337.00

表 7-27　分部分项工程和单价措施项目综合单价分析汇总表

工程名称：××小区样板房装饰工程

序号	项目编码	项目名称	项目特征描述	单位	综合单价/元	其中/元		
						人工费	机械费	暂估单价
	一、楼地面工程							
1	011102003001	块料楼地面	主卫、次卫 碎砖回填深 300mm 防水涂料 水泥砂浆干铺防滑地砖 300mm×300mm	m^2	248.17	73.40	1.77	70 元/m^2
2	011102003002	块料楼地面	厨房、阳台 水泥砂浆干铺防滑地砖 300mm×300mm	m^2	137.86	45.71	0.39	70 元/m^2
3	011102003003	块料楼地面	客厅、餐厅 干铺玻化砖 800mm×800mm	m^2	285.46	46.45	0.39	210 元/m^2
4	011104002001	木地板	儿童、主卧、书房 条形木龙骨 铺九夹板毛板 铺企口实木烤漆地板	m^2	409.69	37.61	0.74	300 元/m^2
5	011104002002	木地板	阳台地面 铺杉木户外防腐板	m^2	110.26	17.15	0.47	5000 元/m^3
6	011105005001	木质踢脚线	木质成品踢脚线	m	51.41	3.84	0.01	
7	011108001001	石材零星项目	水泥砂浆干铺大理石过门石	m^2	305.47	80.16	0.40	180 元/m^2
8	011108003001	块料零星项目	阳台 水泥砂浆铺鹅卵石	m^2	178.27	80.16	0.40	60 元/m^2
	二、墙柱面工程							
1	011204003001	块料墙面	卫生间、厨房 水泥砂浆湿贴内墙砖 200mm×400mm	m^2	139.21	55.68	0.12	60 元/m^2
2	011204003002	块料墙面	阳台 水泥砂浆湿贴外墙砖 240mm×60mm 砖缝 5mm 内	m^2	142.62	70.59	0.14	50 元/m^2
3	011206001001	石材零星项目	电视背景 干挂大理石	m^2	330.55	85.98	0	180 元/m^2
4	011206002001	块料零星项目	卫生间 水泥砂浆湿贴马赛克	m^2	205.64	116.45	0.07	50 元/m^2
5	011207001001	装饰板墙面	双面木龙骨 石膏板面层隔墙	m^2	62.61	14.8	0.06	
6	011207001002	装饰板墙面	单面木龙骨 胶合板玄关墙面	m^2	77.81	15.13	4.60	
	三、天棚工程							
1	011302001001	天棚吊顶	客厅、餐厅 木龙骨 40mm×40mm 二级造型顶 石膏板面层 带灯槽筒灯孔	m^2	148.60	47.90	0.07	
2	011302001002	天棚吊顶	过道、走廊 木龙骨 40mm×40mm 一级平顶 石膏板面层带筒灯孔	m^2	91.56	19.35	0.06	

续表

序号	项目编码	项目名称	项目特征描述	单位	综合单价/元	其中/元		
						人工费	机械费	暂估单价
	三、天棚工程							
3	011302001003	天棚吊顶	厨、卫 轻钢龙骨 高级覆膜方形铝扣板 300mm×300mm	m^2	188.46	40.85	0	80元/m^2
4	011304002001	送风口	成品铝合金送风口	个	95.12	11.36	0	
	四、门窗工程							
1	010801001001	木质门	成品装饰木质门安装 执手锁及门五金安装 磁门吸	m^2	675.87	53.99	0	100元/把 30元/套
2	010808006001	门窗木贴脸	100mm宽槽板线条	m	22.26	3.51	0	
3	010808002001	木筒子板	木芯板基层 饰面板筒子板	m^2	122.31	27.88	0	
4	010810002001	木窗帘盒	木芯板 双轨 明式	m	140.12	33.67	10.59	
5	010810005001	窗帘轨	铝合金窗帘轨 双轨	m	52.90	5.55	0	
6	010810001001	窗帘	豪华垂幕窗帘	m^2	48.55	5.58	0	
7	010809004001	石材窗台板	水泥砂浆铺大理石窗台板	m^2	305.47	80.16	0.40	180元/m^2
	五、油漆涂料裱糊工程							
1	011404011001	衣柜壁柜油漆	刮腻子 打磨 刷聚氨酯色漆 三遍	m^2	30.03	16.5	0	
2	011406001001	抹灰面油漆	刮腻子 打磨 刷都芳抗菌D100乳胶漆 三遍	m^2	28.84	13.19	0	18元/kg
3	011408001001	墙纸裱糊	刮腻子 打磨清漆封底 贴樱花PVC高级墙纸 对花	m^2	64.62	18.64		30元/m^2
	六、其他工程							
1	011501002001	酒柜	餐厅酒柜 木芯板 九夹板	个	538.87	55.95	0.96	
2	011501003001	衣柜	儿童房衣柜 木芯板 九夹板 玻璃成品柜门	个	2415.41	186.29	3.24	
3	011501003002	衣柜	主卧衣柜 木芯板 九夹板 木质成品柜门	个	3637.88	377.73	6.50	

续表

序号	项目编码	项目名称	项目特征描述	单位	综合单价/元	其中/元		
						人工费	机械费	暂估单价
	六、其他工程							
4	011501003003	衣柜	衣帽间衣柜 木芯板 九夹板 木质成品柜门	个	3955.10	410.67	7.07	
5	011501005001	鞋柜	嵌入式 木芯板 九夹板	个	926.23	253.66	36.38	
6	011501006001	书柜	书房书柜 木芯板 九夹板	个	2953.62	306.68	5.28	
7	011501009001	厨房低柜	防潮板 人造大理石台面	个	3211.24	1230.06	0.44	180 元/m^2
8	011501010001	厨房吊柜	防潮板	个	1044.52	509.10	15.24	
9	011501011001	矮柜	嵌入式 木芯板 九夹板	个	884.75	276.05	39.21	
10	011505001001	洗漱台	大理石洗漱台 1m^2 以内	个	361.47	132.26	22.11	
11	011505008001	卫生纸盒	不锈钢成品安装	个	30.51	3.63	0	
12	011505009001	肥皂盒	陶瓷嵌入式成品安装	个	55.10	34.73	0	
13	011505004001	浴缸拉手	不锈钢成品安装	个	54.87	3.13	0	
14	011505006001	毛巾杆	不锈钢成品安装	套	27.28	4.60	0	
15	011505010001	镜面玻璃	镜面玻璃 1m^2 以外 不带框	m^2	155.54	29.27	1.29	
	七、单价措施项目							
1	011701006001	满堂脚手架	基本层 3.6m 高	m^2	16.57	7.06	1.04	
2	011703001001	垂直运输	20m(6 层)以内	m^2	5.81	0	4.49	
3	011704001001	超高增加费	9～12 层 檐高 40m 以内	m^2	31.13	16.70	7.38	
4	011707007001	成品保护	楼地面地砖	m^2	1.49	0.30	0	
5	011707007002	成品保护	楼地面木地板	m^2	3.69	0.42	0	
6	011707007003	成品保护	墙面装饰	m^2	1.41	0.72	0	

表 7-28　其他项目清单计价汇总表

工程名称：××小区样板房装饰工程

序号	费用项目	计算方法	金额/元
1	暂列金额	按招标文件约定	3000
2	暂估价	按招标文件约定 专业工程暂估价	47760
3	计日工		3087.44
3.1	其中:人工费		1200.00
3.2	材料费		633.54
3.3	机械费		698.27
4	总承包服务费	按招标文件约定	1000
5	其他项目费合计	1+2+3+4	54847.44

表 7-29　专业工程暂估价表

工程名称：××小区样板房装饰工程

序号	主材名称	型号规格	单位	数量	暂估单价/元	暂估合价/元
1	书桌	阳光美居 1250mm×600mm×800mm	张	1	800	800
2	椅子	阳光美居 转椅	把	1	240	240
3	单人床	阳光美居 单人床 1280mm×2055mm	张	1	3800	3800
4	床头柜	阳光美居 床头柜 480mm×395mm×455mm	个	2	350	700
5	双人床	孔雀王 双人床 1820mm×2020mm	张	1	4400	4400
6	床头柜	孔雀王 床头柜 500mm×400mm×420mm	个	2	400	800
7	落地书柜	孔雀王 三门书柜	套	1	3900	3900
8	沙发	金玉田 布艺沙发组合	套	1	2300	2300
9	椅子	孔雀王 SY702 转椅	把	1	700	700
10	沙发	金玉田 布艺转角沙发组合	套	1	4550	4550
11	茶几	金品 茶几	个	1	900	900
12	电视柜	品尚 精品系列	个	1	1700	1700
13	餐桌	金品 餐桌	张	1	2700	2700
14	椅子	金品 餐桌椅	把	6	180	1080
15	油烟机/灶具	帅康烟机灶具两件套	套	1	3600	3600
16	菜盆	弗兰卡水槽套餐	个	1	1160	1160
17	冰箱	海尔 三开门	台	1	2300	2300
18	热水器	美的燃电组合	套	1	2580	2580
19	面盆	欧波朗 台上盆	个	1	380	380
20	坐便器	乐家吉拉达连体坐便器	套	1	1590	1590
21	浴缸	欧波朗 1600mm×850mm×450mm	套	1	3100	3100
22	面盆	乐家米兰洗脸盆	个	1	580	580
23	坐便器	鹰牌连体坐便器	套	1	1860	1860
24	淋浴器	摩恩热带雨林淋浴套餐	套	1	980	980
25	面盆	乐家米兰洗脸盆	个	1	580	580
26	排风扇	TCL 300mm×300mm	台	3	160	480
		合　计				47760

表 7-30 计日工表

工程名称：××小区样板房装饰工程

序号	项目名称	单位	暂定数量	单价/元	合价/元
一	人　工				
1	拆除砖墙普工	工日	7.00	60.00	420.00
2	垃圾装袋下楼普工	工日	8.00	60.00	480.00
3	垃圾外运普工	工日	3.00	60.00	180.00
4	包排水管普工	工日	1.00	60.00	60.00
5	零星砌体普工	工日	1.00	60.00	60.00
人工小计					1200.00
二	材　料				
1	垃圾装袋编织袋	个	90.00	1.00	90.00
2	包排水管水泥压力板	个	9.00	50.00	450.00
3	零星砌体轻质砖	块	150.00	0.50	75.00
4	零星砌体水泥砂浆	m^3	0.05	370.86	18.54
5					
6					
材料小计					633.54
三	施工机械				
1	垃圾外运汽车台班	台班	1.50	465.51	698.27
2					
3					
4					
施工机械小计					698.27
四	管理费和利润				555.62
总　计					3087.44

（一）样板房装饰装修工程投标报价书编制过程

1. 准备工作

与定额计价法中准备工作内容基本一样。熟悉施工图纸和施工组织设计、准备并熟悉定额手册、收集材料市场价格信息等。另外清单计价法编投标报价书时还应对招标文件，特别是其中的招标工程量清单认真解读，招标文件是编制投标报价最直接也是最重要的依据。同时对《建设工程工程量清单计价规范》(GB 50500—2013) 内容和要求要熟悉了解，编装饰装修工程投标报价时应执行《房屋建筑与装饰工程工程量计算规范》(GB 50854—2013) 的要求。若按照企业定额编制投标报价，则应准备并熟悉企业定额手册。同时还要准备一些装饰装修工程技术规范和一些工具性手册。本例主要按照《湖北省建筑工程消耗量定额及统一基价表》(装饰 装修 分册，2013 版) 和《湖北省建筑安装工程费用定额》(2013 版) 进行综合单价分析和编制投标报价书，同时参考材料市场价格。

2. 核对清单项目

对招标人提供的招标工程量清单项目逐项进行核对，按照《房屋建筑与装饰工程工程量计算规范》(GB 50854—2013) 中的要求，核对项目编码、项目名称、计量单位，根据设计图纸及装饰装修工程工艺特点和工作内容，核对项目特征和工作内容，同时核对工程量清单表格及其中内容的完整性，发现不符合清单计价规范要求的重项、漏项、错项等问题，及时向甲方质疑。

3. 核对工程量

根据《房屋建筑与装饰工程工程量计算规范》(GB 50854—2013) 中规定的清单项目工程量计算规则，对招标人提供的招标工程量清单中的工程量计算数据逐项进行核对，一般情况下应根据设计图纸对每个清单项目的工程量重新核算一遍，特殊情况也应重新核算那些对工程造价影响较大的关键清单项目的工程量，发现工程量计算程序错误、数据误差较大等问题，及时向甲方质疑。

4. 综合单价分析

清单项目的综合单价分析是清单计价法的核心内容，也是清单计价法的重点和难点，每一个清单项目都要进行综合单价分析，本例涉及综合单价分析的表格太多，在此全部省略。后面将就综合单价分析的内容和步骤做专门讲述，并列出部分综合单价分析表供参考。本例综合单价分析的结果见“表 7-27　分部分项工程和单价措施项目综合单价分析汇总表”。

5. 清单项目计价

清单项目计价比较简单，用综合单价乘以工程量，即为每一个清单项目的计价，汇总即为分部分项工程费。本例装饰装修工程中总价措施项目费和规费均以人工费＋机械费为计价基数，所以在列清单项目计价表时为了后面方便计算总价措施项目费和规费，将其中的人工费和机械费也进行汇总。单价措施项目费的计价方法与清单项目计价一样。具体数据见本例中“表 7-26　分部分项工程和单价措施项目清单计价表”。

6. 总价措施项目计价

总价措施项目费计价以人工费＋机械费为计价基数，本例总价措施项目在招标人提供的项目基础上做了部分增减，依据《湖北省建筑安装工程费用定额》(2013 版) 规定，总价措施项目费按 6.46％费率计算，包括安全文明施工费 5.81％，其中：安全保护 3.29％，文明施工与环境保护费 1.29％，临时设施费 1.23％。其他组织措施费 0.65％，其中：夜间施工 0.15％，二次搬运费 (本例省略)，冬雨季增加费 0.37％，工程定位复测费 0.13％。本例省略了“总价措施项目清单计价表”。具体数据见本例中“表 7-25　单位工程投标报价汇总表”。

7. 其他项目计价

根据招标人提供的招标工程量清单中“其他项目清单汇总表”及其各个分表的内容。本例暂列金额为 3000 元，总承包服务费为 1000 元，直接填写到“表 7-28　其他项目清单计价汇总表”中，故其相应的明细表省略。

本例主要材料暂估单价根据市场价格信息确定，并在综合单价分析表中予以标明，省略了“材料 (工程设备) 暂估单价表”，具体的主要材料暂估单价见本例中“表 7-27　分部分项工程和单价措施项目综合单价分析汇总表”。

本例专业工程暂估价中没有分包工程项目，根据招标人提供的主要材料清单，其主要材料的价格均参照市场价格信息估价。具体内容见本例中“表 7-29　专业工程暂估价表”。

本例计日工项目包括拆除砖墙、垃圾装袋下楼、垃圾外运、包排水管、零星砌体等，其中人工工日单价按普工 60 元/工日计价，零星材料单价按市场价计价，施工机械台班按预算价计价，最后计取了企业管理费和利润，即以综合费用进行估价，具体数据见本例中“表 7-30　计日工表”。

将以上各个分表的计价内容整理汇总到总表中，具体数据见本例中“表 7-28　其他项目清单计价汇总表”。

8. 单位工程计价

将上面分析计算的数据导入单位工程投标报价汇总表，以人工费＋机械费为计价基数，按规定的 10.95％费率计算规费，其中：社会保险费率 8.18％（养老保险费率 5.26％、失业保险费率 0.52％、医疗保险费率 1.54％、工伤保险费率 0.61％，生育保险费率 0.25％），住房公积金费率 2.06％，工程排污费率 0.71％。以不含税工程造价为计价基数，按规定的 3.48％费率计算税金，汇总得出单位工程投标报价。本例省略了“规费、税金项目清单计价表”。具体数据见本例中“表 7-25　单位工程投标报价汇总表”。

9. 复核审核

对前面所有的过程进行复核审核，重点对综合单价构成是否完整准确，综合单价分析时主要材料是否采用市场价格，各数据间的逻辑关系是否正确，所有计价过程是否严格遵照招标人提供的工程量清单的要求等内容进行复核审核，同时对计量单位、计算方法、取费标准、数字精确度等也要进行核对，避免错误发生。本例为了使清单计价过程更加简单明了，省略了一些计价表格，其相关的数据在其他表格中体现。

10. 编投标报价书

填写封面、扉页和总说明，封面见本例中表 7-22，扉页见本例中表 7-23，总说明包括投标报价书编制依据、参考定额手册、各项取费标准、特殊项目说明等，具体内容见本例中“表 7-24　投标报价总说明”。最后按照清单计价规范中提供参考的工程计价表格格式打印装订成投标报价书。投标报价书一般应由具有工程造价专业执业资格的造价从业人员进行审核，要求投标单位盖章，编制人、审核人签字或盖章方为有效。

（二）综合单价分析

综合单价分析是清单计价法的核心内容，综合单价包括人工费、材料费、机械费、管理费、利润、风险因素。本例中分部分项工程费以《湖北省的装饰装修预算定额》（2013 版）为参考依据，主要材料参考市场材料价格，取费标准以《湖北省建筑安装工程费用定额》（2013 版）为参考依据，企业管理费和利润以人工费加机械费为计价基数，企业管理费率 13.47％，利润率 15.80％，风险因素另行考虑。下面选择本例中玻化砖、实木地板、铝合金方扣板吊顶、主卧室衣柜四个清单项目，详细演示综合单价分析的过程和步骤。

1. 玻化砖综合单价分析的详细过程

（1）分析工艺过程　通过对玻化砖楼地面的装饰构造和工艺过程分析，其综合单价由一个工序项目的费用构成。

（2）查预算定额资料　见表 7-31。

表 7-31　陶瓷地砖定额子目表

定额编号	项目名称	单位	基价/元	其中/元		
				人工费	材料费	机械费
A13-106	陶瓷地砖 楼地面 周长 3200mm 以内	100m^2	21670.70	2364.20	19267.86	38.64

其中，普工消耗量 9.58 工日/100m^2，预算工日单价 60 元/工日，技工消耗量 19.45 工日/100m^2，预算工日单价 92 元/工日，玻化砖预算价格为 179 元/m^2，定额消耗量为 104m^2/100m^2。

（3）确定市场价格信息　泥工工日单价调整为 160 元/工日，玻化砖市场价格为 210 元/m^2，进行定额换算，得换算后的定额为见表 7-32。

表 7-32　陶瓷地砖换算后定额子目表

定额编号	项目名称	单位	基价/元	其中/元		
				人工费	材料费	机械费
A13-106H	陶瓷地砖 楼地面 800mm×800mm 玻化砖	100m²	27175.30	4644.80	22491.86	38.64

（4）计算分部分项工程费

人工费＝4644.80×36.12/100＝1677.70（元）

材料费＝22491.86×36.12/100＝8124.06（元）

机械费＝38.64×36.12/100＝13.96（元）

管理费和利润＝（1677.70＋13.96）×（13.47%＋15.80%）＝495.15（元）

分部分项工程费＝1677.70＋8124.06＋13.96＋495.15＝10310.87（元）

将上述计算结果导入“表 7-26　分部分项工程和单价措施项目清单计价表”。

（5）计算综合单价费用构成

综合单价＝10310.87/36.12＝285.46（元/m²）

人工费＝1677.70//36.12＝46.45（元/m²）

机械费＝13.96/36.12＝0.39（元/m²）

将上述计算结果导入“表 7-27　分部分项工程和单价措施项目综合单价分析汇总表”。

（6）填写综合单价分析表　将上述综合单价分析过程的定额、工程量、人工单价、主材暂估价、计算数据等填入综合单价分析表，见表 7-33。

表 7-33　玻化砖楼地面综合单价分析表

工程名称：××小区样板房装饰工程　　标段：　　第　页　共　页

<table>
<tr><td>项目编码</td><td colspan="2">011102003003</td><td>项目名称</td><td colspan="2">玻化砖楼地面</td><td colspan="2">计量单位</td><td>m²</td><td>工程量</td><td colspan="2">36.12</td></tr>
<tr><td colspan="12">清单综合单价组成明细</td></tr>
<tr><td rowspan="2">定额编号</td><td rowspan="2">定额项目名称</td><td rowspan="2">定额单位</td><td rowspan="2">数量</td><td colspan="4">单价/元</td><td colspan="4">合价/元</td></tr>
<tr><td>人工费</td><td>材料费</td><td>机械费</td><td>管理费和利润</td><td>人工费</td><td>材料费</td><td>机械费</td><td>管理费和利润</td></tr>
<tr><td>A13-106H</td><td>陶瓷地砖</td><td>100m²</td><td>0.3612</td><td>4644.80</td><td>22491.86</td><td>38.64</td><td>1370.84</td><td>1677.70</td><td>8124.06</td><td>13.96</td><td>495.15</td></tr>
<tr><td></td><td></td><td></td><td></td><td></td><td></td><td></td><td></td><td></td><td></td><td></td><td></td></tr>
<tr><td colspan="5">人工单价/(元/工日)</td><td colspan="3">小　计</td><td>1677.70</td><td>8124.06</td><td>13.96</td><td>495.15</td></tr>
<tr><td>普工 160</td><td colspan="2">技工 160</td><td colspan="2">高技 160</td><td colspan="3">未计价材料费</td><td colspan="4">0</td></tr>
<tr><td colspan="8">清单项目综合单价</td><td colspan="4">285.46</td></tr>
<tr><td rowspan="5">材料费明细</td><td colspan="5">主要材料名称、规格、型号</td><td>单位</td><td>数量</td><td>单价/元</td><td>合价/元</td><td>暂估单价/元</td><td>暂估合价/元</td></tr>
<tr><td colspan="5">玻化砖 800mm×800mm</td><td>m²</td><td>37.56</td><td>210</td><td>7888.61</td><td>210</td><td>7888.61</td></tr>
<tr><td colspan="5"></td><td></td><td></td><td></td><td></td><td></td><td></td></tr>
<tr><td colspan="7">其他材料费</td><td>—</td><td>235.45</td><td>—</td><td>0</td></tr>
<tr><td colspan="7">材料费小计</td><td>—</td><td>8124.06</td><td>—</td><td>7888.61</td></tr>
</table>

2. 实木地板综合单价分析的详细过程

（1）分析工艺过程　通过对铺实木地板的装饰构造和工艺过程分析，其结构由木龙骨、毛地板、实木地板三个工序项目组成，木龙骨为单向单层@300，毛地板为九夹板，实木地板铺在毛地板上。所以实木地板的综合单价应由这三个工序项目的费用共同构成。

（2）查预算定额资料　见表7-34。

表7-34　木龙骨、毛地板、木地板定额子目表

定额编号	项目名称	单位	基价/元	其中/元		
				人工费	材料费	机械费
A13-158	木龙骨 单向单层 @300	$100m^2$	2733.38	872.62	1851.95	8.81
A13-161	毛地板 铺在木龙骨上 九夹板	$100m^2$	3554.93	1126.54	2363.42	64.97
A13-167	木地板 铺在毛地板上 企口	$100m^2$	39858.05	1762.26	38095.79	0.00

其中，实木地板预算价360元/m^2　消耗量$105m^2/100m^2$。

（3）确定市场价格信息　实木地板市场价格为300元/m^2，进行定额换算，得换算后的定额见表7-35。

表7-35　木地板换算后定额子目表

定额编号	项目名称	单位	基价/元	其中/元		
				人工费	材料费	机械费
A13-167H	木地板铺在毛地板上企口	$100m^2$	33558.05	1762.26	31795.79	0.00

（4）计算分部分项工程费

人工费＝（872.62＋1126.54＋1762.26）×33.91/100＝1275.50（元）

材料费＝（1851.95＋2363.42＋31795.79）×33.91/100＝12211.38（元）

机械费＝（8.81＋64.97＋0）×33.91/100＝25.02（元）

管理费和利润＝（1275.50＋25.02）×（13.47％＋15.80％）＝380.66（元）

分部分项工程费＝1275.50＋12211.38＋25.02＋380.66＝13892.56（元）

将上述计算结果导入“表7-26　分部分项工程和单价措施项目清单计价表”。

（5）计算综合单价费用构成

综合单价＝13892.56/33.91＝409.69（元/m^2）

人工费＝1275.50/33.91＝37.61（元/m^2）

机械费＝25.02/33.91＝0.74（元/m^2）

将上述计算结果导入“表7-27　分部分项工程和单价措施项目综合单价分析汇总表”。

（6）填写综合单价分析表　将上述综合单价分析过程的定额、工程量、人工单价、主材暂估价、计算数据等填入综合单价分析表，见表7-36。

3. 铝合金方扣板吊顶综合单价分析的详细过程

（1）分析工艺过程　通过对铝合金方扣板吊顶的装饰构造和工艺过程分析，其结构由轻钢龙骨、方扣板、收边角线三个工序项目组成，轻钢龙骨安装规格@300，方扣板为300mm×300mm。所以铝合金方扣板吊顶的综合单价应由这三个工序项目的费用共同构成。

（2）查预算定额资料　见表7-37。

其中，铝合金方扣板预算价38.42元/m^2，消耗量$102m^2/100m^2$。

（3）确定市场价格信息　铝合金方扣板市场价格为80元/m^2，进行定额换算，得换算后的定额见表7-38。

表 7-36　实木地板楼地面综合单价分析表

工程名称：××小区样板房装饰工程　　标段：　　　　　　第　页　　共　页

项目编码	011104002001	项目名称	实木地板楼地面	计量单位	m^2	工程量	33.91

清单综合单价组成明细											
定额编号	定额项目名称	定额单位	数量	单价/元				合价/元			
				人工费	材料费	机械费	管理费和利润	人工费	材料费	机械费	管理费和利润
A13-158	木龙骨	$100m^2$	0.3391	872.62	1851.95	8.81	257.99	295.91	628.00	2.99	87.49
A13-161	毛地板	$100m^2$	0.3391	1126.54	2363.42	64.97	348.75	382.01	801.44	22.03	118.26
A13-167H	实木地板	$100m^2$	0.3391	1762.26	31795.79	0.00	515.81	597.58	10781.95	0.00	174.91
人工单价(元/工日)					小　计			1275.50	12211.38	25.02	380.66
普工 60		技工 92		高技 138	未计价材料费			0			
清单项目综合单价								409.69			
材料费明细	主要材料名称、规格、型号				单位		数量	单价/元	合价/元	暂估单价/元	暂估合价/元
	实木地板				m^2		35.61	300	10681.65	300	10681.65
	其他材料费							—	1529.73	—	0
	材料费小计							—	12211.38	—	10681.65

表 7-37　天棚轻钢龙骨、面层定额子目表

定额编号	项目名称	单位	基价/元	其中/元		
				人工费	材料费	机械费
A16-39	天棚装配式 U 形轻钢龙骨 不上人型 面层规格 300mm×300mm 平面	$100m^2$	6049.05	1869.54	4179.51	0.00
A16-146	天棚面层 铝合金方扣板 300mm×300mm	$100m^2$	5243.45	1315.20	3928.25	0.00
A16-148	天棚面层 铝扣板收边线	100m	1030.36	438.40	591.96	0.00

表 7-38　天棚面层换算后定额子目表

定额编号	项目名称	单位	基价/元	其中/元		
				人工费	材料费	机械费
A16-146H	天棚面层 铝合金方扣板 300mm×300mm	$100m^2$	9484.61	1315.20	8169.41	0.00

(4) 计算分部分项工程费

人工费＝(1869.54＋1315.20)×14.02/100＋438.40×28.80/100＝572.76(元)

材料费＝(4179.51＋8169.41)×14.02/100＋591.96×28.80/100＝1901.80(元)

机械费＝0

管理费和利润＝(572.76＋0)×(13.47%＋15.80%)＝167.65(元)

分部分项工程费＝572.76＋1901.80＋0＋167.65＝2642.21(元)

将上述计算结果导入“表 7-26　分部分项工程和单价措施项目清单计价表”。

(5) 计算综合单价费用构成

综合单价=2642.21/14.02=188.46（元/m²）

人工费=572.76/14.02=40.85（元/m²）

机械费= 0

将上述计算结果导入“表 7-27　分部分项工程和单价措施项目综合单价分析汇总表”。

(6) 填写综合单价分析表　将上述综合单价分析过程的定额、工程量、人工单价、主材暂估价、计算数据等填入综合单价分析表，见表 7-39。

表 7-39　铝合金方扣板吊顶综合单价分析表

工程名称：××小区样板房装饰工程　　标段：　　第　页　共　页

<table>
<tr><td>项目编码</td><td colspan="2">011302001003</td><td>项目名称</td><td colspan="2">铝合金方扣板吊顶</td><td colspan="2">计量单位</td><td>m²</td><td>工程量</td><td colspan="2">14.02</td></tr>
<tr><td colspan="12">清单综合单价组成明细</td></tr>
<tr><td rowspan="2">定额编号</td><td rowspan="2">定额项目名称</td><td rowspan="2">定额单位</td><td rowspan="2">数量</td><td colspan="4">单价/元</td><td colspan="4">合价/元</td></tr>
<tr><td>人工费</td><td>材料费</td><td>机械费</td><td>管理费和利润</td><td>人工费</td><td>材料费</td><td>机械费</td><td>管理费和利润</td></tr>
<tr><td>A16-39</td><td>轻钢龙骨</td><td>100m²</td><td>0.1402</td><td>1869.54</td><td>4179.51</td><td>0.00</td><td>547.21</td><td>262.11</td><td>585.97</td><td>0.00</td><td>76.72</td></tr>
<tr><td>A16-146H</td><td>方扣板</td><td>100m²</td><td>0.1402</td><td>1315.20</td><td>8169.41</td><td>0.00</td><td>384.96</td><td>184.39</td><td>1145.35</td><td>0.00</td><td>53.97</td></tr>
<tr><td>A16-148</td><td>铝线条</td><td>100m</td><td>0.2880</td><td>438.40</td><td>591.96</td><td>0.00</td><td>128.32</td><td>126.26</td><td>170.48</td><td>0.00</td><td>36.96</td></tr>
<tr><td colspan="5">人工单价(元/工日)</td><td colspan="3">小　计</td><td>572.76</td><td>1901.80</td><td>0.00</td><td>167.65</td></tr>
<tr><td colspan="2">普工 60</td><td colspan="2">技工 92</td><td>高技 138</td><td colspan="3">未计价材料费</td><td colspan="4">0</td></tr>
<tr><td colspan="8">清单项目综合单价</td><td colspan="4">188.46</td></tr>
<tr><td rowspan="5">材料费明细</td><td colspan="5">主要材料名称、规格、型号</td><td>单位</td><td>数量</td><td>单价/元</td><td>合价/元</td><td>暂估单价/元</td><td>暂估合价/元</td></tr>
<tr><td colspan="5">铝合金方扣板</td><td>m²</td><td>14.30</td><td>80</td><td>1144.03</td><td>80</td><td>1144.03</td></tr>
<tr><td colspan="5"></td><td></td><td></td><td></td><td></td><td></td><td></td></tr>
<tr><td colspan="7">其他材料费</td><td>—</td><td>757.77</td><td>—</td><td>0</td></tr>
<tr><td colspan="7">材料费小计</td><td>—</td><td>1901.80</td><td>—</td><td>1144.03</td></tr>
</table>

4. 主卧室衣柜综合单价分析的详细过程

(1) 分析工艺过程　通过对主卧室衣柜的装饰构造和工艺过程分析，其结构由衣柜板（背/顶/底/侧/搁）、成品柜门等几个工序项目组成，所以主卧室衣柜的综合单价应由这几个工序项目的费用共同构成。但是针对一个具体的衣柜，上面这些工序项目的具体内容都是完全不一样的，所以要确定主卧室衣柜的综合单价，还必须知道每个工序项目的具体结构和材料，即每个工序项目的工程量。

(2) 查预算定额资料　见表 7-40。

(3) 确定市场价格信息　主卧室衣柜没有对人工和材料的单价进行调整，不需要进行定额换算。通过衣柜结构分析，得出主卧室衣柜每个工序项目的工程量分别为：背板 8.03m²、顶板 2.11m²、底板 2.11m²、侧板 6.84m²、搁板 3.06m²、成品柜门 8.03m²。

(4) 计算分部分项工程费

人工费=377.73（元）（计算过程省略）

材料费=3141.17（元）（计算过程省略）

机械费= 6.50（元）（计算过程省略）

表 7-40　家具定额子目表

工程名称：××小区样板房装饰工程　　标段：　　　　　　第　页　共　页

定额编号	项目名称	单位	基价/元	其中/元		
				人工费	材料费	机械费
A19-26	家具 柜子背板 九夹板	$100m^2$	3644.17	1178.98	2435.83	29.36
A19-27	家具 柜子侧板 木芯板	$100m^2$	7819.15	1714.88	6074.91	29.36
A19-28	家具 柜子顶板 木芯板	$100m^2$	7390.43	1286.16	6074.91	29.36
A19-29	家具 柜子底板 木芯板	$100m^2$	7390.43	1286.16	6074.91	29.36
A19-30	家具 柜子搁板 木芯板	$100m^2$	7497.61	1393.34	6074.91	29.36
A19-34	家具 成品平开门	$100m^2$	26857.44	857.44	26000.00	0.00

管理费和利润＝（377.73＋6.50）×（13.47%＋15.80%）＝112.47（元）

分部分项工程费＝377.73＋3141.17＋6.50＋112.47＝3637.88（元）

将上述计算结果导入“表 7-26　分部分项工程和单价措施项目清单计价表”。

（5）计算综合单价费用构成

综合单价＝3637.88/1＝3637.88（元/个）

人工费＝377.73/1＝377.73（元/个）

机械费＝6.50/1＝6.50（元/个）

将上述计算结果导入“表 7-27　分部分项工程和单价措施项目综合单价分析汇总表”。

（6）填写综合单价分析表　将上述综合单价分析过程的定额、工程量、人工单价、主材暂估价、计算数据等填入综合单价分析表，见表 7-41。

表 7-41　主卧室衣柜综合单价分析表

工程名称：××小区样板房装饰工程　　标段：　　　　　　第　页　共　页

项目编码	011501003002	项目名称	主卧室衣柜	计量单位	个	工程量	1				
清单综合单价组成明细											
定额编号	定额项目名称	定额单位	数量	单价/元				合价/元			
				人工费	材料费	机械费	管理费和利润	人工费	材料费	机械费	管理费和利润
A19-26	柜子背板	$100m^2$	0.0803	1178.98	2435.83	29.36	353.68	94.67	195.60	2.36	28.40
A19-27	柜子侧板	$100m^2$	0.0684	1714.88	6074.91	29.36	510.54	117.30	415.52	2.01	34.92
A19-28	柜子顶板	$100m^2$	0.0211	1286.16	6074.91	29.36	385.05	27.14	128.18	0.62	8.12
A19-29	柜子底板	$100m^2$	0.0211	1286.16	6074.91	29.36	385.05	27.14	128.18	0.62	8.12
A19-30	柜子搁板	$100m^2$	0.0306	1393.34	6074.91	29.36	416.42	42.64	185.89	0.90	12.74
A19-34	平开门	$100m^2$	0.0803	857.44	26000.00	0.00	250.97	68.85	2087.80	0.00	20.15
人工单价(元/工日)					小计			377.73	3141.17	6.50	112.47
普工 60		技工 92		高技 138	未计价材料费			0			
清单项目综合单价								3637.88			
材料费明细	主要材料名称、规格、型号					单位	数量	单价/元	合价/元	暂估单价/元	暂估合价/元
	其他材料费							—		—	
	材料费小计							—		—	

小 结

施工图预算是根据设计图纸、现行预算定额、费用定额以及地区设备、材料、人工、机械台班等预算价格，编制的单位工程预算造价的技术经济文件。单位工程预算造价、工程合同价款、工程结算、招标控制价、招标标底价、投标报价等，都可以采用施工图预算的编制方法。施工图预算编制的依据包括预算定额、费用定额、清单计价规范、工程量计算规范、企业定额、招标文件、施工图纸、施工组织设计、市场价格信息、技术性和工具性资料等。施工图预算的编制方法有定额计价法和清单计价法两种，采用不同的编制方法，其编制依据和编制步骤都不一样。

以××小区样板房装饰工程作为案例，分别应用定额计价法和清单计价法编制装饰工程预算书、装饰工程工程量清单和装饰工程投标报价书，其中定额计价法中定额换算是重点和难点，清单计价法中综合单价分析是重点和难点，分别做了更为详细的讲述。

能力训练题

一、选择题

1. （2013年注册造价工程师考试真题）关于施工图预算的作用，下列说法中正确的是（　　）。

   A. 施工图预算可以作为业主拨付工程进度款的基础
   B. 施工图预算是工程造价管理部门制定招标控制价的依据
   C. 施工图预算是业主方进行施工图预算与施工预算“两算”对比的依据
   D. 施工图预算是施工单位安排建设资金计划的依据

2. （2013年注册造价工程师考试真题）关于施工图预算文件的组成，下列说法中错误的是（　　）。

   A. 当建设项目有多个单项工程时，应采用三级预算编制形式
   B. 三级预算编制形式的施工图预算文件包括综合预算表、单位工程预算表和附件等
   C. 当建设项目仅有一个单项工程时，应采用二级预算编制形式
   D. 二级预算编制形式的施工图预算文件包括综合预算表和单位工程预算表两个主要报表

3. （2013年注册造价工程师考试真题）定额单价法和实物量法是编制施工图预算的两种方法，关于这两种方法的编制步骤和特点，下列说法中正确的是（　　）。

   A. 定额单价法在计算得到分项工程工程量后，先套用消耗量定额，再进行工料分析
   B. 实物量法在计算得到分项工程工程量后，先套用消耗量定额，再进行工料分析
   C. 定额单价法反映市场价格水平
   D. 实物量法编制速度快，但调价计算繁琐

4. （2013年注册造价工程师考试真题）采用定额单价法编制施工图预算时，下列做法正确的是（　　）。

   A. 若分项工程主要材料品种与预算单价规定材料不一致，需要按实际使用材料价格换算预算单价
   B. 因施工工艺条件与预算单价的不一致而致人工、机械的数量增加，只调价不调量
   C. 因施工工艺条件与预算单价的不一致而致人工、机械的数量减少，既调价也调量

D. 对于定额项目计价中未包括的主材费用，应按造价管理机构发布的造价信息价补充进定额基价

5. (2013年注册造价工程师考试真题）编制工程量清单时，可以依据施工组织设计、施工规范、验收规范确定的要素有（　）。

A. 项目名称　　B. 项目编码　　C. 项目特征

D. 计量单位　　E. 工程量

6. (2008年注册造价工程师考试真题）除另有说明外，分部分项工程量清单表中的工程量应等于（　）。

A. 实体工程量

B. 实体工程量+施工损耗

C. 实体工程量+施工需要增加的工程量

D. 实体工程量+措施工程量

7. (2009年注册造价工程师考试真题）关于工程定额计价模式的说法，不正确的是（　）。

A. 编制建设工程造价的基本过程包括工程量计算和工程计价

B. 定额具有相对稳定性的特点

C. 定额计价中不考虑不可预见费

D. 定额在计价中起指导性作用

8. (2009年注册造价工程师考试真题）其他项目清单中，无须由招标人根据拟建工程实际情况提出估算额度的费用项目是（　）。

A. 暂列金额　　B. 材料暂估价　　C. 专业工程暂估价

D. 计日工费用

9. (2011年注册造价工程师考试真题）工程定额计价方法与工程量清单计价方法的相同之处在于（　）的一致性。

A. 工程量计算规则　　B. 项目划分单元

C. 单价与报价构成　　D. 从下而上分部组合计价方法

10. (2012年注册造价工程师考试真题）关于工程量清单编制的说法，正确的有（　）。

A. 脚手架工程应列入以综合单价形式计价的措施项目清单

B. 暂估价用于支付可能发生也可能不发生的材料及专业工程

C. 材料暂估价中的材料包括应计入建安费中的设备

D. 暂列金额是招标人考虑工程建设工程中不可预见、不能确定的因素而暂定的一笔费用

E. 计日工清单中由招标人列项，招标人填写数量与单价

二、问答题

1. 什么是施工图预算？施工图预算在工程造价中有什么作用？
2. 编制施工图预算应参照哪些依据？
3. 定额计价法编制装饰工程预算书的步骤有哪些？
4. 清单计价法编制装饰工程工程量清单和编制投标报价书的步骤有哪些？

三、计算题

1. 已知目前市场上泥工的人工单价为180元/工日，防滑地砖的市场价格为65元/m^2，试根据市场人工单价和主要材料价格进行定额换算。已知条件见表7-42。

表 7-42 陶瓷地砖定额子目表

定额编号	项目名称	单位	基价/元	其中/元		
				人工费	材料费	机械费
A13-103	陶瓷地砖 楼地面 周长 1600mm 以内	$100m^2$	6926.19	2153.12	4734.43	38.64

其中，普工消耗量 8.73 工日/$100m^2$，预算工日单价 60 元/工日，技工消耗量 17.71 工日/$100m^2$，预算工日单价 92 元/工日，防滑地砖预算价格为 39.83 元/m^2，定额消耗量为 102.5m^2/$100m^2$。

2. 已知某办公室地面铺复合地板的工程量为 $80m^2$，要求地面先水泥砂浆找平，然后再铺复合地板，复合地板的市场价位 180 元/m^2。试进行该清单项目综合单价分析，列出详细的分析过程，填写综合单价分析表。已知条件见表 7-43。

表 7-43 找平层、长条复合地板定额子目表

定额编号	项目名称	单位	基价/元	其中/元		
				人工费	材料费	机械费
A13-21	水泥砂浆找平层 厚 20mm	$100m^2$	1450.41	651.52	752.52	46.37
A13-169	长条复合地板	$100m^2$	18158.04	1587.46	16570.58	0.00

复合地板预算价格为 155 元/m^2，定额消耗量为 $105m^2/100m^2$。

3. 选择一套家装设计图纸，参照本章定额计价法案例，编制装饰工程预算书。

4. 选择一套家装设计图纸，参照本章清单计价法案例，编制装饰工程工程量清单，编制装饰工程投标报价书。

第八章

装饰装修工程合同价款调整

【知识目标】

- 掌握合同价款调整的方法

【能力目标】

- 能够熟练地解释合同价款调整的内容
- 能够依据《建设工程工程量清单计价规范》(GB 50500—2013),进行工程实例的工程价款调整

合同价款是指发承包双方在工程合同中约定的工程造价,即包括了分部分项工程费、措施项目费、其他项目费、规费和税金的合同总金额。

合同价款调整是指在合同价款调整因素出现后,发承包双方根据合同约定,对合同价款进行变动的提出、计算和确认。

装饰装修工程的特殊性决定了工程定价具有单件性、动态性、阶段性、复杂性的特征,工程造价不可能是固定不变的,合同价款的调整不可避免,且是合同发承包双方争议的焦点。为了装饰装修工程合同价款的合理性、适应性,减少履行合同发承包双方的纠纷,维护合同双方利益,有效控制工程造价,适应合同履行过程中必然会发生的种种变化情况,使招标、投标确定的合同价款符合实际施工情况,合同价款必做出一定的调整,以适应不断变化的合同状态。

第一节　合同价款调整内容

根据《建设工程工程量清单计价规范》(GB 50500—2013)规定,调整合同价款的事项大致包括以下几点。

一是法规变化类,主要包括“法律法规变化”。

二是工程变更类,主要包括“工程变更”、“项目特征不符”、“工程量清单缺项”、“工程量偏差”、“计日工”。

三是物价变化类,主要包括“物价变化”、“暂估价”。

四是工程索赔类,主要包括“不可抗力”、“提前竣工(赶工补偿)”、“误期赔偿”、“索赔”。

五是其他类,主要包括“现场签证”,又可分为工程变更类签证和索赔类签证。

《建设工程工程量清单计价规范》(GB 50500—2013)明确指出,发生下列事项(但不限于),发承包双方应当按照合同约定调整合同价款。

① 法律法规变化;

② 工程变更;

③ 项目特征不符;

④ 工程量清单缺项；
⑤ 工程量偏差；
⑥ 计日工；
⑦ 物价变化；
⑧ 暂估价；
⑨ 不可抗力；
⑩ 提前竣工（赶工补偿）；
⑪ 误期赔偿；
⑫ 索赔；
⑬ 现场签证；
⑭ 暂列金额；
⑮ 发承包双方约定的其他调整事项。

一、法律法规变化

（1）基准日的确定　对于实行招标的建设工程，一般以施工招标文件中规定的提交投标文件的截止时间前的第28天作为基准日；对于不实行招标的建设工程，一般以建设工程施工合同签订前的第28天作为基准日。

（2）合同价款的调整方法　施工合同履行期间，国家颁布的法律、法规、规章和有关政策在合同工程基准日之后发生变化，且因执行相应的法律、法规、规章和政策引起工程造价发生增减变化的，合同双方当事人应当依据法律、法规、规章和有关政策按照省级或行业建设主管部门或其授权的工程造价管理机构据此发布的规定调整合同价款。

（3）工程延误期间的特殊处理　因承包人的原因导致的工期延误，在工程延误期间国家的法律、行政法规和相关政策发生变化引起工程造价变化的，造成合同价款增加的，合同价款不予调整；造成合同价款减少的，合同价款予以调整。

【例 8-1】 某市一中心客运站装饰装修工程，在招标文件的工程量清单表中，招标人给出了材料暂估价，承发包双方按《建设工程工程量清单计价规范》（GB 50500—2013）等相关文件签订了施工承包合同。

工程实施过程中，在提交投标文件截止日期前10天，该市工程造价管理部门发布了人工单价及规费调整的有关文件。

对于上述事件，承包方及时对可调整价款事件提出了工程价款调整要求。

问题　根据《建设工程工程量清单计价规范》（GB 50500—2013），指出对事件应如何处理？并说明理由。

解　人工单价和规费在工程结算中予以调整。因为报价以投标截止日期前28天为基准日，其后的政策性人工单价和规费调整，不属于承包人的风险，在结算中予以调整。

二、工程变更

装饰装修工程变更是指合同工程实施过程中由发包人提出或由承包人提出经发包人批准的合同工程任何一项工作的增、减、取消或施工工艺、顺序、时间的改变；设计图纸的修改；施工条件的改变；招标工程量清单的错、漏从而引起合同条件的改变或工程量的增减变化。

1）装饰装修工程因工程变更引起已标价工程量清单项目或其工程数量发生变化时，应按照下列规定调整。

① 已标价工程量清单中有适用于变更工程项目的，应采用该项目的单价；但当工程变更导致该清单项目的工程数量发生变化，且工程量偏差超过15%时，可进行调整。当工程

量增加15%以上时，增加部分的工程量的综合单价应予调低；当工程量减少15%以上时，减少后剩余部分的工程量的综合单价应予调高。

② 已标价工程量清单中没有适用但有类似于变更工程项目的，可在合理范围内参照类似项目的单价。

③ 已标价工程量清单中没有适用也没有类似于变更工程项目的，应由承包人根据变更工程资料、计量规则和计价办法、工程造价管理机构发布的信息价格和承包人报价浮动率提出变更工程项目的价，并应报发包人确认后调整。承包人报价浮动率可按下列公式计算：

招标工程：承包人报价浮动率 $L=$（1－中标价/招标控制价）×100%

非招标工程：承包人报价浮动率 $L=$（1－报价/施工图预算）×100%

④ 已标价工程量清单中没有适用也没有类似于变更工程项目，且工程造价管理机构发布的信息价格缺价的，应由承包人根据变更工程资料、计量规则、计价办法和通过市场调查等取得有合法依据的市场价格提出变更工程项目的单价，并应报发包人确认后调整。

2）工程变更引起施工方案改变并使措施项目发生变化时，承包人提出调整措施项目费的，应事先将拟实施的方案提交发包人确认，并应详细说明与原方案措施项目相比的变化情况。拟实施的方案经发承包双方确认后执行，并应按照下列规定调整措施项目费。

① 安全文明施工费按照实际发生变化的措施项目依据国家或省级、行业建设主管部门的规定计算。

② 采用单价计算的措施项目费，按照实际发生变化的措施项目，按上述已标价工程量清单项目或其工程数量发生变化时规定调整的方法进行调整。

③ 按总价（或系数）计算的措施项目费，按照实际发生变化的措施项目调整，但应考虑承包人报价浮动因素，即调整金额按照实际调整金额乘以上述规定的承包人报价浮动率计算。

如果承包人未事先将拟实施的方案提交给发包人确认，则应视为工程变更不引起措施项目费的调整或承包人放弃调整措施项目费的权利。

3）当发包人提出的工程变更因非承包人原因删减了合同中的某项原定工作或工程，致使承包人发生的费用或（和）得到的收益不能被包括在其他已支付或应支付的项目中，也未被包含在任何替代的工作或工程中时，承包人有权提出并应得到合理的费用及利润补偿。

【例8-2】 某市一中心客运站装饰装修工程，在招标文件的工程量清单表中，招标人给出了材料暂估价，承发包双方按《建设工程工程量清单计价规范》(GB 50500—2013) 等相关文件签订了施工承包合同。

工程实施过程中，由于资金原因，发包方取消了原合同中的豪华装修工程内容，在工程竣工结算时，承包方就发包方取消合同中豪华装修工程内容提出补偿管理费和利润的要求，但遭到发包方拒绝。

问题 发包方拒绝承包方补偿要求的做法是否合理？说明理由。

解 发包方拒绝承包方补偿要求的做法不合理。因为根据相关合同条件的规定，发包人取消合同中的部分工程，合同价格中的人工费、材料费、机械费部分没有损失，但摊销在该部分的管理费、规费、利润和税金不能合理收回。因此，承包人可以就管理费、规费、利润和税金的损失向工程师发出通知并提供具体的证明材料，合同双方协商后确定一笔补偿金额加到合同价内。

三、项目特征不符

项目特征是指构成分部分项工程项目、措施项目自身价值本质的人工、材料、机械消耗和施工工艺过程。发包人在招标工程量清单中对项目特征的描述，应被认为是准确的和全面的，并且与实际施工要求相符合。承包人应按照发包人提供的招标工程量清单，根据项目特征描述的内容及有关要求实施合同工程，直到项目被改变为止。

承包人应按照发包人提供的设计图纸实施合同工程，若在合同履行期间出现设计图纸（含设计变更）与招标工程量清单任一项目的特征描述不符，且该变化引起该项目工程造价发生增减变化的，应按实际施工的项目特征，按工程变更的相关条款的规定，重新确定相应工程量清单项目的综合单价，并调整合同价款。

四、工程量清单缺项

工程量清单是指载明建设工程分部分项工程项目、措施项目、其他项目的名称和相应数量以及规费、税金项目等内容的明细清单。合同履行期间，由于招标工程量清单中缺项，新增分部分项工程清单项目的，按工程量偏差的调整规定确定单价，并调整合同价款。

新增分部分项工程清单项目后，引起措施项目发生变化的，安全文明施工费按照实际发生变化的措施项目依据国家或省级、行业建设主管部门的规定计算；采用单价计算的措施项目费，按照实际发生变化的措施项目，按上述已标价工程量清单项目或其工程数量发生变化时规定调整的方法进行调整。在承包人提交的实施方案被发包人批准后调整合同价款。

由于招标工程量清单中措施项目缺项，承包人应将新增措施项目实施方案提交发包人批准后，采用单价计算的措施项目费按已标价工程量清单项目或其工程数量发生变化时调整的方法，安全文明施工费按照实际发生变化的措施项目依据国家或省级、行业建设主管部门的规定计算调整合同价款。

五、工程量偏差

工程量偏差是指承包人按照合同工程的图纸（含经发包人批准由承包人提供的图纸）实施，按照现行国家计量规范规定的工程量计算规则计算得到的完成合同工程项目应予计量的工程量与相应的招标工程量清单项目列出的工程量之间出现的量差。

合同履行期间，当应予计算的实际工程量与招标工程量清单出现偏差，且符合下列规定时，发承包双方应调整合同价款。

① 对于任一招标工程量清单项目，当工程量偏差和工程变更等原因导致工程量偏差超过15%时，可进行调整。当工程量增加15%以上时，增加部分的工程量的综合单价应予调低；当工程量减少15%以上时，减少后剩余部分的工程量的综合单价应予调高。

② 当工程量发生变化，且该变化引起相关措施项目相应发生变化时，按系数或单一总价方式计价的，工程量增加的措施项目费调增，工程量减少的措施项目费调减。

【例 8-3】 某政府投资建设工程项目，采用《建设工程工程量清单计价规范》（GB 50500—2013）计价方式招标，发包方与承包方签订了实施合同，合同工期为 210 天。施工合同约定（其中之一）：各项工作实际工程量在清单工程量变化幅度±15%以外的，双方可协商调整综合单价；在变化幅度±15%以内的，综合单价不予调整。

该工程项目按合同约定正常开工，施工中发生事件之一：

招标文件中某分部工作的清单工程量为 1550m^2（综合单价为 400 元/m^2），而实际工程量为 1800m^2，与施工图纸不符。经承发包双方商定，在此项工作工程量增加但是不影响项目总工期的前提下，每完成 1m^2 增加的工程量综合单价为 380 元/m^2，但赶工程量（赶工工期 4 天，每天 50m^2）按综合单价 60 元计算赶工费（不考虑其他措施费，综合费率为 7.08%）。上述事件发生后，承包方及时向发包方提出了索赔并得到了相应的处理。

问题 上述事件发生后，承包方可得到的追加费用是多少？（计算过程和结果均以元为单位，结果取整）

解 承包方可得到追加费用＝［380×(1800－1550)＋60×4×50］×(1＋7.08%)＝114577（元）

六、计日工

计日工是指在装饰装修施工过程中，承包人完成发包人提出的工程合同范围以外的零星项目或工作，按合同中约定的单价计价的一种方式。

发包人通知承包人以计日工方式实施的零星工作，承包人应予以执行。

采用计日工计价的任何一项变更工作，在该项变更的实施过程中，承包人应按合同约定提交下列报表和有关凭证送发包人复核。

① 工作名称、内容和数量；

② 投入该工作所有人员的姓名、工种、级别和耗用工时；

③ 投入该工作的材料名称、类别和数量；

④ 投入该工作的施工设备型号、台数和耗用台时；

⑤ 发包人要求提交的其他资料和凭证。

任一计日工项目持续进行时，承包人应在该项工作实施结束后的24小时内向发包人提交有计日工记录汇总的现场签证报告一式三份。发包人在收到承包人提交现场签证报告后的2天内予以确认并将其中一份返还给承包人，作为计日工计价和支付的依据。发包人逾期未确认也未提出修改意见的，应视为承包人提交的现场签证报告已被发包人认可。

任一计日工项目实施结束后，承包人应按照确认的计日工现场签证报告核实该类项目的工程数量，并应根据核实的工程数量和承包人已标价工程量清单中的计日工单价计算，提出应付价款。

七、物价变化

合同履行期间，因人工、材料、工程设备、机械台班价格波动影响合同价款时，应根据合同约定，按《建设工程工程量清单计价规范》(GB 50500—2013) 附录A中物价变化合同价款调整方法之一调整合同价款。

1）承包人采购材料和工程设备的，应在合同中约定主要材料、工程设备价格变化的范围或幅度；当没有约定，且材料、工程设备单价变化超过5%时，超过部分的价格，根据《建设工程工程量清单计价规范》(GB 50500—2013) 附录A中的方法计算调整材料、工程设备费。

2）发生合同工程工期延误的，应按照下列规定确定合同履行期的价格调整。

① 因非承包人原因导致工期延误的，计划进度日期后续工程的价格，应采用计划进度日期与实际进度日期两者的较高者。

② 因承包人原因导致工期延误的，计划进度日期后续工程的价格，应采用计划进度日期与实际进度日期两者的较低者。

【例8-4】 某工程施工合同中约定：合同价为858.68万元，因通货膨胀导致物价上涨时，业主只对人工费、主材费和机械费（三项费用占合同价的比例分别为28%、38%和5%）进行调整。

施工过程中，考虑物价上涨因素，业主和施工单位协议对人工费、主材费和机械费分别上调5%、8%和5%。试问调整后的合同价款为多少万元？

解 因为人工、材料、设备单价变化均超过5%，所以超过部分的价格，根据《建设工程工程量清单计价规范》(GB 50500—2013) 附录A中的方法计算。

不调整部分占合同价的比例＝1－(28%＋38%＋5%)＝29%

调整后合同价款＝858.68×(29%＋1.05×28%＋1.08×38%＋1.05×5%)＝898.95(万元)

八、暂估价

暂估价是指招标人在工程量清单中提供的用于支付必然发生但暂时不能确定价格的材

料、工程设备的单价以及专业工程的金额。

1）发包人在招标工程量清单中给定暂估价的材料、工程设备属于依法必须招标的，应由发承包双方以招标的方式选择供应商，确定价格，并应以此为依据取代暂估价，调整合同价款。

2）发包人在招标工程量清单中给定暂估价的材料、工程设备不属于依法必须招标的，应由承包人按照合同约定采购，经发包人确认单价后取代暂估价，调整合同价款。

3）发包人在工程量清单中给定暂估价的专业工程不属于依法必须招标的，按照工程变更调整价格的相应条款规定确定专业工程价款，并应以此为依据取代专业工程暂估价，调整合同价款。

4）发包人在招标工程量清单中给定暂估价的专业工程，依法必须招标的，应当由发承包双方依法组织招标选择专业分包人，并接受有管辖权的建设工程招标投标管理机构的监督，还应符合下列要求。

① 除合同另有约定外，承包人不参加投标的专业工程发包招标，应由承包人作为招标人，但拟定的招标文件、评标工作、评标结果应报送发包人批准。与组织招标工作有关的费用应当被认为已经包括在承包人的签约合同价（投标总报价）中。

② 承包人参加投标的专业工程发包招标，应由发包人作为招标人，与组织招标工作有关的费用由发包人承担。同等条件下，应优先选择承包人中标。

③ 应以专业工程发包中标价为依据取代专业工程暂估价，调整合同价款。

九、不可抗力

不可抗力是指发承包双方在工程合同签订时不能预见的，对其发生的后果不能避免，并且不能克服的自然灾害和社会性突发事件，如地震、海啸、瘟疫、骚乱、戒严、暴动、战争和专用合同条款中约定的其他情形。

1）因不可抗力事件导致的人员伤亡、财产损失及其费用增加，发承包双方应按下列原则分别承担并调整合同价款和工期。

① 合同工程本身的损害、因工程损害导致第三方人员伤亡和财产损失以及运至施工场地用于施工的材料和待安装的设备的损害，应由发包人承担。

② 发包人、承包人人员伤亡应由其所在单位负责，并应承担相应费用。

③ 承包人的施工机械设备损坏及停工损失，应由承包人承担。

④ 停工期间，承包人应发包人要求留在施工场地的必要的管理人员及保卫人员的费用应由发包人承担。

⑤ 工程所需清理、修复费用，应由发包人承担。

2）不可抗力解除后复工的，若不能按期竣工，应合理延长工期。发包人要求赶工的，赶工费用应由发包人承担。

3）因不可抗力解除合同的，发包人应向承包人支付合同解除之日前已完工程但尚未支付的合同价款，此外，还应支付下列金额。

① 赶工产生增加的费用由发包人承担。

② 已实施或部分实施的措施项目应付价款。

③ 承包人为合同工程合理订购且已交付的材料和工程设备货款。

④ 承包人撤离现场所需的合理费用，包括员工遣送费和临时工程拆除、施工设备运离现场的费用。

⑤ 承包人为完成合同工程而预期开支的任何合理费用，且该项费用未包括在本款其他各项支付之内。发承包双方办理结算合同价款时，应扣除合同解除之日前发包人应向承包人

收回的价款。当发包人应扣除的金额超过了应支付的金额，承包人应在合同解除后的56天内将其差额退还给发包人。

【例8-5】 某施工合同约定，施工现场施工机械1台，由施工企业租得，台班单价为400元/台班，租赁费为180元/台班，人工工资为120元/工日，窝工补贴为50元/工日，以增加用工人工费为基数的综合费率为35%。在施工过程中发生了如下事件：①出现异常恶劣天气导致工程停工4天，人员窝工40个工日；②因恶劣天气导致场外道路中断，抢修道路用工40个工日；③场外大面积停电，停工2天，人员窝工20个工日。为此，施工企业可向业主索赔费用多少元？

解 ①异常恶劣天气导致的停工通常不能进行费用索赔，但是延误的工期可以得到补偿。

②抢修道路用工的索赔额=120×40×（1+35%）=6480（元）

③停电导致的索赔额=180×2+50×20=1360（元）

总索赔额=6480+1360=7840（元）

十、提前竣工

提前竣工是指承包人应发包人的要求而采取加快工程进度措施，使合同工程工期缩短，工程提前竣工。

招标人应依据相关工程的工期定额合理计算工期，压缩的工期天数不得超过定额工期的20%，超过者，应增加赶工费用。

发包人要求合同工程提前竣工的，应征得承包人同意后与承包人商定采取加快工程进度的措施，并应修订合同工程进度计划。发包人应承担承包人由此增加的提前竣工（赶工补偿）费用。

发承包双方应在合同中约定提前竣工每日历天应补偿额度，此项费用应作为增加合同价款在竣工结算文件中，与结算款一并支付。

十一、误期赔偿

误期赔偿是指承包人未按照合同工程的计划进度施工，导致实际工期超过合同工期（包括经发包人批准的延长工期），承包人应向发包人赔偿损失的费用。

承包人未按照合同约定施工，导致实际进度迟于计划进度的，承包人应加快进度，实现合同工期。合同工程发生误期，承包人应赔偿发包人由此造成的损失，并应按照合同约定向发包人支付误期赔偿费。即使承包人支付误期赔偿费，也不能免除承包人按照合同约定应承担的任何责任和应履行的任何义务。

发承包双方要在合同中约定误期赔偿费，并应明确每日历天应赔额度。误期赔偿费应列入竣工结算文件中，并应在结算款中扣除。

在工程竣工之前，合同工程内的某单项（位）工程已通过了竣工验收，且该单项（位）工程接收证书中表明的竣工日期并未延误，而是合同工程的其他部分产生了工期延误时，误期赔偿费应按照已颁发工程接收证书的单项（位）工程造价占合同价款的比例幅度予以扣减。

十二、现场签证

现场签证是指发包人现场代表（或其授权的监理人、工程造价咨询人）与承包人现场代表就施工过程中涉及的责任事件所作的签认证明。

① 承包人应发包人要求完成合同以外的零星项目、非承包人责任事件等工作的，发包人应及时以书面形式向承包人发出指令，并应提供所需的相关资料；承包人在收到指令后，应及时向发包人提出现场签证要求，具体见表8-1。

表 8-1　现场签证表

工程名称：　　　　　　　　　　　　标段：　　　　　　　　　　　　编号：

<table>
<tr><td>施工单位</td><td></td><td>日 期</td><td></td></tr>
<tr><td colspan="4">致：＿＿＿＿＿＿＿＿＿＿＿＿＿＿＿＿＿＿＿＿＿＿＿＿＿＿＿＿＿（发包人全称）
根据＿＿＿＿（指令人姓名）　年　月　日的口头指令或你方＿＿＿＿（或监理人）　年　月　日的书面通知，我方要求完成此项工作应支付价款金额为（大写）＿＿＿＿元，（小写）＿＿＿＿元，请予核准。
附：1. 签证事由及原因：
2. 附图及计算式：
承包人（章）
承包人代表＿＿＿＿
日　　期＿＿＿＿</td></tr>
<tr><td colspan="2">复核意见：
你方提出的此项签证申请经复核：
□不同意此项签证，具体意见附件。
□同意此项签证，签证金额的计算，由造价工程师复核。
监理工程师＿＿＿＿
日　　期＿＿＿＿</td><td colspan="2">复核意见：
□此项签证按承包人中标的计日工单价计算，金额为（大写）＿＿＿＿元，（小写）＿＿＿＿元。
□此项签证因无计日工单价，金额为（大写）＿＿＿＿元，（小写）＿＿＿＿元。
造价工程师＿＿＿＿
日　　期＿＿＿＿</td></tr>
<tr><td colspan="4">审核意见：
□不同意此项签证赔。
□同意此项签证，价款与本期进度款同期支付。
发包人（章）
发包人代表＿＿＿＿
日　　期＿＿＿＿</td></tr>
</table>

注：1. 在选择栏中的“□”内做标识“√”。

2. 本表一式四份，由承包人在收到发包人（监理人）的口头或书面通知后填写，发包人、监理人、造价咨询人、承包人各存一份。

② 承包人应在收到发包人指令后的 7 天内向发包人提交现场签证报告，发包人应在收到现场签证报告后的 48 小时内对报告内容进行核实，予以确认或提出修改意见。发包人在收到承包人现场签报告后的 48 小时内未确认也未提出修改意见的，应视为承包人提交的现场签证报告已被发包人认可。

③ 现场签证的工作如已有相应的计日工单价，现场签证中应列明完成该类项目所需的人工、材料、工程设备和施工机械台班的数量。如现场签证的工作没有相应的计日工单价，应在现场签证报告中列明完成该签证工作所需的人工、材料设备和施工机械台班的数量及单价。

④ 合同工程发生现场签证事项，未经发包人签证确认，承包人便擅自施工的，除非征得发包人书面同意，否则发生的费用应由承包人承担。

⑤ 现场签证工作完成后的 7 天内，承包人应按照现场签证内容计算价款，报送发包人确认后，作为增加合同价款，与进度款同期支付。

⑥ 在施工过程中，当发现合同工程内容因场地条件、地质水文、发包人要求等不一致时，承包人应提供所需的相关资料，并提交发包人签证认可，作为合同价款调整的依据。

十三、暂列金额

暂列金额是指招标人在工程量清单中暂定并包括在合同价款中的一笔款项。用于工程合同签订时尚未确定或者不可预见的所需材料、工程设备、服务的采购，施工中可能发生的工程变更、合同约定调整因素出现时的合同价款调整以及发生的索赔、现场签证确认等的费用。

已签约合同价中的暂列金额由发包人掌握使用。

发包人按相应合同价款调整规定支付后，暂列金额余额应归发包人所有。

第二节　合同价款调整计算实例

【例 8-6】（2011 注册造价工程师考试真题改编）某政府投资建设工程项目，采用《建设工程工程量清单计价规范》（GB 50500—2013）计价方式招标，发包方与承包方签订了实施合同，合同工期为 110 天。施工合同约定：

① 工期每提前（或拖延）1 天，奖励（或罚款）3000 元（含税金）。

② 各项工作实际工程量在清单工程量变化幅度±15%以外的，双方可协商调整综合单价；在变化幅度±15%以内的，综合单价不予调整。

③ 发包方原因造成机械闲置，其补偿单价按照机械台班单价的 50%计算；人员窝工补偿单价，按照 50 元/工日计算。

④ 综合费率为 7.08%。

工程项目开工前，承包方按时提交了实施方案及施工进度计划（施工进度计划如图 8-1 所示），并获得发包方工程师批准。

根据施工方案及施工进度计划，B 工作和 I 工作需要使用同一台机械施工。该机械的台班单价为 1000 元/台班。

该工程项目按合同约定正常开工，施工中依次发生如下事件。

事件 1：C 工作施工中，因设计方案调整，导致 C 工作持续时间延长 10 天，造成承包方人员窝工 50 个工日。

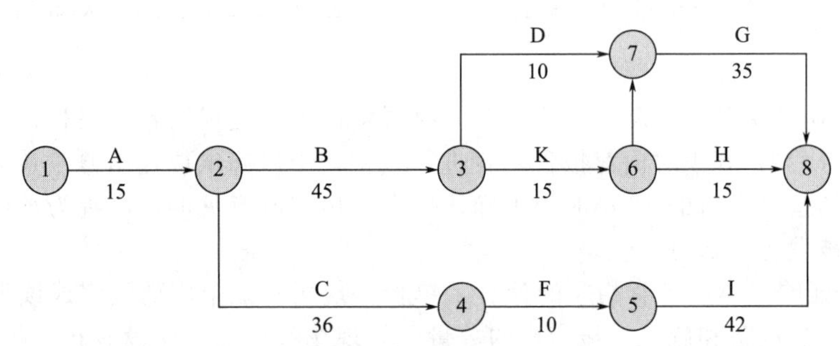

图 8-1　施工进度计划

事件 2：I 工作施工开始前，承包方为了获得工期提前奖励，拟订了 I 工作缩短 2 天作业时间的技术组织措施方案，发包方批准了该调整方案。为了保证质量，I 工作时间在压缩 2 天后不能再压缩。该技术组织措施产生费用 3500 元。

事件 3：工作实施中，因劳动力供应不足，使该工作拖延了 5 天。承包方强调劳动力不足是因为天气过于炎热所致。

事件 4：招标文件中 G 工作的清单工程量为 1750m^2（综合单价为 300 元/m^2），与施工图纸不符，实际工程量为 1900m^2。经承发包双方商定，在 G 工作工程量增加但是不影响事件 1～3 而调整的项目总工期的前提下，每完成 1m^2 增加的赶工工程量按综合单价 60 元计算赶工费（不考虑其他措施费）。上述事件发生后，承包方及时向发包方提出了索赔并得到了相应的处理。

问题：

(1) 承包方是否可以分别就事件1～4提出工期和费用索赔？说明理由。

(2) 事件1～4发生后，承包方可得到的合理工期补偿为多少天？该工程项目的实际工期是多少天？

(3) 事件1～4发生后，承包方可得到总的费用追加额是多少？

(计算过程和结果均以元为单位，结果取整)

解 问题(1)：① 承包方就事件1可以提出工期和费用索赔。理由：设计方案调整是发包方应承担的责任，且延误的时间会超出总工期（根据施工进度计划工期应为110天，因C工作延长10天如不采取其他措施会使总工期达113天），并造成窝工。

② 承包方就事件2不可以提出工期和费用索赔。理由：通过采取技术措施使工期提前，可按合同规定的工期奖罚条款进行处理，而赶工发生的施工技术措施费应由承包方承担。

③ 承包方就事件3不可以提出工期和费用索赔。理由：劳动力不足是承包方应承担的责任。

④ 承包方就事件4可以提出费用索赔，不可提出工期索赔。理由：按照《建设工程工程量计价规范》规定，业主对清单准确性负责。业主要求承包方赶工不因为工程量增加而影响总工期，但承包方因此发生的赶工技术措施费由业主承担。

问题(2)：事件1～4发生后，承包方可得到的合理工期补偿为3天。该工程此项目的实际工期是110+3−2=111（天）。

问题(3)：事件1～4发生后，承包方可得到总的费用追加额=［(50×50)+(10×1000×50%)+150×300+100×60］×(1+7.08%)+3000×(113−111)=68642（元）。

小　　结

本章主要介绍了因法律法规变化、工程变更、工程项目特征不符、工程量清单缺项、工程量偏差、计日工、物价变化、暂估价、不可抗力、提前竣工、误期赔偿、现场签证、暂列金额等原因引起的合同价款调整。

合同价款是发承包双方的核心利益，合同价款调整涉及发承包双方根本利益，当合同价款调整因素出现后，发承包双方根据合同约定对合同价款进行变动的提出、计算和确认。

能力训练题

一、选择题

1. (2011年注册造价工程师考试真题）已知某工程承包合同价款总额为6000万元，其主要材料及构件所占比重为60%，付款总金额为工程价款总额的20%，则预付款起扣点是（　　）万元。

   A. 2000　　B. 2400　　C. 3600　　D. 4000

2. (2013年注册造价工程师考试真题）对于实行招标的建设工程，因法律法规政策变化引起合同价款调整的，调价基准日期一般为（　　）。

   A. 施工合同签订前的第28天

   B. 提交投标文件的截止时间前的第28天

C. 施工合同签订前的第 56 天

D. 提交投标文件截止时间前的第 56 天

3. 某吊顶工程招标清单工程量为 200m^3，综合单价为 300 元/m^3。在施工过程中，由于工程变更导致实际完成工程量为 250m^3。合同约定当实际工程量增加超过 15%时可调整单价，调价系数为 0.9。该吊顶工程的实际工程费用为（　　）万元。

A. 6.00　　B. 7.44　　C. 7.50　　D. 8.25

4. （2013 年注册造价工程师考试真题）根据规定，因工程量偏差引起的可以调整措施项目费的前提是（　　）。

A. 合同工程量偏差超过 15%

B. 合同工程量偏差超过 15%，且引起措施项目相应变化

C. 措施项目工程量超过 10%

D. 措施项目工程量超过 10%，且引起施工方案发生变化

5. （2013 年注册造价工程师考试真题）某施工现场有塔吊 1 台，由施工企业租得，台班单价 5000 元台班，租赁费为 2000 元/台班。人工工资为 80 元/工日，窝工补贴 25 元/工日，以人工费和机械费合计为计算基础的综合费率为 30%，在施工过程中发生了如下事件：监理人对已经覆盖的隐蔽工程要求重新检查且检查结果合格，配合用工 10 工日，塔吊 1 台班，为此，施工企业可向业主索赔的费用为（　　）元。

A. 2250　　B. 2925　　C. 5800　　D. 7540

二、简答题

1. 怎样调整工期延误的工程价款？

2. 什么是现场签证？现场签证注意哪些事项？

3. 当工程出现分部分项工程量清单漏项或非承包人原因的工程变更，造成增加新的工程量清单项目或工程量清单的增减，请问如何进行综合单价的调整？

三、案例题

（2010 年注册造价工程师考试真题改编）某市政府投资新建一学校，工程内容包括办公楼、教学楼、实验室、体育馆等，招标文件的工程量清单表中，招标人给出了材料暂估价，承发包双方按《建设工程工程量清单计价规范》（GB 50500—2013）等相关文件签订了施工承包合同。

工程实施过程中，发生了如下事件：

事件 1：提交投标文件截止日期前 15 天，该市工程造价管理部门发布了人工单价及规费调整的有关文件。

事件 2：分部分项工程量清单中，天棚吊顶的项目特征描述中龙骨规格，中距与设计图纸要求不一致。

事件 3：按实际施工图纸施工的基础土方工程量与招标人提供的工程量清单表中挖基础土方工程量发生较大的偏差。

事件 4：主体结构施工阶段遇到强台风、特大暴雨，造成施工现场部分脚手架倒塌，损坏了部分已完工程、施工现场承发包双方办公用房、施工设备和运到施工现场待安装的一台电梯，事后，承包方及时按照发包方要求清理现场，恢复施工，重建承发包双方现场办公用房，发包方还要求承包方采取措施，确保按原工期完成。

事件 5：由于资金原因，发包方取消了原合同中体育馆工程内容，在工程竣工结算时，承包方就发包方取消合同中体育馆工程内容提出补偿管理费和利润的要求，但遭到发包方拒绝。

上述事件发生后，承包方及时对可调整价款事件提出了工程价款调整要求。

问题：

1. 投标人对设计材料暂估价的分部分项进行投标报价，以及该项目工程造价款的调整有哪些规定？

2. 根据《建设工程工程量清单计价规范》（GB 50500—2013）分别指出对事件 1、事件 2、事件 3 应如何处理，并说明理由。

3. 事件 4 中，承包方可提出哪些损失和费用的调整？

4. 事件 5 中，发包方拒绝承包方补偿要求的做法是否合理？说明理由。

第九章

装饰装修工程结算

【知识目标】

- 了解工程结算的概念、作用和分类
- 掌握合同价款期中支付、竣工结算与支付的内容

【能力目标】

- 能够计算装饰装修工程价款期中支付
- 能够编制装饰装修工程竣工结算

装饰装修工程结算是指发承包双方根据合同约定，对合同工程在实施中、终止时、已完工后进行的合同价款计算、调整和确认。包括期中结算、终止结算、竣工结算。

装饰装修工程结算是反映工程进度的主要指标。在施工过程中，工程结算的依据之一就是按照已完成工程量进行结算，也就是说承包人完成的工程量越多，所应结算的工程款就应越多，所以，根据累计已结算的工程款与合同总价的比例，就能近似地反映出工程的进度情况，有利于准确掌握工程进度。

装饰装修工程结算是加强资金周转的重要环节。承包人能够尽快尽早地结算工程款，有利于偿还债务，也有利于资金回笼，降低运营成本。通过加速资金周转，提高资金的使用有效性。

装饰装修工程结算是考核经济效益的重要指标。对于承包人来说，只有工程款如数地结算，才避免了经营风险，承包人才能够获得相应的利润，进而达到良好的经济效益。

第一节　合同价款期中支付

一、预付款

工程预付款是指在开工前，发包人按照合同约定，预先支付给承包人用于购买合同工程施工所需的材料、工程设备，以及组织施工机械和人员进场等的款项。它是施工准备和所需要材料、结构件等流动资金的主要来源，我国习惯上又称为预付备料款。

1. 预付款概念

① 承包人应将预付款专用于合同工程。包工包料工程的预付款的支付比例不得低于签约合同价（扣除暂列金额）的10%，不宜高于签约合同价（扣除暂列金额）的30%。

② 承包人应在签订合同或向发包人提供与预付款等额的预付款保函后向发包人提交预付款支付申请。发包人应在收到支付申请的7天内进行核实，向承包人发出预付款支付证书，并在签发支付证书后的7天内向承包人支付预付款。

③ 发包人没有按合同约定按时支付预付款的，承包人可催告发包人支付；发包人在预付款期满后的7天内仍未支付的，承包人可在付款期满后的第8天起暂停施工。发包人应承担由此增加的费用和延误的工期，并应向承包人支付合理利润。

④ 预付款应从每一个支付期应支付给承包人的工程进度款中扣回，直到扣回的金额达到合同约定的预付款金额为止。

⑤ 承包人的预付款保函的担保金额根据预付款扣回的数额相应递减，但在预付款全部扣回之前一直保持有效。发包人应在预付款扣完后的14天内将预付款保函退还给承包人。

2. 预付款计算

（1）工程预付款的数额，各地区、各部门的规定不完全相同，主要是保证施工所需材料和构件的正常储备。根据施工工期、建安工程量、主要材料和构配件费用占建安工程量的比例以及材料储备期等因素来计算确定。具体是发包人根据装饰装修工程的特点、工期长短、市场行情、供求规律等因素，招标时在合同条件中约定工程预付款的百分率（10％～30％）。

工程预付款数额＝年度承包工程总值×主要材料所占比重×材料储备天数/年度施工工日天数

或　工程预付款限额＝年度建安工程合同价×预付备料款占工程价款比例

对于只包定额工日的工程项目，材料供应由发包人负责，可以不付备料款。

（2）发包人拨付给承包商的备料款属于预支的性质。工程实施后，随着工程所需材料储备的逐步减少，应以抵充工程款的方式陆续扣回，即在承包商应得的工程进度款中扣回。扣回的时间称为起扣点，起扣点计算方法有以下两种。

① 按公式计算。这种方法原则上是从未完工程所需的主要材料及构件的价值相当于预付备料款数额时起扣，从每月结算的工程价款中按材料比重抵扣工程价款，竣工前全部扣清。其起扣点公式如下。

预付备料款起扣点＝（合同总价－已完工程价值）×主材比重

备料款起扣点＝工程价款总额－预付备料款限额/主要材料所占比重

② 在承包方完成金额累计达到合同价一定比例（双方合同约定）后，由发包人从每次应付给承包方的工程款中扣回工程预付款，在合同规定的完工期前将预付款还清。或者也常采用在工程完工期前三个月将预付款总额按逐次分摊的方式扣回的方式。

【例9-1】 某施工单位承包某工程项目，甲乙双方签订的工程合同价款为810万元，主要材料费所占的比重为60％；工程预付款为工程造价的20％。请问该工程的工程预付款是多少？备料款起扣点是多少？

解 根据工程预付款公式及起扣点公式可知：

备料款起扣点＝工程价款总额－预付备料款限额/主要材料所占比重

工程预付款＝年度建安工程合同价×预付备料款占工程价款比例

＝810×20％＝162（万元）

备料款起扣点＝工程价款总额－预付备料款限额/主要材料所占比重

＝810－162/60％＝540（万元）

二、安全文明施工费

在合同履行过程中，承包人按照国家法律、法规、标准等规定，为保证安全施工、文明施工，保护现场内外环境和搭拆临时设施等所采用的措施而发生的费用。

安全文明施工费包括的内容和使用范围，应符合国家有关文件和计量规范的规定。发包人应在工程开工后的28天内预付不低于当年施工进度计划的安全文明施工费总额的60％，其余部分应按照提前安排的原则进行分解，并应与进度款同期支付。

发包人没有按时支付安全文明施工费的，承包人可催告发包人支付；发包人在付款期满后的 7 天内仍未支付的，若发生安全事故，发包人应承担相应责任。

承包人对安全文明施工费应专款专用，在财务账目中应单独列项备查，不得挪作他用，否则发包人有权要求其限期改正；逾期未改正的，造成的损失和延误的工期应由承包人承担。

三、进度款

进度款是指在合同工程施工过程中，发包人按照合同约定对付款周期内承包人完成的合同价款给予支付的款项，也是合同价款期中结算支付。

1. 进度款一般规定

① 发承包双方应按照合同约定的时间、程序和方法，根据工程计量结果，办理期中价款结算，支付进度款。进度款支付周期应与合同约定的工程计量周期一致。

② 已标价工程量清单中的单价项目，承包人应按工程计量确认的工程量与综合单价计算；综合单价发生调整的，以发承包双方确认调整的综合单价计算进度款。

③ 已标价工程量清单中的总价项目和采用经审定批准的施工图纸及其预算方式发包形成的总价合同，承包人应按合同中约定的进度款支付分解，分别列入进度款支付申请中的安全文明施工费和本周期应支付的总价项目的金额中。

④ 发包人提供的甲供材料金额，应按照发包人签约提供的单价和数量从进度款支付中扣除，列入本周期应扣减的金额中。承包人现场签证和得到发包人确认的索赔金额应列入本周期应增加的金额中。

2. 进度款支付

进度款的支付比例按照合同约定，按期中结算价款总额计，不低于 60%，不高于 90%。

(1) 进度款支付申请　承包人应在每个计量周期到期后的 7 天内向发包人提交已完工程进度款支付申请一式四份（具体见表 9-1），详细说明此周期认为有权得到的款额，包括分包人已完工程的价款。支付申请应包括下列内容。

1) 累计已完成的合同价款。

2) 累计已实际支付的合同价款。

3) 本周期合计完成的合同价款：

① 本周期已完成单价项目的金额；

② 本周期应支付的总价项目的金额；

③ 本周期已完成的计日工价款；

④ 本周期应支付的安全文明施工费；

⑤ 本周期应增加的金额。

4) 本周期合计应扣减的金额：

① 本周期应扣回的预付款；

② 本周期应扣减的金额。

5) 本周期实际应支付的合同价款。

(2) 进度款支付核实　发包人应在收到承包人进度款支付申请后的 14 天内，根据计量结果和合同约定对申请内容予以核实，确认后向承包人出具进度款支付证书。若发承包双方对部分清单项目的计量结果出现争议，发包人应对无争议部分的工程计量结果向承包人出具进度款支付证书。

表 9-1　进度款支付申请（核准）表

工程名称：　　　　　　　　　　　　　标段：　　　　　　　　　　　编号：

致：____（发包人全称）

我方于________至________期间已完成了________工作，根据施工合同的约定，现申请支付本期的工程价款为（大写）________元，（小写）________元，请予核准。

序号	名　　称	实际金额/元	申请金额/元	复核金额/元	备注
1	累计已完成的合同款				
2	累计已实际支付的合同价款				
3	本周期合计完成的合同价款				
3.1	本周期已完成单价项目的金额				
3.2	本周期应支付的总价项目的金额				
3.3	本周期完成的计日工价款				
3.4	本周期应支付的安全文明施工费				
3.5	本周期应增加的金额				
4	本周期合计应扣减的金额				
4.1	本周期抵扣的预付款				
4.2	本周期应扣减的金额				
5	本周期应支付的合同价款				

承包人（章）

造价人员________　　承包人代表________　　日　　期________

复核意见：

□与实际施工情况不相符，修改意见见附件。

□与实际施工情况相符，具体金额由造价工程师复核。

监理工程师________

日　　期________

复核意见：

你方提出的支付申请经复核，本周期已完成工程价款为（大写）________元，（小写）________元，本期间应支付金额为（大写）________元，（小写）________元。

造价工程师________

日　　期________

审核意见：

□不同意。

□同意，支付时间为本表签发后的 15 天内。

发包人（章）

发包人代表________

日　　期________

注：1. 在选择栏中的“□”内做标识“√”。

2. 本表一式四份，由承包人填报，发包人、监理人、造价咨询人、承包人各存一份。

发包人应在签发进度款支付证书后的 14 天内，按照支付证书列明的金额向承包人支付进度款。

（3）进度款实际支付　若发包人逾期未签发进度款支付证书，则视为承包人提交的进度款支付申请已被发包人认可，承包人可向发包人发出催告付款的通知。发包人应在收到通知后的14天内，按照承包人支付申请的金额向承包人支付进度款。

发包人未按规定支付进度款的，承包人可催告发包人支付，并有权获得延迟支付的利息；发包人在付款期满后的7天内仍未支付的，承包人可在付款期满后的第8天起暂停施工。发包人应承担由此增加的费用和延误的工期，向承包人支付合理利润，并应承担违约责任。

(4) 进度款支付修正　发现已签发的任何支付证书有错、漏或重复的数额，发包人有权予以修正，承包人也有权提出修正申请。经发承包双方复核同意修正的，应在本次到期的进度款中支付或扣除。

(5) 进度款计算方法　工程进度款的结算分三种情况，即开工前期、施工中期和工程尾期结算三种。

1) 开工前期进度款结算。从工程项目开工，到施工进度累计完成的产值小于“起扣点”，这期间称为开工前期。此时，每月结算的工程进度款应等于当月（期）已完成的产值。

其计算公式为：

本月（期）应结算的工程进度款＝本月（期）已完成产值
＝Σ本月（期）已完成工程量×预算单价＋相应收取的其他费用

2) 施工中期进度款结算。当工程施工进度累计完成的产值达到“起扣点”以后，至工程竣工结束前一个月，这期间称为施工中期。此时，每月结算的工程进度款，应扣除当月（期）应扣回的工程预付备料款。

其计算公式为：

本月（期）应抵扣的预付备料款＝本月（期）已完成产值×主材费所点比重

本月（期）应结算的工程进度款＝本月（期）已完成产值－本月（期）应抵扣的预付备料款＝本月（期）已完成产值×（1－主材费所点比重）

3) 工程尾期进度款结算。按照国家有关规定，在工程的总造价中应预留出一定比例的尾留款作为质量保修费用，该部分费用称为质量保证金，又称“保留金”。质量保证金一般应在结算过程中扣除，在工程保修期结束时拨付。

有关质量保证金的扣除，常见的有以下两种方式（以保修金比例为合同总额的5%为例，保修金也可以是以最后造价为计算基数）。

① 先办理正常结算，直至累计结算工程进度款达到合同金额的95%时，停止支付，剩余的作为质量保证金。

② 先扣除，扣完为止，即从第一次办理工程进度款支付时就按照双方在合同中约定的一个比例扣除质量保证金，直到所扣除的累计金额已达到合同金额的5%为止。

工程尾期（最后月）的进度款，除按施工中期的办法结算外，尚应扣留“保留金”，其计算公式为：

应扣保留金＝工程合同造价×保留金比例

式中，保留金比例按合同规定计取，一般取5%。

最后月（期）应结算工程尾款＝最后月（期）已完成产值×（1－主材费所点比重）－应扣保留金

【例9-2】　(2011年注册造价工程师考试真题改编) 某工程项目业主采用工程量清单招标方式确定了承包人，双方签订了工程施工合同，合同工期4个月，开工时间为2011年4月1日。该项目的主要价款信息及合同付款条款如下。

（1）承包商各月计划完成的分部分项工程费、措施费见表 9-2。

表 9-2　各月计划完成的分部分项工程费、措施费　　　　单位：万元

月份	4月	5月	6月	7月
计划完成分部分项工程费	55	75	90	60
措施费	8	3	3	2

（2）措施项目费 160000 元，在开工后的前两个月平均支付。

（3）其他项目清单中包括专业工程暂估价和计日工，其中专业工程暂估价为 180000 元；计日工表中包括数量为 100 个工日的某工种用工，承包商填报的综合单价为 120 元/工日。

（4）工程预付款为合同价的 20%，在开工前支付，在最后两个月平均扣回。

（5）工程价款逐月支付，经确认的变更金额、索赔金额、专业工程暂估价、计日工金额等与工程进度款同期支付。

（6）业主按承包商每次应结算款项的 90%支付。

（7）工程竣工验收后结算时，按总造价的 5%扣留质量保证金。

（8）综合费率为 7.08%。

施工过程中，各月实际完成工程情况如下。

（1）各月均按计划完成计划工程量。

（2）5 月业主确认计日工 35 个工日，6 月业主确认计日工 40 个工日。

（3）6 月业主确认原专业工程暂估价款的实际发生分部分项工程费合计为 80000 元，7 月业主确认原专业工程暂估价款的实际发生分部分项工程费合计为 70000 元。

（4）6 月由于业主设计变更，新增工程量清单中没有的一分部分项工程，经业主确认的设计变更费用合计为 127700 元。

（5）6 月因监理工程师要求对已验收合格的某分项工程再次进行质量检验，造成承包商人员窝工费 5000 元，机械闲置费 2000 元，该分项工程持续时间延长 1 天（不影响总工期）。检验表明该分项工程合格。为了提高质量，承包商对尚未施工的后续相关工作调整了模板形式，造成模板费用增加 10000 元。

问题：

1. 该工程预付款是多少？

2. 每月完成的分部分项工程量价款是多少？承包商应得工程价款是多少？

3. 若承发包双方如约履行合同，列式计算 6 月末累计已完成的工程价款和累计已实际支付的工程价款。

4. 填写承包商 2011 年 6 月的“工程款支付申请表”（表 9-3）。

（计算过程与结果均以元为单位，结果取整数）

解　问题 1. 工程预付款计算如下。

（1）分部分项工程费：55＋75＋90＋60＝280（万元）＝2800000（元）

（2）措施费：8＋3＋3＋2＝16（万元）＝160000（元）

（3）其他项目费：180000＋100×120＝192000（元）

（4）合同价：(2800000＋160000＋192000)×(1＋7.08%)＝3375195（元）

（5）工程预付款：3375195×20%＝675039（元）

表 9-3　工程款支付申请表

工程名称：　　　　　　　　　　　　标段：　　　　　　　编号：

至：__________

我方于______________至______________期间已完成了______________工作，根据施工合同的约定，现申请支付本期的工程款为(大写)______________元，(小写)______________元，请予核准。

序号	名　　称	金额/元	备注
1	累计已完成的工程价款(含本周期)		
2	累计已实际支付的工程价款		
3	本周期已完成的工程价款		
4	本周期已完成的计日工金额		
5	本周期应增加和和扣减的变更金额		
6	本周期应增加和扣减的索赔金额		
7	本周期应抵扣的预付款		
8	本周期应扣减的质保金		
9	本周期应增加和扣减的其他金额		
10	本周期实际应支付的工程价款		

承包人(章)
承包人代表__________
日　　期__________

复核意见：

□与实际施工情况不相符，修改意见见附件。

□与实际施工情况相符，具体金额由造价工程师复核。

监理工程师__________
日　　期__________

复核意见：

你方提出的支付申请经复核，本期间已完成工程款额为(大写)__________元，(小写)__________元，本期间应支付金额为(大写)__________元，(小写)__________元。

造价工程师__________
日　　期__________

审核意见：

□不同意。

□同意，支付时间为本表签发后的15天内。

发包人(章)
发包人代表__________
日　　期__________

问题 2. 每月完成的分部分项工程量价款及承包商应得工程价款计算如下。

4 月份 (1) 分部分项工程费：550000（元）

(2) 措施项目费：160000/2＝80000（元）

(3) 承包商完成的分部分项工程价款：550000×（1＋7.08%）＝588946（元）

(4) 承包商应得工程价款：(550000＋80000）×（1＋7.08%）×90%＝607150（元）

5 月份 (1) 分部分项工程费：750000（元）

(2) 措施项目费：160000/2＝80000（元）

(3) 计日工：35×120＝4200（元）

(4) 承包商完成的分部分项工程价款：750000×（1＋7.08%）＝803108（元）

(5) 承包商应得工程价款：(750000＋80000＋4200）×（1＋7.08%）×90%＝803943（元）

6 月份 (1) 分部分项工程费：900000（元）

(2) 计日工：40×120＝4800（元）

(3) 专业工程暂估价：80000（元）

(4) 设计变更：127700（元）

(5) 合格工程质量检验费用补偿：5000＋2000＝7000（元）

(6) 工程预付款扣回：675039/2＝337520（元）

(7) 承包商完成的分部分项工程价款：900000×（1＋7.08%）＝963729（元）

(8) 承包商应得工程价款：(900000＋4800＋80000＋127700＋7000）×（1＋7.08%）×（1－10%）－337520＝741375（元）

7 月份 (1) 分部分项工程费：600000（元）

(2) 专业工程暂估价：70000（元）

(3) 工程预付款扣回：675039/2＝337520（元）

(4) 承包商完成的分部分项工程价款：600000×（1＋7.08%）＝642486（元）

(5) 承包商应得工程价款：(600000＋70000）×（1＋7.08%）×（1－10%）－337520＝308179（元）

问题 3. 6 月末累计已完成的工程价款和累计已实际支付的工程价款计算如下。

(1) 6 月末累计已完成的工程价款

① 6 月末累计完成分部分项工程费：550000＋750000＋900000＝2200000（元）

② 措施费累计：80000＋30000＋30000＝140000（元）

③ 专业工程暂估价：80000（元）

④ 计日工：4200＋4800＝9000（元）

⑤ 设计变更：127700（元）

⑥ 质检费用补偿：7000（元）

⑦ 6 月末累计完成工程价款：(2200000＋140000＋80000＋9000＋127700＋7000）×（1＋7.08%）＝2745237（元）

(2) 6 月末累计已实际支付的工程价款：675039＋607150＋803943＝2086132（元）

问题 4. 填写承包商 2011 年 6 月的“工程款支付申请表”(表 9-4)。

表 9-4　工程款支付申请表

工程名称：　　　　　　　　　　　标段：　　　　　　　编号：

至：××××（发包人全称）

我方于2011年6月1日至2011年6月30日期间已完成了××××＿＿＿＿＿＿工作，根据施工合同的约定，现申请支付本期的工程款为（大写），柒拾肆万壹仟叁佰柒拾伍元（小写）741375元，请予核准。

序号	名　　称	金额/元	备注
1	累计已完成的工程价款（含本周期）	2745237	
2	累计已实际支付的工程价款	2086132	
3	本周期已完成的工程价款	1198772	
4	本周期已完成的计日工金额	5140	
5	本周期应增加和扣减的变更金额	136743	
6	本周期应增加和扣减的索赔金额	7496	
7	本周期应抵扣的预付款	337520	
8	本周期应扣减的质保金	0	
9	本周期应增加和扣减的其他金额	—	
10	本周期实际应支付的工程价款	741375	

承包人（章）
承包人代表＿＿＿＿＿＿
日　　期＿＿＿＿＿＿

复核意见：
□与实际施工情况不相符，修改意见见附件。
□与实际施工情况相符，具体金额由造价工程师复核。

监理工程师＿＿＿＿＿＿
日　　期＿＿＿＿＿＿

复核意见：
你方提出的支付申请经复核，本期间已完成工程款额为（大写）＿＿＿＿＿＿元，（小写）＿＿＿＿＿＿元，本期间应支付金额为（大写）＿＿＿＿＿＿元，（小写）＿＿＿＿＿＿元。

造价工程师＿＿＿＿＿＿
日　　期＿＿＿＿＿＿

审核意见：
□不同意。
□同意，支付时间为本表签发后的15天内。

发包人（章）
发包人代表＿＿＿＿＿＿
日　　期＿＿＿＿＿＿

第二节　竣工结算与支付

一、竣工结算

1. 工程竣工结算的概念和要求

竣工结算是指发承包双方依据国家有关法律、法规和标准规定，按照合同约定确定的，包括在履行合同过程中按合同约定进行的合同价款调整，是承包人按合同约定完成了全部承包工作后向发包人进行最终工程款结算，发包人应付给承包人的合同总金额。

1）合同工程完工后，承包人应在经发承包双方确认的合同工程期中价款结算的基础上汇总编制完成竣工结算文件，应在提交竣工验收申请的同时向发包人提交竣工结算文件。

承包人未在合同约定的时间内提交竣工结算文件，经发包人催告后14天内仍未提交或没有明确答复的，发包人有权根据已有资料编制竣工结算文件，作为办理竣工结算和支付结算款的依据，承包人应予以认可。

2）发包人应在收到承包人提交的竣工结算文件后的28天内核对。发包人经核实，认为承包人应进一步补充资料和修改结算文件，应在上述时限内向承包人提出核实意见，承包人在收到核实意见后28天内应按照发包人提出的合理要求补充资料，修改竣工结算文件，并应再次提交给发包人复核后批准。

3）发包人应在收到承包人再次提交的竣工结算文件后的28天内予以复核，将复核结果通知承包人，并应遵守下列规定。

① 发包人、承包人对复核结果无异议的，应在7天内在竣工结算文件上签字确认，竣工结算办理完毕。

② 发包人或承包人对复核结果认为有误的，无异议部分按上述相关规定办理不完全竣工结算；有异议部分由发承包双方协商解决；协商不成的，应按照合同约定的争议解决方式处理。

4）发包人在收到承包人竣工结算文件后的28天内，不核对竣工结算或未提出核对意见的，应视为承包人提交的竣工结算文件已被发包人认可，竣工结算办理完毕。

承包人在收到发包人提出的核实意见后的28天内，不确认也未提出异议的，应视为发包人提出的核实意见已被承包人认可，竣工结算办理完毕。

5）发包人委托工程造价咨询人核对竣工结算的，工程造价咨询人应在28天内核对完毕，核对结论与承包人竣工结算文件不一致的，应提交给承包人复核；承包人应在14天内将同意核对结论或不同意见的说明提交工程造价咨询人。工程造价咨询人收到承包人提出的异议后，应再次复核，复核无异议的，应7天内在竣工结算文件上签字确认，竣工结算办理完毕，复核后仍有异议的，有异议部分由发承包双方协商解决；协商不成的，应按照合同约定的争议解决方式处理。

承包人逾期未提出书面异议的，应视为工程造价咨询人核对的竣工结算文件已经承包人认可。

6）对发包人或发包人委托的工程造价咨询人指派的专业人员与承包人指派的专业人员经核对后无异议并签名确认的竣工结算文件，除非发承包人能提出具体、详细的不同意见，发承包人都应在竣工结算文件上签名确认，如其中一方拒不签认的，按下列规定办理。

① 若发包人拒不签认的，承包人可不提供竣工验收备案资料，并有权拒绝与发包人或其上级部门委托的工程造价咨询人重新核对竣工结算文件。

② 若承包人拒不签认的，发包人要求办理竣工验收备案的，承包人不得拒绝提供竣工验收资料，否则，由此造成的损失，承包人承担相应责任。

7）合同工程竣工结算核对完成，发承包双方签字确认后，发包人不得要求承包人与另一个或多个工程造价咨询人重复核对竣工结算。

8）发包人对工程质量有异议，拒绝办理工程竣工结算的，已竣工验收或已竣工未验收但实际投入使用的工程，其质量争议应按该工程保修合同执行，竣工结算应按合同约定办理；已竣工未验收且未实际投入使用的工程以及停工、停建工程的质量争议，双方应就有争议的部分委托有资质的检测鉴定机构进行检测，并应根据检测结果确定解决方案，或按工程质量监督机构的处理决定执行后办理竣工结算，无争议部分的竣工结算应按合同约定办理。

2. 竣工结算的编制方法

竣工结算的编制方法取决于合同对计价方法及对合同种类的选定。招标单位与投标单位，按照中标报价、承包方式、承包范围、工期、质量标准、奖惩规定、价格调整方式、合同价格形式、计量与支付等内容签订承包合同。与合同方式相对应的竣工结算方法如下。

（1）总价合同结算的编制方法

竣工结算总价＝合同总价±风险范围外因素引起增减价±工程以外的技术经济签证＋批准的索赔额±质量奖励与罚金

一般地，合同中要明确总价包含的风险范围、风险费用的计算方法、风险范围以外合同价格的调整方法。

（2）按单价合同结算的编制方法　目前推行的清单计价，大部分为单价合同，这里的单价以中标单位的所报的工程量清单综合单价为合同单价。该类型结算价计算公式如下。

竣工结算总价＝∑［分部分项（核实）工程量×分部分项工程综合单价］

＋措施项目费＋∑（据实核定的）其他项目金额＋规费＋税金

单价合同中也要明确单价包含的风险范围、风险费用的计算方法、风险范围以外合同价格（包括措施项目费）的调整方法。

二、质量保证金

质量保证金是发承包双方在工程合同中约定，从应付合同价款中预留，用以保证承包人在缺陷责任期内履行缺陷修复义务的金额。发包人应按照合同约定的质量保证金比例从结算款中预留质量保证金。

承包人未按照合同约定履行属于自身责任的工程缺陷修复义务的，发包人有权从质量保证金中扣除用于缺陷修复的各项支出。经查验，工程缺陷属于发包人原因造成的，应由发包人承担查验和缺陷修复的费用。

在合同约定的缺陷责任期终止后，发包人应按最终结清的规定，将剩余的质量保证金返还给承包人。

三、最终结清

所谓最终结清，是指合同约定的缺陷责任期终止后，承包人已按合同规定完成全部剩余工作且质量合格的，发包人与承包人结清全部剩余款项的活动。最终结清付款后，承包人在合同内享有的索赔权利也自行终止。

缺陷责任期终止后，承包人应按照合同约定向发包人提交最终结清支付申请。发包人对最终结清支付申请有异议的，有权要求承包人进行修正和提供补充资料。承包人修正后，应再次向发包人提交修正后的最终结清支付申请。

发包人应在收到最终结清支付申请后的14天内予以核实，并应向承包人签发最终结清支付证书。发包人应在签发最终结清支付证书后的14天内，按照最终结清支付证书列明的金额向承包人支付最终结清款。发包人未在约定的时间内核实，又未提出具体意见的，应视为承包人提交的最终结清支付申请已被发包人认可。

发包人未按期最终结清支付的，承包人可催告发包人支付，并有权获得延迟支付的利息。

最终结清时，承包人被预留的质量保证金不足以抵减发包人工程缺陷修复费用的，承包人应承担不足部分的补偿责任。

承包人对发包人支付的最终结清款有异议的，应按照合同约定的争议解决方式处理。

【例 9-3】 某企业承包的装饰工程合同造价为 900 万元。双方签订的合同规定工程工期为五个月；工程预付备料款额度为工程合同造价的 20%；工程进度款逐月结算；经测算其主要材料费用所占比重为 60%；工程质量保证金为合同造价的 5%；各月实际完成的产值见表 9-5，请问该工程如何按月结算工程款？

表 9-5 各月完成产值表

月份	三月	四月	五月	六月	七月	合计
完成产值/万元	125	150	195	240	190	900

解 ①该工程的预付备料款＝900×20%＝180（万元）

由起扣点公式知：

起扣点＝工程价款总额一预付备料款限额/主要材料所占比重＝900—180/60%＝600（万元）

②开工前期每月应结算的工程款，按计算公式计算结果见表 9-6。

表 9-6 每月应结算工程款表

月份	三月	四月	五月
完成产值/万元	125	150	195
当月应付工程款/万元	125	150	195
累计完成产值/万元	125	275	470

注：以上三、四、五月份累计完成的产值均未超过起扣点（600 万元），故无须抵扣工程预付备料款。

③施工期中进度款结算。

六月份累计完成的产值＝470＋240＝710（万元）＞起扣点（600 万元）

故从六月份开始应从工程进度款中抵扣工程预付的备料款。

六月份应抵扣的预付备料款＝（710—600）×60%＝66（万元）

六月份应结算的工程款＝240—66＝174（万元）

④工程尾期进度款结算。

应扣工程质量保证金＝900×5%＝45（万元）

七月份办理竣工结算时，应结算的工程尾款＝190×（1—60%）—45＝31（万元）

⑤由上述计算结果可知，

各月累计结算的工程进度款＝125＋150＋195＋174＋31＝675（万元）

再加上工程预付备料款 180 万元和保证金 45 万元，共计 900 万元。

小　　结

工程结算是发承包双方最关注的核心工作，也是双方最容易产生纠纷的时候，对于承包人来说，在施工过程中应随时注意收集、保留有关工程结算的原始资料，构成工程结算的依据。

装饰装修工程结算主要介绍了工程结算的概念、作用和分类。工程结算分包括期中结算、终止结算、竣工结算，本章重点介绍期中结算和竣工结算与支付。

期中结算介绍了预付款即备料款的用途、支付程序（注意时间节点）和数额、起扣点、扣回金额，安全文明施工费及支付，进度款及进度款的支付程序、额数和计算方法。竣工结算与支付中讲述了竣工结算的程序（注意时间节点）、出现纠纷的处理规定、竣工结算的编制方法，质量保证金及预留和如何最终结清。

能力训练题

一、选择题

1. 某工程合同金额 200 万元，合同工期 5 个月，预付款 36 万元，主材料费所占比重 60%，每月完成工程量 40 万元，那么第一次扣回预付款的数额为（　　）万元。

A. 10　　B. 12　　C. 14　　D. 16

2. 某装饰工程，施工合同约定：工程无预付款，进度款按月结算，工程保留金从第一个月起按工程进度款 5%的比例逐月扣留，监理工程师签发月度付款凭证的最低金额为 25 万元。经监理工程师计量确认，施工单位第一个月完成工程款 23 万元，第二个月完成工程款 42 万元，则第二个月监理工程师签发的实际付款凭证金额为（　　）万元。

A. 25.00　　B. 39.90　　C. 42.00　　D. 61.75

3. 按照年度施工计划，某工程项目在本年度的安全文明施工费总额为 40 万元，则发包人应在工程开工后 28 天内，预付给承包人的安全文明施工费应不低于（　　）万元。

A. 16　　B. 20　　C. 24　　D. 28

4. 工程索赔是当事人一方向另一方提出索赔要求的行为，相对来说（　　）的索赔更加困难一些。

A. 发包人向供应商　　B. 承包人向供应商　　C. 发包人向承包人　　D. 承包人向发包人

5. 当工程变更引起实际完成的工程量增减超过工程量清单中相应工程量的 15%或合同中规定的幅度时，应予调整该工程量清单项目的（　　）。

A. 材料单价　　B. 市场单价　　C. 综合单价　　D. 部分费用单价

二、问答题

1. 何谓装饰装修工程款？
2. 编制装饰装修工程款结算的依据有哪些？
3. 如何确定装饰装修工程款预付款？预付款扣回的数额如何确定？

三、计算题

1. 某工程的合同承包价为 489 万元，工期为 8 个月，工程预付款占合同承包价的 20%，主要材料及预制构件价值占工程总价的 60%，工程质量保证金占工程总费的 5%。该工程每月实际完成的产值及合同价款调整增加额见表 9-7。

表 9-7　某工程实际完成产值及合同价款调整增加额

月份	1月	2月	3月	4月	5月	6月	7月	8月	合同价调整增加额
完成产值/万元	25	36	89	110	85	76	40	28	67

问题：

(1) 该工程应支付多少工程预付款？

(2) 该工程预付款起扣点为多少？

(3) 该工程每月应结算的工程进度款及累计拨款分别为多少？

(4) 该工程应付竣工结算价款为多少？

(5) 该工程质量保证金为多少？

(6) 该工程 8 月份实付竣工结算价款为多少？

2. 某工程业主与承包商签订了施工合同，合同中含有两个子项工程，估算工程量A项为2500m^3，B项为3500m^3，经协商合同价A项为200元/m^3，B项为170元/m^3。合同还规定：开工前业主应向承包商支付合同价20%的预付款；业主自第一个月起，从承包商的工程款中，按5%的比例扣留保留金；当子项工程实际工程量超过估算工程量±15%时，可进行调价，调整系数为0.9；根据市场情况规定价格调整系数平均按照1.2计算；工程师签发月度付款最低金额为30万元；预付款在最后两个月扣除，每月扣50%。承包商每月实际完成并经工程师签证确认的工程量见表9-8。

表9-8 某工程每月实际完成并经工程师签证确认的工程量 单位：m^3

月份	1月	2月	3月	4月
A项	550	850	850	650
B项	800	950	900	650

问题：

(1) 该工程预付款是多少？

(2) 从第一个月起每月工程量价款、工程师应签证的工程款、实际签发的付款凭证金额各是多少？

(3) 该工程应付竣工结算价款为多少？

(4) 该工程质量保证金为多少？

附录

《房屋建筑与装饰工程工程量清单计算规范》(GB 50854—2013)选摘

附录L　楼地面装饰工程

L.1　整体面层及找平层

整体面层及找平层工程量清单项目的设置、项目特征描述的内容、计量单位及工程量计算规则应按表L.1的规定执行。

表L.1　整体面层及找平层(编码:011101)

项目编码	项目名称	项目特征	计量单位	工程量计算规则	工作内容
011101001	水泥砂浆楼地面	1. 找平层厚度、砂浆配合比 2. 素水泥浆遍数 3. 面层厚度、砂浆配合比 4. 面层做法要求	m^2	按设计图示尺寸以面积计算。扣除凸出地面构筑物、设备基础、室内管道、地沟等所占面积,不扣除间壁墙及≤0.3m^2柱、垛、附墙烟囱及孔洞所占面积。门洞、空圈、暖气包槽、壁龛的开口部分不增加面积	1. 基层清理 2. 抹找平层 3. 抹面层 4. 材料运输
011101002	现浇水磨石楼地面	1. 找平层厚度、砂浆配合比 2. 面层厚度、水泥石子浆配合比 3. 嵌条材料种类、规格 4. 石子种类、规格、颜色 5. 颜料种类、颜色 6. 图案要求 7. 磨光、酸洗、打蜡要求			1. 基层清理 2. 抹找平层 3. 面层铺设 4. 嵌缝条安装 5. 磨光、酸洗打蜡 6. 材料运输
011101003	细石混凝土楼地面	1. 找平层厚度、砂浆配合比 2. 面层厚度、混凝土强度等级			1. 基层清理 2. 抹找平层 3. 面层铺设 4. 材料运输
011101006	平面砂浆找平层	找平层厚度、砂浆配合比		按设计图示尺寸以面积计算	1. 基层清理 2. 抹找平层 3. 材料运输

注:1. 水泥砂浆面层处理是拉毛还是提浆压光应在面层做法要求中描述。

2. 平面砂浆找平层只适用于仅做找平层的平面抹灰。

3. 间壁墙指墙厚≤120mm的墙。

4. 楼地面混凝土垫层另按《房屋建筑与装饰工程工程量清单计算规范》(GB 50854—2013)附录E混凝土及钢筋混凝土工程E.1垫层项目编码列项,除混凝土外的其他材料垫层按本规范表D.4垫层项目编码列项。

L.2　块料面层

工程量清单项目的设置、项目特征描述的内容、计量单位、工程量计算规则应按表L.2的规定执行 。

表 L.2 块料面层（编码：011102）

项目编码	项目名称	项目特征	计量单位	工程量计算规则	工作内容
011102001	石材楼地面	1. 找平层厚度、砂浆配合比 2. 结合层厚度、砂浆配合比 3. 面层材料品种、规格、颜色 4. 嵌缝材料种类 5. 防护层材料种类 6. 酸洗、打蜡要求	m^2	按设计图示尺寸以面积计算。门洞、空圈、暖气包槽、壁龛的开口部分并入相应的工程量内	1. 基层清理 2. 抹找平层 3. 面层铺设、磨边 4. 嵌缝 5. 刷防护材料 6. 酸洗、打蜡 7. 材料运输
011102002	碎石材楼地面				
011102003	块料楼地面	1. 找平层厚度、砂浆配合比 2. 结合层厚度、砂浆配合比 3. 面层材料品种、规格、颜色 4. 嵌缝材料种类 5. 防护层材料种类 6. 酸洗、打蜡要求	m^2	按设计图示尺寸以面积计算。门洞、空圈、暖气包槽、壁龛的开口部分并入相应的工程量内	1. 基层清理 2. 抹找平层 3. 面层铺设、磨边 4. 嵌缝 5. 刷防护材料 6. 酸洗、打蜡 7. 材料运输

注：1. 在描述碎石材项目的面层材料特征时可不用描述规格、品牌、颜色。
2. 石材、块料与粘接材料的结合面刷防渗材料的种类在防护层材料种类中描述。
3. 本表工作内容中的磨边指施工现场磨边，后面工作内容中涉及的磨边含义同此条。

L.3 橡塑面层

橡塑面层工程量清单项目的设置、项目特征描述的内容、计量单位、工程量计算规则应按表 L.3 的规定执行。

表 L.3 橡塑面层（编码：011103）

项目编码	项目名称	项目特征	计量单位	工程量计算规则	工作内容
011103001	橡胶板楼地面	1. 粘接层厚度、材料种类 2. 面层材料品种、规格、颜色 3. 压线条种类	m^2	按设计图示尺寸以面积计算。门洞、空圈、暖气包槽、壁龛的开口部分并入相应的工程量内	1. 基层清理 2. 面层铺贴 3. 压缝条装钉 4. 材料运输
011103002	橡胶板卷材楼地面				
011103003	塑料板楼地面				
011103004	塑料卷材楼地面				

注：本表项目中如涉及找平层，另按本附录表 L.1 找平层项目编码列项。

L.4 其他材料面层

其他材料面层工程量清单项目的设置、项目特征描述的内容、计量单位、工程量计算规则应按表 L.4 的规定执行。

表 L.4　其他材料面层（编码：011104）

项目编码	项目名称	项目特征	计量单位	工程量计算规则	工作内容
011104001	地毯楼地面	1. 面层材料品种、规格、颜色 2. 防护材料种类 3. 粘接材料种类 4. 压线条种类	m^2	按设计图示尺寸以面积计算。门洞、空圈、暖气包槽、壁龛的开口部分并入相应的工程量内	1. 基层清理 2. 铺贴面层 3. 刷防护材料 4. 装钉压条 5. 材料运输
011104002	竹、木(复合)地板	1. 龙骨材料种类、规格、铺设间距 2. 基层材料种类、规格 3. 面层材料品种、规格、颜色 4. 防护材料种类			1. 基层清理 2. 龙骨铺设 3. 基层铺设 4. 面层铺贴 5. 刷防护材料 6. 材料运输
011104003	金属复合地板				
011104004	防静电活动地板	1. 支架高度、材料种类 2. 面层材料品种、规格、颜色 3. 防护材料种类			1. 基层清理 2. 固定支架安装 3. 活动面层安装 4. 刷防护材料 5. 材料运输

L.5　踢脚线

踢脚线工程量清单项目的设置、项目特征描述的内容、计量单位、工程量计算规则应按表 L.5 的规定执行。

表 L.5　踢脚线（编码：011105）

项目编码	项目名称	项目特征	计量单位	工程量计算规则	工作内容
011105001	水泥砂浆踢脚线	1. 踢脚线高度 2. 底层厚度、砂浆配合比 3. 面层厚度、砂浆配合比	1. m^2 2. m	1. 以平方米计量，按设计图示长度乘高度以面积计算。 2. 以米计量，按延长米计算。	1. 基层清理 2. 底层和面层抹灰 3. 材料运输
011105002	石材踢脚线	1. 踢脚线高度 2. 粘接层厚度、材料种类 3. 面层材料品种、规格、颜色 4. 防护材料种类			1. 基层清理 2. 底层抹灰 3. 面层铺贴、磨边 4. 擦缝 5. 磨光、酸洗、打蜡 6. 刷防护材料 7. 材料运输
011105003	块料踢脚线				
011105004	塑料板踢脚线	1. 踢脚线高度 2. 粘接层厚度、材料种类 3. 面层材料种类、规格、颜色			1. 基层清理 2. 基层铺贴 3. 面层铺贴 4. 材料运输
011105005	木质踢脚线	1. 踢脚线高度 2. 基层材料种类、规格 3. 面层材料品种、规格、颜色			
011105006	金属踢脚线				
011105007	防静电踢脚线				

注：石材、块料与粘接材料的结合面刷防渗材料的种类在防护层材料种类中描述。

L.6　楼梯面层

楼梯面层工程量清单项目的设置、项目特征描述的内容、计量单位、工程量计算规则应按表 L.6 的规定执行。

表 L.6　楼梯面层（编码：011106）

<table>
<tr><th>项目编码</th><th>项目名称</th><th>项目特征</th><th>计量单位</th><th>工程量计算规则</th><th>工作内容</th></tr>
<tr><td>011106001</td><td>石材楼梯面层</td><td rowspan="3">1. 找平层厚度、砂浆配合比
2. 粘接层厚度、材料种类
3. 面层材料品种、规格、颜色
4. 防滑条材料种类、规格
5. 勾缝材料种类
6. 防护层材料种类
7. 酸洗、打蜡要求</td><td rowspan="4">m^2</td><td rowspan="4">按设计图示尺寸以楼梯(包括踏步、休息平台及≤500mm 的楼梯井)水平投影面积计算。楼梯与楼地面相连时,算至梯口梁内侧边沿;无梯口梁者,算至最上一层踏步边沿加 300mm</td><td rowspan="3">1. 基层清理
2. 抹找平层
3. 面层铺贴、磨边
4. 贴嵌防滑条
5. 勾缝
6. 刷防护材料
7. 酸洗、打蜡
8. 材料运输</td></tr>
<tr><td>011106002</td><td>块料楼梯面层</td></tr>
<tr><td>011106003</td><td>拼碎块料面层</td></tr>
<tr><td>011106004</td><td>水泥砂浆楼梯面层</td><td>1. 找平层厚度、砂浆配合比
2. 面层厚度、砂浆配合比
3. 防滑条材料种类、规格</td><td>1. 基层清理
2. 抹找平层
3. 抹面层
4. 抹防滑条
5. 材料运输</td></tr>
<tr><td>011106005</td><td>现浇水磨石楼梯面层</td><td>1. 找平层厚度、砂浆配合比
2. 面层厚度、水泥石子浆配合比
3. 防滑条材料种类、规格
4. 石子种类、规格、颜色
5. 颜料种类、颜色
6. 磨光、酸洗打蜡要求</td><td rowspan="3">m^2</td><td rowspan="3">按设计图示尺寸以楼梯(包括踏步、休息平台及≤500mm 的楼梯井)水平投影面积计算。楼梯与楼地面相连时,算至梯口梁内侧边沿;无梯口梁者,算至最上一层踏步边沿加 300mm</td><td>1. 基层清理
2. 抹找平层
3. 抹面层
4. 贴嵌防滑条
5. 磨光、酸洗、打蜡
6. 材料运输</td></tr>
<tr><td>011106006</td><td>地毯楼梯面层</td><td>1. 基层种类
2. 面层材料品种、规格、颜色
3. 防护材料种类
4. 粘接材料种类
5. 固定配件材料种类、规格</td><td>1. 基层清理
2. 铺贴面层
3. 固定配件安装
4. 刷防护材料
5. 材料运输</td></tr>
<tr><td>011106007</td><td>木板楼梯面层</td><td>1. 基层材料种类、规格
2. 面层材料品种、规格、颜色
3. 粘接材料种类
4. 防护材料种类</td><td>1. 基层清理
2. 基层铺贴
3. 面层铺贴
4. 刷防护材料
5. 材料运输</td></tr>
</table>

注：1. 在描述碎石材项目的面层材料特征时可不用描述规格、品牌、颜色。

2. 石材、块料与粘接材料的结合面刷防渗材料的种类在防护层材料种类中描述。

L.7　台阶装饰

台阶装饰工程量清单项目的设置、项目特征描述的内容、计量单位、工程量计算规则应按表 L.7 的规定执行。

表 L.7　台阶装饰（编码：011107）

项目编码	项目名称	项目特征	计量单位	工程量计算规则	工作内容
011107001	石材台阶面	1. 找平层厚度、砂浆配合比 2. 粘接层材料种类 3. 面层材料品种、规格、颜色 4. 勾缝材料种类 5. 防滑条材料种类、规格 6. 防护材料种类	m^2	按设计图示尺寸以台阶(包括最上层踏步边沿加 300mm)水平投影面积计算。	1. 基层清理 2. 抹找平层 3. 面层铺贴 4. 贴嵌防滑条 5. 勾缝 6. 刷防护材料 7. 材料运输
011107002	块料台阶面				
011107003	拼碎块料台阶面				
011107004	水泥砂浆台阶面	1. 找平层厚度、砂浆配合比 2. 面层厚度、砂浆配合比 3. 防滑条材料种类	m^2	按设计图示尺寸以台阶(包括最上层踏步边沿加 300mm)水平投影面积计算。	1. 基层清理 2. 抹找平层 3. 抹面层 4. 抹防滑条 5. 材料运输
011107005	现浇水磨石台阶面	1. 找平层厚度、砂浆配合比 2. 面层厚度、水泥石子浆配合比 3. 防滑条材料种类、规格 4. 石子种类、规格、颜色 5. 颜料种类、颜色 6. 磨光、酸洗、打蜡要求			1. 清理基层 2. 抹找平层 3. 抹面层 4. 贴嵌防滑条 5. 打磨、酸洗、打蜡 6. 材料运输
011107006	剁假石台阶面	1. 找平层厚度、砂浆配合比 2. 面层厚度、砂浆配合比 3. 剁假石要求			1. 清理基层 2. 抹找平层 3. 抹面层 4. 剁假石 5. 材料运输

注：1. 在描述碎石材项目的面层材料特征时可不用描述规格、品牌、颜色。

2. 石材、块料与粘接材料的结合面刷防渗材料的种类在防护层材料种类中描述。

L.8　零星装饰项目

零星装饰项目工程量清单项目的设置、项目特征描述的内容、计量单位、工程量计算规则应按表 L.8 的规定执行。

表 L.8　零星装饰项目（编码：011108）

项目编码	项目名称	项目特征	计量单位	工程量计算规则	工作内容
011108001	石材零星项目	1. 工程部位 2. 找平层厚度、砂浆配合比 3. 粘接层厚度、材料种类 4. 面层材料品种、规格、颜色 5. 勾缝材料种类 6. 防护材料种类 7. 酸洗、打蜡要求	m^2	设计图示尺寸以面积计算	1. 清理基层 2. 抹找平层 3. 面层铺贴、磨边 4. 勾缝 5. 刷防护材料 6. 酸洗、打蜡 7. 材料运输
011108002	拼碎石材零星项目				
011108003	块料零星项目				
011108004	水泥砂浆零星项目	1. 工程部位 2. 找平层厚度、砂浆配合比 3. 面层厚度、砂浆厚度			1. 清理基层 2. 抹找平层 3. 抹面层 4. 材料运输

注：1. 楼梯、台阶牵边和侧面镶贴块料面层，$\leqslant 0.5m^2$ 的少量分散的楼地面镶贴块料面层，应按本表执行。

2. 石材、块料与粘接材料的结合面刷防渗材料的种类在防护层材料种类中描述。

附录M　墙、柱面装饰与隔断、幕墙工程

M.1　墙面抹灰

墙面抹灰工程量清单项目的设置、项目特征描述的内容、计量单位、工程量计算规则应按表M.1的规定执行。

表M.1　墙面抹灰（编码：011201）

项目编码	项目名称	项目特征	计量单位	工程量计算规则	工作内容
011201001	墙面一般抹灰	1. 墙体类型 2. 底层厚度、砂浆配合比 3. 面层厚度、砂浆配合比 4. 装饰面材料种类 5. 分格缝宽度、材料种类	m^2	按设计图示尺寸以面积计算。扣除墙裙、门窗洞口及单个$>0.3m^2$的孔洞面积，不扣除踢脚线、挂镜线和墙与构件交接处的面积，门窗洞口和孔洞的侧壁及顶面不增加面积。附墙柱、梁、垛、烟囱侧壁并入相应的墙面面积内 1. 外墙抹灰面积按外墙垂直投影面积计算 2. 外墙裙抹灰面积按其长度乘以高度计算 3. 内墙抹灰面积按主墙间的净长乘以高度计算 (1)无墙裙的，高度按室内楼地面至天棚底面计算 (2)有墙裙的，高度按墙裙顶至天棚底面计算 (3)有吊顶天棚抹灰，高度算至天棚底 4. 内墙裙抹灰面按内墙净长乘以高度计算	1. 基层清理 2. 砂浆制作、运输 3. 底层抹灰 4. 抹面层 5. 抹装饰面 6. 勾分格缝
011201002	墙面装饰抹灰				
011201003	墙面勾缝	1. 勾缝类型 2. 勾缝材料种类			1. 基层清理 2. 砂浆制作、运输 3. 勾缝
011201004	立面砂浆找平层	1. 基层类型 2. 找平层砂浆厚度、配合比			1. 基层清理 2. 砂浆制作、运输 3. 抹灰找平

注：1. 立面砂浆找平项目适用于仅做找平层的立面抹灰。

2. 墙面抹石灰砂浆、水泥砂浆、混合砂浆、聚合物水泥砂浆、麻刀石灰浆、石膏灰浆等按墙面一般抹灰列项；墙面水刷石、斩假石、干粘石、假面砖等按本表中墙面装饰抹灰列项。

3. 飘窗凸出外墙面增加的抹灰并入外墙工程量内。

4. 有吊顶天棚的内墙面抹灰，抹至吊顶以上部分在综合单价中考虑。

M.2　柱（梁）面抹灰

柱（梁）面抹灰工程量清单项目的设置、项目特征描述的内容、计量单位、工程量计算规则应按表M.2的规定执行。

表 M.2　柱（梁）面抹灰（编码：011202）

项目编码	项目名称	项目特征	计量单位	工程量计算规则	工作内容
011202001	柱、梁面一般抹灰	1. 柱(梁)体类型 2. 底层厚度、砂浆配合比 3. 面层厚度、砂浆配合比 4. 装饰面材料种类 5. 分格缝宽度、材料种类	m^2	1. 柱面抹灰：按设计图示柱断面周长乘高度以面积计算 2. 梁面抹灰：按设计图示梁断面周长乘长度以面积计算	1. 基层清理 2. 砂浆制作、运输 3. 底层抹灰 4. 抹面层 5. 勾分格缝
011202002	柱、梁面装饰抹灰				
011202003	柱、梁面砂浆找平	1. 柱(梁)体类型 2. 找平的砂浆厚度、配合比			1. 基层清理 2. 砂浆制作、运输 3. 抹灰找平
011202004	柱、梁面勾缝	1. 勾缝类型 2. 勾缝材料种类		按设计图示柱断面周长乘高度以面积计算	1. 基层清理 2. 砂浆制作、运输 3. 勾缝

注：1. 砂浆找平项目适用于仅做找平层的柱（梁）面抹灰。

2. 柱（梁）面抹石灰砂浆、水泥砂浆、混合砂浆、聚合物水泥砂浆、麻刀石灰浆、石膏灰浆等按柱（梁）面一般抹灰编码列项，水刷石、斩假石、干粘石、假面砖等按柱（梁）面装饰抹灰编码列项。

M.3　零星抹灰

零星抹灰工程量清单项目的设置、项目特征描述的内容、计量单位、工程量计算规则应按表 M.3 的规定执行。

表 M.3　零星抹灰（编码：011203）

项目编码	项目名称	项目特征	计量单位	工程量计算规则	工作内容
011203001	零星项目一般抹灰	1. 基层类型、部位 2. 底层厚度、砂浆配合比 3. 面层厚度、砂浆配合比 4. 装饰面材料种类 5. 分格缝宽度、材料种类	m^2	按设计图示尺寸以面积计算	1. 基层清理 2. 砂浆制作、运输 3. 底层抹灰 4. 抹面层 5. 抹装饰面 6. 勾分格缝
011203002	零星项目装饰抹灰	1. 墙体类型 2. 底层厚度、砂浆配合比 3. 面层厚度、砂浆配合比 4. 装饰面材料种类 5. 分格缝宽度、材料种类			
011203003	零星项目砂浆找平	1. 基层类型、部位 2. 找平的砂浆厚度、配合比			1. 基层清理 2. 砂浆制作、运输 3. 抹灰找平

注：1. 零星项目抹石灰砂浆、水泥砂浆、混合砂浆、聚合物水泥砂浆、麻刀石灰浆、石膏灰浆等按本表中零星项目一般抹灰编码列项，水刷石、斩假石、干粘石、假面砖等按零星项目装饰抹灰编码列项。

2. 墙、柱（梁）面≤0.5m^2的少量分散的抹灰按本表中零星抹灰项目编码列项。

M.4　墙面块料面层

墙面块料面层 工程量清单项目的设置、项目特征描述的内容、计量单位、工程量计算规则应按表 M.4 的规定执行。

表 M.4 墙面块料面层（编码：011204）

项目编码	项目名称	项目特征	计量单位	工程量计算规则	工作内容
011204001	石材墙面	1. 墙体类型 2. 安装方式 3. 面层材料品种、规格、颜色 4. 缝宽、嵌缝材料种类 5. 防护材料种类 6. 磨光、酸洗、打蜡要求	m^2	按镶贴表面积计算	1. 基层清理 2. 砂浆制作、运输 3. 粘接层铺贴 4. 面层安装 5. 嵌缝 6. 刷防护材料 7. 磨光、酸洗、打蜡
011204002	拼碎石材墙面				
011204003	块料墙面				
011204004	干挂石材钢骨架	1. 骨架种类、规格 2. 防锈漆品种遍数	t	按设计图示以质量计算	1. 骨架制作、运输、安装 2. 刷漆

注：1. 在描述碎块项目的面层材料特征时可不用描述规格、品牌、颜色。

2. 石材、块料与粘接材料的结合面刷防渗材料的种类在防护层材料种类中描述。

3. 安装方式可描述为砂浆或粘接剂粘贴、挂贴、干挂等，不论哪种安装方式，都要详细描述与组价相关的内容。

M.5 柱（梁）面镶贴块料

柱（梁）面镶贴块料工程量清单项目的设置、项目特征描述的内容、计量单位、工程量计算规则应按表 M.5 的规定执行。

表 M.5 柱（梁）面镶贴块料（编码：011205）

项目编码	项目名称	项目特征	计量单位	工程量计算规则	工作内容
011205001	石材柱面	1. 柱截面类型、尺寸 2. 安装方式 3. 面层材料品种、规格、颜色 4. 缝宽、嵌缝材料种类 5. 防护材料种类 6. 磨光、酸洗、打蜡要求	m^2	按镶贴表面积计算	1. 基层清理 2. 砂浆制作、运输 3. 粘接层铺贴 4. 面层安装 5. 嵌缝 6. 刷防护材料 7. 磨光、酸洗、打蜡
011205002	块料柱面				
011205003	拼碎块柱面				
011205004	石材梁面	1. 安装方式 2. 面层材料品种、规格、颜色 3. 缝宽、嵌缝材料种类 4. 防护材料种类 5. 磨光、酸洗、打蜡要求	m^2	按镶贴表面积计算	1. 基层清理 2. 砂浆制作、运输 3. 粘结层铺贴 4. 面层安装 5. 嵌缝 6. 刷防护材料 7. 磨光、酸洗、打蜡
011205005	块料梁面				

注：1. 在描述碎块项目的面层材料特征时可不用描述规格、品牌、颜色。

2. 石材、块料与粘接材料的结合面刷防渗材料的种类在防护层材料种类中描述。

3. 柱梁面干挂石材的钢骨架按表 M.4 相应项目编码列项。

M.6 镶贴零星块料

镶贴零星块料工程量清单项目的设置、项目特征描述的内容、计量单位、工程量计算规则应按表 M.6 的规定执行。

表 M.6 镶贴零星块料（编码：011206）

项目编码	项目名称	项目特征	计量单位	工程量计算规则	工作内容
011206001	石材零星项目	1. 基层类型、部位 2. 安装方式 3. 面层材料品种、规格、颜色 4. 缝宽、嵌缝材料种类 5. 防护材料种类 6. 磨光、酸洗、打蜡要求	m^2	按镶贴表面积计算	1. 基层清理 2. 砂浆制作、运输 3. 面层安装 4. 嵌缝 5. 刷防护材料 6. 磨光、酸洗、打蜡
011206002	块料零星项目				
011206003	拼碎块零星项目				

注：1. 在描述碎块项目的面层材料特征时可不用描述规格、品牌、颜色。

2. 石材、块料与粘接材料的结合面刷防渗材料的种类在防护层材料种类中描述。

3. 零星项目干挂石材的钢骨架按表 M.4 相应项目编码列项。

4. 墙柱面≤0.5m^2 的少量分散的镶贴块料面层应按零星项目执行。

M.7 墙饰面

墙饰面工程量清单项目的设置、项目特征描述的内容、计量单位、工程量计算规则应按表 M.7 的规定执行。

表 M.7 墙饰面（编码：011207）

项目编码	项目名称	项目特征	计量单位	工程量计算规则	工作内容
011207001	墙面装饰板	1. 龙骨材料种类、规格、中距 2. 隔离层材料种类、规格 3. 基层材料种类、规格 4. 面层材料品种、规格、颜色 5. 压条材料种类、规格	m^2	按设计图示墙净长乘净高以面积计算。扣除门窗洞口及单个>0.3 m^2 的孔洞所占面积。	1. 基层清理 2. 龙骨制作、运输、安装 3. 钉隔离层 4. 基层铺钉 5. 面层铺贴
011207002	墙面装饰浮雕	1. 基层类型 2. 浮雕材料种类 3. 浮雕样式		按设计图示尺寸以面积计算	1. 基层清理 2. 材料制作、运输 3. 安装成型

M.8 柱（梁）饰面

柱（梁）饰面工程量清单项目的设置、项目特征描述的内容、计量单位、工程量计算规则应按表 M.8 的规定执行。

表 M.8 柱（梁）饰面（编码：011208）

项目编码	项目名称	项目特征	计量单位	工程量计算规则	工作内容
011208001	柱（梁）面装饰	1. 龙骨材料种类、规格、中距 2. 隔离层材料种类 3. 基层材料种类、规格 4. 面层材料品种、规格、颜色 5. 压条材料种类、规格	m^2	按设计图示饰面外围尺寸以面积计算。柱帽、柱墩并入相应柱饰面工程量内	1. 清理基层 2. 龙骨制作、运输、安装 3. 钉隔离层 4. 基层铺钉 5. 面层铺贴
011208002	成品装饰柱	1. 柱截面、高度尺寸 2. 柱材质	1. 根 2. m	1. 以根计量，按设计数量计算 2. 以米计量，按设计长度计算	柱运输、固定、安装

M.9　幕墙工程

幕墙工程工程量清单项目的设置、项目特征描述的内容、计量单位、工程量计算规则应按表 M.9 的规定执行。

表 M.9　幕墙工程（编码：011209）

项目编码	项目名称	项目特征	计量单位	工程量计算规则	工作内容
011209001	带骨架幕墙	1. 骨架材料种类、规格、中距 2. 面层材料品种、规格、颜色 3. 面层固定方式 4. 隔离带、框边封闭材料品种、规格 5. 嵌缝、塞口材料种类	m^2	按设计图示框外围尺寸以面积计算。与幕墙同种材质的窗所占面积不扣除	1. 骨架制作、运输、安装 2. 面层安装 3. 隔离带、框边封闭 4. 嵌缝、塞口 5. 清洗
011209002	全玻（无框玻璃）幕墙	1. 玻璃品种、规格、颜色 2. 粘接塞口材料种类 3. 固定方式		按设计图示尺寸以面积计算。带肋全玻幕墙按展开面积计算	1. 幕墙安装 2. 嵌缝、塞口 3. 清洗

注：幕墙钢骨架按本附录表 M.4 干挂石材钢骨架编码列项。

附录 N　天棚工程

N.1　天棚抹灰

天棚抹灰工程量清单项目的设置、项目特征描述的内容、计量单位、工程量计算规则应按表 N.1 的规定执行。

表 N.1　天棚抹灰（编码：011301）

项目编码	项目名称	项目特征	计量单位	工程量计算规则	工作内容
011301001	天棚抹灰	1. 基层类型 2. 抹灰厚度、材料种类 3. 砂浆配合比	m^2	按设计图示尺寸以水平投影面积计算。不扣除间壁墙、垛、柱、附墙烟囱、检查口和管道所占的面积，带梁天棚、梁两侧抹灰面积并入天棚面积内，板式楼梯底面抹灰按斜面积计算，锯齿形楼梯底板抹灰按展开面积计算	1. 基层清理 2. 底层抹灰 3. 抹面层

N.2　天棚吊顶

天棚吊顶工程量清单项目的设置、项目特征描述的内容、计量单位、工程量计算规则应按表 N.2 的规定执行。

N.3　采光天棚工程

采光天棚工程工程量清单项目的设置、项目特征描述的内容、计量单位、工程量计算规则应按表 N.3 的规定执行。

表 N.2 天棚吊顶（编码：011302）

项目编码	项目名称	项目特征	计量单位	工程量计算规则	工作内容
011302001	吊顶天棚	1. 吊顶形式、吊杆规格、高度 2. 龙骨材料种类、规格、中距 3. 基层材料种类、规格 4. 面层材料品种、规格、 5. 压条材料种类、规格 6. 嵌缝材料种类 7. 防护材料种类	m^2	按设计图示尺寸以水平投影面积计算。天棚面中的灯槽及跌级、锯齿形、吊挂式、藻井式天棚面积不展开计算。不扣除间壁墙、检查口、附墙烟囱、柱垛和管道所占面积，扣除单个＞$0.3m^2$ 的孔洞、独立柱及与天棚相连的窗帘盒所占的面积	1. 基层清理、吊杆安装 2. 龙骨安装 3. 基层板铺贴 4. 面层铺贴 5. 嵌缝 6. 刷防护材料
011302002	格栅吊顶	1. 龙骨材料种类、规格、中距 2. 基层材料种类、规格 3. 面层材料品种、规格、 4. 防护材料种类	m^2	按设计图示尺寸以水平投影面积计算	1. 基层清理 2. 安装龙骨 3. 基层板铺贴 4. 面层铺贴 5. 刷防护材料
011302003	吊筒吊顶	1. 吊筒形状、规格 2. 吊筒材料种类 3. 防护材料种类			1. 基层清理 2. 吊筒制作安装 3. 刷防护材料
011302004	藤条造型悬挂吊顶	1. 骨架材料种类、规格 2. 面层材料品种、规格			1. 基层清理 2. 龙骨安装 3. 铺贴面层

表 N.3 采光天棚工程（编码：011303）

项目编码	项目名称	项目特征	计量单位	工程量计算规则	工作内容
011303001	采光天棚	1. 骨架类型 2. 固定类型、固定材料品种、规格 3. 面层材料品种、规格 4. 嵌缝、塞口材料种类	m^2	按框外围展开面积计算	1. 清理基层 2. 面层制安 3. 嵌缝、塞口 4. 清洗

注：采光天棚骨架不包括在本节中，应单独按附录 F 相关项目编码列项。

N.4 天棚其他装饰

天棚其他装饰工程量清单项目的设置、项目特征描述的内容、计量单位、工程量计算规则应按表 N.4 的规定执行。

表 N.4 天棚其他装饰（编码：011304）

项目编码	项目名称	项目特征	计量单位	工程量计算规则	工作内容
011304001	灯带（槽）	1. 灯带型式、尺寸 2. 格栅片材料品种、规格 3. 安装固定方式	m^2	按设计图示尺寸以框外围面积计算	安装、固定
011304002	送风口、回风口	1. 风口材料品种、规格、 2. 安装固定方式 3. 防护材料种类	个	按设计图示数量计算	1. 安装、固定 2. 刷防护材料

附录P 油漆、涂料、裱糊工程

P.1 门油漆

门油漆工程量清单项目设置、项目特征描述的内容、计量单位、工程量计算规则应按表P.1的规定执行。

表 P.1 门油漆（编号：011401）

项目编码	项目名称	项目特征	计量单位	工程量计算规则	工作内容
011401001	木门油漆	1. 门类型 2. 门代号及洞口尺寸 3. 腻子种类 4. 刮腻子遍数 5. 防护材料种类 6. 油漆品种、刷漆遍数	1. 樘 2. m^2	1. 以樘计量，按设计图示数量计量 2. 以 m^2 计量，按设计图示洞口尺寸以面积计算	1. 基层清理 2. 刮腻子 3. 刷防护材料、油漆
011401002	金属门油漆				1. 除锈、基层清理 2. 刮腻子 3. 刷防护材料、油漆

注：1. 木门油漆应区分木大门、单层木门、双层（一玻一纱）木门、双层（单裁口）木门、全玻自由门、半玻自由门、装饰门及有框门或无框门等项目，分别编码列项。

2. 金属门油漆应区分平开门、推拉门、钢制防火门列项。

3. 以 m^2 计量，项目特征可不必描述洞口尺寸。

P.2 窗油漆

窗油漆工程量清单项目设置、项目特征描述的内容、计量单位、工程量计算规则应按表P.2的规定执行。

表 P.2 窗油漆（编号：011402）

项目编码	项目名称	项目特征	计量单位	工程量计算规则	工作内容
011402001	木窗油漆	1. 窗类型 2. 窗代号及洞口尺寸 3. 腻子种类 4. 刮腻子遍数 5. 防护材料种类 6. 油漆品种、刷漆遍数	1. 樘 2. m^2	1. 以樘计量，按设计图示数量计量 2. 以 m^2 计量，按设计图示洞口尺寸以面积计算	1. 基层清理 2. 刮腻子 3. 刷防护材料、油漆
011402002	金属窗油漆				1. 除锈、基层清理 2. 刮腻子 3. 刷防护材料、油漆

注：1. 木窗油漆应区分单层木门、双层（一玻一纱）木窗、双层框扇（单裁口）木窗、双层框三层（二玻一纱）木窗、单层组合窗、双层组合窗、木百叶窗、木推拉窗等项目，分别编码列项。

2. 金属窗油漆应区分平开窗、推拉窗、固定窗、组合窗、金属隔栅窗分别列项。

3. 以 m^2 计量，项目特征可不必描述洞口尺寸。

P.3 木扶手及其他板条、线条油漆

木扶手及其他板条、线条油漆工程量清单项目设置、项目特征描述的内容、计量单位、工程量计算规则应按表P.3的规定执行。

表 P.3　木扶手及其他板条、线条油漆（编号：011403）

项目编码	项目名称	项目特征	计量单位	工程量计算规则	工作内容
011403001	木扶手油漆	1. 断面尺寸 2. 腻子种类 3. 刮腻子遍数 4. 防护材料种类 5. 油漆品种、刷漆遍数	m	按设计图示尺寸以长度计算	1. 基层清理 2. 刮腻子 3. 刷防护材料、油漆
011403002	窗帘盒油漆				
011403003	封檐板、顺水板油漆				
011403004	挂衣板、黑板框油漆				
011403005	挂镜线、窗帘棍、单独木线油漆				

注：木扶手应区分带托板与不带托板，分别编码列项，若是木栏杆带扶手，木扶手不应单独列项，应包含在木栏杆油漆中。

P.4　木材面油漆

木材面油漆工程量清单项目设置、项目特征描述的内容、计量单位、工程量计算规则应按表 P.4 的规定执行。

表 P.4　木材面油漆（编号：011404）

项目编码	项目名称	项目特征	计量单位	工程量计算规则	工作内容
011404001	木护墙、木墙裙油漆	1. 腻子种类 2. 刮腻子遍数 3. 防护材料种类 4. 油漆品种、刷漆遍数	m^2	按设计图示尺寸以面积计算	1. 基层清理 2. 刮腻子 3. 刷防护材料、油漆
011404002	窗台板、筒子板、盖板、门窗套、踢脚线油漆				
011404003	清水板条天棚、檐口油漆				
011404004	木方格吊顶天棚油漆				
011404005	吸音板墙面、天棚面油漆				
011404006	暖气罩油漆				
011404007	其他木材面				
011404008	木间壁、木隔断油漆			按设计图示尺寸以单面外围面积计算	
011404009	玻璃间壁露明墙筋油漆				
0114040010	木栅栏、木栏杆(带扶手)油漆				
011404011	衣柜、壁柜油漆	1. 腻子种类 2. 刮腻子遍数 3. 防护材料种类 4. 油漆品种、刷漆遍数	m^2	按设计图示尺寸以油漆部分展开面积计算	1. 基层清理 2. 刮腻子 3. 刷防护材料、油漆
011404012	梁柱饰面油漆				
011404013	零星木装修油漆				
011404014	木地板油漆			按设计图示尺寸以面积计算。空洞、空圈、暖气包槽、壁龛的开口部分并入相应的工程量内	
011404015	木地板烫硬蜡面	1. 硬蜡品种 2. 面层处理要求			1. 基层清理 2. 烫蜡

P.5　金属面油漆

金属面油漆工程量清单项目设置、项目特征描述的内容、计量单位、工程量计算规则应按表 P.5 的规定执行。

表 P.5　金属面油漆（编号：011405）

项目编码	项目名称	项目特征	计量单位	工程量计算规则	工作内容
011405001	金属面油漆	1. 构件名称 2. 腻子种类 3. 刮腻子要求 4. 防护材料种类 5. 油漆品种、刷漆遍数	1. t 2. m^2	1. 以 t 计量，按设计图示尺寸以重量计算 2. 以 m^2 计量，按设计展开 面积计算	1. 基层清理 2. 刮腻子 3. 刷防护材料、油漆

P.6　抹灰面油漆

抹灰面油漆工程量清单项目设置、项目特征描述的内容、计量单位、工程量计算规则应按表 P.6 的规定执行。

表 P.6　抹灰面油漆（编号：011406）

<table>
<tr><th>项目编码</th><th>项目名称</th><th>项目特征</th><th>计量单位</th><th>工程量计算规则</th><th>工作内容</th></tr>
<tr><td>011406001</td><td>抹灰面油漆</td><td>1. 基层类型
2. 腻子种类
3. 刮腻子遍数
4. 防护材料种类
5. 油漆品种、刷漆遍数
6. 部位</td><td>m^2</td><td>按设计图示尺寸以面积计算</td><td rowspan="2">1. 基层清理
2. 刮腻子
3. 刷防护材料、油漆</td></tr>
<tr><td>011406002</td><td>抹灰线条油漆</td><td>1. 线条宽度、道数
2. 腻子种类
3. 刮腻子遍数
4. 防护材料种类
5. 油漆品种、刷漆遍数</td><td>m</td><td>按设计图示尺寸以长度计算</td></tr>
<tr><td>011406003</td><td>满刮腻子</td><td>1. 基层类型
2. 腻子种类
3. 刮腻子遍数</td><td>m^2</td><td>按设计图示尺寸以面积计算</td><td>1. 基层清理
2. 刮腻子</td></tr>
</table>

P.8　裱糊

裱糊工程量清单项目设置、项目特征描述的内容、计量单位、工程量计算规则应按表 P.8 的规定执行。

表 P.8　裱糊（编号：011408）

<table>
<tr><th>项目编码</th><th>项目名称</th><th>项目特征</th><th>计量单位</th><th>工程量计算规则</th><th>工作内容</th></tr>
<tr><td>011408001</td><td>墙纸裱糊</td><td rowspan="2">1. 基层类型
2. 裱糊部位
3. 腻子种类
4. 刮腻子遍数
5. 粘接材料种类
6. 防护材料种类
7. 面层材料品种、规格、颜色</td><td rowspan="2">m^2</td><td rowspan="2">按设计图示尺寸以面积计算</td><td rowspan="2">1. 基层清理
2. 刮腻子
3. 面层铺粘
4. 刷防护材料</td></tr>
<tr><td>011408002</td><td>织锦缎裱糊</td></tr>
</table>

附录Q　其他装饰工程

Q.1　柜类、货架

柜类、货架工程量清单项目设置、项目特征描述的内容、计量单位、工程量计算规则应按表Q.1的规定执行。

表Q.1　柜类、货架（编号：011501）

项目编码	项目名称	项目特征	计量单位	工程量计算规则	工作内容
011501001	柜台	1. 台柜规格 2. 材料种类、规格 3. 五金种类、规格 4. 防护材料种类 5. 油漆品种、刷漆遍数	1. 个 2. m 3. m^3	1. 以个计量，按设计图示数量计量 2. 以m计量，按设计图示尺寸以延长米计算 3. 以m^3计量，按设计图示尺寸以体积计算	1. 台柜制作、运输、安装(安放) 2. 刷防护材料、油漆 3. 五金件安装
011501002	酒柜				
011501003	衣柜				
011501004	存包柜				
011501005	鞋柜				
011501006	书柜				
011501007	厨房壁柜				
011501008	木壁柜				
011501009	厨房低柜				
011501010	厨房吊柜				
011501011	矮柜				
011501012	吧台背柜				
011501013	酒吧吊柜				
011501014	酒吧台				
011501015	展台				
011501016	收银台				
011501017	试衣间				
011501018	货架				
011501019	书架				
011501020	服务台				

Q.2　压条、装饰线

压条、装饰线工程量清单项目设置、项目特征描述的内容、计量单位、工程量计算规则应按表Q.2的规定执行。

表Q.2　装饰线（编号：011502）

项目编码	项目名称	项目特征	计量单位	工程量计算规则	工作内容
011502001	金属装饰线	1. 基层类型 2. 线条材料品种、规格、颜色 3. 防护材料种类	m	按设计图示尺寸以长度计算	1. 线条制作、安装 2. 刷防护材料
011502002	木质装饰线				
011502003	石材装饰线				
011502004	石膏装饰线				
011502005	镜面玻璃线	1. 基层类型 2. 线条材料品种、规格、颜色 3. 防护材料种类			
011502006	铝塑装饰线				
011502007	塑料装饰线				
011502008	GRC装饰线	1. 基层类型 2. 线条规格 3. 线条安装部位 4. 填充材料种类			线条制作安装

Q.3 扶手、栏杆、栏板装饰

扶手、栏杆、栏板装饰工程量清单项目的设置、项目特征描述的内容、计量单位、工程量计算规则应按表 Q.3 的规定执行。

表 Q.3 扶手、栏杆、栏板装饰（编码：011503）

项目编码	项目名称	项目特征	计量单位	工程量计算规则	工作内容
011503001	金属扶手、栏杆、栏板	1. 扶手材料种类、规格 2. 栏杆材料种类、规格 3. 栏板材料种类、规格、颜色 4. 固定配件种类 5. 防护材料种类	m	按设计图示以扶手中心线长度(包括弯头长度)计算	1. 制作 2. 运输 3. 安装 4. 刷防护材料
011503002	硬木扶手、栏杆、栏板				
011503003	塑料扶手、栏杆、栏板				
011503004	GRC 栏杆、扶手	1. 栏杆的规格 2. 安装间距 3. 扶手类型规格 4. 填充材料种类			
011503005	金属靠墙扶手	1. 扶手材料种类、规格 2. 固定配件种类 3. 防护材料种类			
011503006	硬木靠墙扶手				
011503007	塑料靠墙扶手				
011503008	玻璃栏板	1. 栏杆玻璃的种类、规格、颜色 2. 固定方式 3. 固定配件种类			

Q.5 浴厕配件

浴厕配件工程量清单项目设置、项目特征描述的内容、计量单位、工程量计算规则应按表 Q.5 的规定执行。

表 Q.5 浴厕配件（编号：011505）

项目编码	项目名称	项目特征	计量单位	工程量计算规则	工作内容
011505001	洗漱台	1. 材料品种、规格、颜色 2. 支架、配件品种、规格	1. m^2 2. 个	1. 按设计图示尺寸以台面外接矩形面积计算。不扣除孔洞、挖弯、削角所占面积，挡板、吊沿板面积并入台面面积内 2. 按设计图示数量计算	1. 台面及支架、运输安装 2. 杆、环、盒、配件安装 3. 刷油漆
011505002	晒衣架		个	按设计图示数量计算	
011505003	帘子杆				
011505004	浴缸拉手				
011505005	卫生间扶手				
011505006	毛巾杆(架)		套	按设计图示数量计算	1. 台面及支架制作运输、安装 2. 杆、环、盒、配件安装 3. 刷油漆
011505007	毛巾环		副		
011505008	卫生纸盒		个		
011505009	肥皂盒				

续表

项目编码	项目名称	项目特征	计量单位	工程量计算规则	工作内容
011505010	镜面玻璃	1. 镜面玻璃品种、规格 2. 框材质、断面尺寸 3. 基层材料种类 4. 防护材料种类	m^2	按设计图示尺寸以边框外围面积计算	1. 基层安装 2. 玻璃及框制作、运输、安装
011505011	镜箱	1. 箱材质、规格 2. 玻璃品种、规格 3. 基层材料种类 4. 防护材料种类 5. 油漆品种、刷漆遍数	个	按设计图示数量计算	1. 基层安装 2. 箱体制作、运输、安装 3. 玻璃安装 4. 刷防护材料、油漆

Q.6 雨篷、旗杆

雨篷、旗杆工程量清单项目设置、项目特征描述的内容、计量单位、工程量计算规则应按表 Q.6 的规定执行。

表 Q.6 雨篷、旗杆（编号：011506）

项目编码	项目名称	项目特征	计量单位	工程量计算规则	工作内容
011506001	雨篷吊挂饰面	1. 基层类型 2. 龙骨材料种类、规格、中距 3. 面层材料品种、规格 4. 吊顶(天棚)材料品种、规格 5. 嵌缝材料种类 6. 防护材料种类	m^2	按设计图示尺寸以水平投影面积计算	1. 底层抹灰 2. 龙骨基层安装 3. 面层安装 4. 刷防护材料、油漆
011506003	玻璃雨篷	1. 玻璃雨篷固定方式 2. 龙骨材料种类、规格、中距 3. 玻璃材料品种、规格 4. 嵌缝材料种类 5. 防护材料种类	m^2	按设计图示尺寸以水平投影面积计算	1. 龙骨基层安装 2. 面层安装 3. 刷防护材料、油漆

Q.7 招牌、灯箱

招牌、灯箱工程量清单项目设置、项目特征描述的内容、计量单位、应按表 Q.7 的规定执行。

表 Q.7 招牌、灯箱（编号：011507）

项目编码	项目名称	项目特征	计量单位	工程量计算规则	工作内容
011507001	平面、箱式招牌	1. 箱体规格 2. 基层材料种类 3. 面层材料种类 4. 防护材料种类	m^2	按设计图示尺寸以正立面边框外围面积计算。复杂形的凸凹造型部分不增加面积	1. 基层安装 2. 箱体及支架制作、运输、安装 3. 面层制作、安装 4. 刷防护材料、油漆
011507002	竖式标箱		个	按设计图示数量计算	
011507003	灯箱				

Q.8 美术字

美术字工程量清单项目设置、项目特征描述的内容、计量单位，应按表 Q.8 的规定执行。

表 Q.8 美术字（编号：011508）

项目编码	项目名称	项目特征	计量单位	工程量计算规则	工作内容
011508001	泡沫塑料字	1. 基层类型 2. 镌字材料品种、颜色 3. 字体规格 4. 固定方式 5. 油漆品种、刷漆遍数	个	按设计图示数量计算	1. 字制作、运输、安装 2. 刷油漆
011508002	有机玻璃字				
011508003	木质字				
011508004	金属字				
011508005	吸塑字				

部分参考答案

第一章

一、选择题

1. B 2. ABCE 3. C 4. C 5. C

第二章

一、选择题

1. D 2. C 3. C 4. D 5. C

三、计算题

333.04 元/ t

第三章

一、选择题

1. C 2. A 3. A 4. A 5. C

第四章

一、选择题

1. D 2. D 3. ABD 4. C 5. A

三、计算题

71340 元

第五章

一、选择题

1. A 2. B 3. D 4. D 5. C

三、计算题

(1) 47.07m^2，(2) 3.27m^2，(3) 9.72m^2，(4) 47.07m^2

第六章

一、选择题

1. B 2. ACD 3. D 4. C 5. ABDE

三、计算题

1. 4140.69m^2　　2. (1) 79.12m^2，(2) 225.88m^2

第七章

一、选择题

1. A 2. D 3. B 4. A 5. ACE 6. A 7. C 8. D 9. D 10. CD

三、计算题

1. 解　① 计算换算的数据：

换算后人工费＝180 ×(8.73 ＋ 17.71)＝4759.20（元）

　　或者＝2153.12＋8.73×(180-60) ＋17.71×(180-92)＝4759.20（元）

换算后材料费＝ 4734.43＋102.5×(65-39.83)＝7314.36（元）

换算后机械费＝ 38.64（元）（不变）

换算后基价＝ 4759.20＋7314.36＋38.64＝12112.2（元）

② 列出换算后的定额为：

<table>
<tr><td rowspan="2">定额编号</td><td rowspan="2">项目名称</td><td rowspan="2">单位</td><td rowspan="2">基价/元</td><td colspan="3">其中/元</td></tr>
<tr><td>人工费</td><td>材料费</td><td>机械费</td></tr>
<tr><td>A13-103H</td><td>陶瓷地砖 楼地面 周长 1600mm 以内</td><td>100m^2</td><td>12112.2</td><td>4759.20</td><td>7314.36</td><td>38.64</td></tr>
</table>

2. 解　①定额换算。依据长条复合地板的市场价格进行定额换算，得换算后的定额为：

<table>
<tr><td rowspan="2">定额编号</td><td rowspan="2">项目名称</td><td rowspan="2">单位</td><td rowspan="2">基价/元</td><td colspan="3">其中/元</td></tr>
<tr><td>人工费</td><td>材料费</td><td>机械费</td></tr>
<tr><td>A13-169H</td><td>长条复合地板</td><td>100m^2</td><td>20783.04</td><td>1587.46</td><td>19195.58</td><td>0.00</td></tr>
</table>

② 计算分部分项工程费：

人工费＝(651.52＋1587.46)×80/100＝1791.18（元）

材料费＝(752.52＋19195.58)×80/100＝15958.48（元）

机械费＝(46.37＋0)×80/100＝ 37.10（元）

管理费和利润＝(1791.18＋ 37.10)×(13.47%＋15.80%)＝535.14（元）

分部分项工程费＝1791.18＋15958.48＋37.10＋535.14＝18321.90（元）

③ 计算综合单价费用构成：

综合单价＝18321.90/80＝229.02（元）

人工费＝1791.18/80＝22.39（元）

机械费＝37.10/80＝0.46（元）

④ 填写综合单价分析表。

复合地板楼地面综合单价分析表

<table>
<tr><td>项目编码</td><td colspan="2">011104002001</td><td colspan="2">项目名称</td><td colspan="2">复合地板楼地面</td><td colspan="2">计量单位</td><td>m^2</td><td>工程量</td><td>80</td></tr>
<tr><td colspan="12">清单综合单价组成明细</td></tr>
<tr><td rowspan="2">定额编号</td><td rowspan="2">定额项目名称</td><td rowspan="2">定额单位</td><td rowspan="2">数量</td><td colspan="4">单价/元</td><td colspan="4">合价/元</td></tr>
<tr><td>人工费</td><td>材料费</td><td>机械费</td><td>管理费和利润</td><td>人工费</td><td>材料费</td><td>机械费</td><td>管理费和利润</td></tr>
<tr><td>A13-21</td><td>水泥砂浆找平层</td><td>100m^2</td><td>0.8</td><td>651.52</td><td>752.52</td><td>46.37</td><td>204.27</td><td>521.22</td><td>602.02</td><td>37.10</td><td>163.42</td></tr>
<tr><td>A13-169H</td><td>长条复合地板</td><td>100m^2</td><td>0.8</td><td>1587.46</td><td>19195.58</td><td>0.00</td><td>464.65</td><td>1269.97</td><td>15356.46</td><td>0.00</td><td>371.72</td></tr>
<tr><td></td><td></td><td></td><td></td><td></td><td></td><td></td><td></td><td></td><td></td><td></td><td></td></tr>
<tr><td colspan="5">人工单价(元/工日)</td><td colspan="3">小　计</td><td>1791.18</td><td>15958.48</td><td>37.10</td><td>535.14</td></tr>
<tr><td>普工 60</td><td colspan="2">技工 92</td><td colspan="2">高技 138</td><td colspan="3">未计价材料费</td><td colspan="4">0</td></tr>
<tr><td colspan="8">清单项目综合单价</td><td colspan="4">229.02</td></tr>
<tr><td rowspan="5">材料费明细</td><td colspan="5">主要材料名称、规格、型号</td><td>单位</td><td>数量</td><td>单价/元</td><td>合价/元</td><td>暂估单价/元</td><td>暂估合价/元</td></tr>
<tr><td colspan="5">长条复合地板</td><td>m^2</td><td>84</td><td>180</td><td>15120.00</td><td>180</td><td>15120.00</td></tr>
<tr><td colspan="5"></td><td></td><td></td><td></td><td></td><td></td><td></td></tr>
<tr><td colspan="7">其他材料费</td><td>—</td><td>838.48</td><td>—</td><td>0.00</td></tr>
<tr><td colspan="7">材料费小计</td><td>—</td><td>15958.48</td><td>—</td><td>15120.00</td></tr>
</table>

第八章

一、选择题

1. D　2. B　3. B　4. B　5. D

三、案例题

答：1. (1) 投标人必须按照招标人提供的材料，暂估单价应计入分部分项工程费用的综合单价，计入分部分项工程费用。材料暂估价应按发包、承包双方最终确认价在综合单价中调整。

(2) 投标人必须按照招标人提供的金额填写。

(3) 暂估价的材料属于依法必须招标的，由承包人和招标人共同通过招标程序确定材料单价；若材料不属于依法必须招标的，经发包、承包双方协商确定材料单价。

(4) 材料实际价格与清单中所列材料暂估价的差额及其规费、税金列入合同价格。

2. 对事件 1 的处理：人工单价和规费调整在工程结算中予以调整。因为报价以投标截止日期前 28 天为基准日，其后的政策性人工单价和规费调整，不属于承包人的风险，在结算中予以调整。

对事件 2 的处理：发、承包双方按实际的项目特征确定相应工程量清单项目的综合单价。结算时，由投标人根据实际施工的项目特征，依据合同约定重新确定综合单价。

对事件 3 的处理：应按实际施工图和《建设工程工程量清单计价规范》(GB50500—2013) 规定的计量规则计量工程量。工程量清单工程数量有误，此风险由招标人承担。

3. 事件 4 中，承包人可提出索赔的缺失和费用：①修复部分已完工程损坏的费用；②重建发包人办公用房的费用；③部分脚手架倒塌重新搭建的费用；④现场清理、恢复施工所发生的费用；⑤承包方采取措施确保按原工期完成的赶工费；⑥若电梯由发包方采购，承包方不可提出待安装电梯损坏的费用；若电梯由承包方采购，承包方可提出待安装电梯损坏费用索赔。

4. 事件 5 中，发包方拒绝承包方补偿要求的做法不合理。理由：根据相关合同条件的规定，发包人取消合同中的部分工程，合同价格中的直接费部分没有损失，但摊销在该部分的间接费、利润和税金不能合理收回。因此，承包人可以就间接费、利润和税金的损失向工程师发出通知并提供具体的证明材料，合同双方协商后确定一笔补偿金额加到合同价内。

第九章

一、选择题

1. B　2. D　3. C　4. D　5. C

三、计算题

1. 解　(1) 应支付工程预付款＝489×20%＝97.8 (万元)

(2) 工程预付款起扣点＝工程价款总额－预付备料款限额/主要材料所占比重＝489－97.8/60%＝326 (万元)

(3) 工程每月应结算的工程进度款及累计拨款。开工前期每月应结算的工程款，按计算公式计算结果见下表。

月份	1 月	2 月	3 月	4 月
完成产值/万元	25	36	89	110
当月应付工程款/万元	25	36	89	110
累计完成产值/万元	25	61	150	260

以上 1、2、3、4 月份累计完成的产值均未超过起扣点（326 万元），故无须抵扣工程预付备料款。

施工期中进度款结算如下。

5 月份累计完成的产值＝260＋85＝345（万元）＞起扣点（326 万元）

故从 5 月份开始应从工程进度款中抵扣工程预付款。

5 月份应抵扣的预付备料款＝(345－326)×60％＝11.4（万元）

5 月份应结算的工程款＝85－11.4＝73.6（万元）

6 月份累计完成的产值＝345＋76＝421（万元）

6 月份应结算的工程款＝76×(1－60％)＝30.4（万元）

7 月份累计完成的产值＝421＋40＝461（万元）

7 月份应结算的工程款＝40×(1－60％)＝16（万元）

8 月份累计完成的产值＝461＋28＝489（万元）

8 月份应结算的工程款＝28×(1－60％)＝11.2（万元）

工程按合同应结算的工程款＝25＋36＋89＋110＋73.6＋30.4＋16＋11.2＋97.8＝489（万元）

(4) 工程应付竣工结算价款＝25＋36＋89＋110＋85＋76＋40＋28＋67＝556（万元）

(5) 工程质量保证金＝556×5％＝27.8（万元）

(6) 工程 8 月份实付竣工结算价款＝11.2＋67-27.8＝50.4（万元）

2. 解 (1) 应支付工程预付款金额＝(2500×200＋3500×170)×20％＝21.9（万元）

(2) 第一个月工程量价款＝550×200＋800×170＝24.6（万元）

应签证的工程款＝24.6×1.2×(1－5％)＝28.04（万元）

由于合同规定工程师签发的最低金额为 30 万元，故本月工程师不予签发付款凭证。

第二个月工程量价款＝850×200＋950×170＝33.15（万元）

应签证的工程款＝33.15×1.2×(1－5％)＝37.79（万元）

本月工程师实际签发的付款凭证金额为：28.04＋37.79＝65.83（万元）

第三个月工程量价款＝850×200＋900×170＝32.30（万元）

应签证的工程款＝32.30×1.2×(1－5％)＝＝36.82（万元）

应扣预付款＝21.90×50％＝10.95（万元）

应付款＝36.82－10.95＝25.87（万元）

因本月（第三个月）应付款金额小于 30 万元，故工程师不予签发付款凭证。

第四个月 A 项工程累计完成工程量为 2900m^3，比原估算工程量 2500m^3超出 400m^3，已经超出估算工程量的（2900－2500）/2500＝16％，已超过 15％，超出部分其单价应进行调整。

超过估算工程量 15％的工程量＝2900－2500×(1＋15％)＝25（m^3）

该部分工程量单价应调整＝200×0.9＝180（元/m^3）

A 项工程量价款＝(650－25)×200＋25×180＝12.95（万元）

B 项工程累计完成工程量为 3300m^3，比原估算工程量 3500m^3减少 200m^3，减少只占估算工程量的（3500-3300）/3500＝5.7％，没有超过－15％，其单价不予调整。

B 项工程量价款＝650×170＝11.05（万元）

本月（第四个月）完成 A、B 两项工程量价款合计＝12.95＋11.05＝24（万元）

应签证的工程款＝24×1.2×(1－5％)＝27.36（万元）

本月（第四个月）工程师实际签发的付款凭证金额为：

25.87＋27.36－21.90×50％＝42.28（万元）

（3）工程应付竣工结算价款＝（2875×200＋25×1800＋3300×170）×1.2＝136.86（万元）

（4）工程质量保证金＝136.86×5％＝6.84（万元）

参考文献

[1] 住房和城乡建设部．建设工程工程量清单计价规范（GB 50500—2013）．北京：中国计划出版社，2013.

[2] 住房和城乡建设部．房屋建筑与装饰工程工程量计算规范（GB 50854—2013）．北京：中国计划出版社，2013.

[3] 规范编制组．2013 建设工程计价计量规范辅导．北京：中国计划出版社，2013.

[4] 全国造价工程师执业资格考试培训教材编审委员会．建设工程造价管理．北京：中国计划出版社，2013.

[5] 全国造价工程师执业资格考试培训教材编审委员会．建设工程计价．北京：中国计划出版社，2013.

[6] 湖北省建设工程标准定额管理总站．湖北省房屋建筑与装饰工程消耗量定额及基价表（装饰·装修）．武汉：长江出版社，2013.

[7] 湖北省建设工程标准定额管理总站．湖北省建筑安装工程费用定额（2013 版）．武汉：长江出版社，2013.

[8] 住房和城乡建设部．建筑工程建筑面积计算规范（GB/T 50353—2013）．北京：中国计划出版社，2014.

[9] 住房和城乡建设部．建筑工程施工质量验收统一标准（GB 50300—2013）．北京：中国建筑工业出版社，2014.

[10] 赵峰．建筑装饰安装工程计量与计价案例指南．武汉：长江出版社，2012.

[11] 顾期斌．建筑装饰工程概预算．北京：化学工业出版社，2010.

[12] 宋振华，张生录．土木工程工程量计价一点通．北京：中国水利出版社，2006.

[13] 李文利．建筑装饰工程概预算．北京：机械工业出版社，2003.

[14] 张普伟．建设工程计价．北京：机械工业出版社，2014.

[15] 造价工程师执业资格考试命题研究中心．建设工程造价案例分析．武汉：华中科技大学出版社，2014.